Food

普通高等教育本科"十二五"规划教材

食品科学与工程 食品质量与安全 专业核心课程推荐教材

★★★★★

本书荣获中国石油和化学工业优秀教材奖一等奖

食品分析

杨严俊 主 编
孙 俊 副主编

化学工业出版社
·北京·

本书分19章，分别从：采样和样品制备、食品的各组成成分分析与测定、食品的感官检验法、食品的物理检测法和光谱学等方面进行了详细的论述，对各章节涉及到的国标方法在书中也进行了较为详细的介绍，并且将其以附录形式标注于书中，以便于读者理解与查找查阅。另外，书中用许多实例对各种方法与技术进行了阐述，便于读者的理解与应用。该书特点之一是书中内容主要基于作者多年来在食品分析行业中的研究积累及经验，并涉及部分国内外的有关前沿与经典理论的报道；本书特点之二是结合了国家标准方法与法规，对食品中的组成成分与相关指标进行了阐述。

该书具有全面性、系统性和前沿性的特点，力争能够将食品分析的现代知识和技术以及实践中的应用传授给各个层面的食品学科的学生、研究者及相关的工作人员，本书还可作为食品科学专业的教学用书及相关研究人员和食品企业的工作人员的参考用书。

图书在版编目（CIP）数据

食品分析/杨严俊主编．—北京：化学工业出版社，2012.2（2023.1重印）
普通高等教育本科“十二五”规划教材
ISBN 978-7-122-13315-1

Ⅰ.食…　Ⅱ.杨…　Ⅲ.食品分析-高等学校-教材　Ⅳ.TS207.3

中国版本图书馆CIP数据核字（2012）第014872号

责任编辑：赵玉清　　　文字编辑：张春娥
责任校对：陶燕华　　　装帧设计：尹琳琳

出版发行：化学工业出版社（北京市东城区青年湖南街13号　邮政编码100011）
印　　装：北京虎彩文化传播有限公司
787mm×1092mm　1/16　印张15¼　字数387千字　　2023年1月北京第1版第7次印刷

购书咨询：010-64518888　　　售后服务：010-64518899
网　　址：http://www.cip.com.cn
凡购买本书，如有缺损质量问题，本社销售中心负责调换。

定　　价：46.00元

前 言

食品是维持人体生命活动所必需的各种营养物质和能量的最主要来源，是人类生命活动中不可缺少的。消费者、食品企业以及国内外的法律法规均要求食品科学工作者对食品的组成成分进行严格监控，对食品企业的产品严格把关，以保证食品的质量和安全性。因此，大专院校、食品企业以及政府科研机构在进行食品科学和工艺方面的研究时就需要对食品的组成和性质进行测定。由此可见，食品分析在食品行业至关重要。

笔者所在的江南大学以食品科学与工程见长，拥有食品科学与工程国家一级重点学科和国家重点实验室。笔者长期从事于食品分析及生物技术的研究，曾翻译出版过 S. Suzanne Nielsen 教授的《食品分析》（第二版），目前也已经完成了 S. Suzanne Nielsen 教授的《食品分析》（第三版）的翻译工作。

在 S. Suzanne Nielsen 教授的《食品分析》（第二版）译本出版后，一些院校的教师在使用过程中提出了许多宝贵的建议与意见。鉴于食品分析的不断发展和教学改革的深入，作为一本教材，为了适应对大专院校和食品企业通用的需要，有必要在先前版本特色的基础上结合目前食品分析技术的特点及应用进行修订。

本书的出版将在较大程度上满足不同读者对食品分析技术的深入理解及其应用的需要。书中在采样和样品制备、食品的各组成成分分析与测定、食品的感官检验法、食品的物理检测法和光谱学方面进行了详细的论述，对各章节涉及到的国标方法在书中也进行了较为详细的介绍，并且将其以附录的形式标注于书中，并以电子课件的形式供读者免费阅读（www. cipedu. com. cn），以便于读者理解与查找查阅。另外，书中用许多实例对各种方法与技术进行了阐述，便于读者的理解与应用。本书特点之一是书中内容主要基于作者多年来在食品分析行业中的研究积累及经验，并涉及部分国内外的有关前沿与经典理论的报道；本书特点之二是结合了国家标准方法与法规，对食品中的组成成分与相关指标进行了阐述。该书具有全面性、系统性和前沿性，力争能够将食品分析的现代知识和技术以及实践中的应用传授给各个层面的食品学科的学生、研究者及相关的工作人员，作为食品科学专业的教学用书及相关研究人员和食品企业的工作人员的参考用书，这也是我们出版的初衷。

感谢周星怡教授和钱和等教授的大力支持，感谢本研究组的所有学生们在资料收集与编排整理中的辛勤劳动，谨此表示诚挚的谢意！

杨严俊

2012 年 9 月于江南大学

目录

第1章 绪 论

1.1 概述

无论是食品生产企业、食品监督机构还是大专院校，在进行食品科学和工艺方面的研究时经常需要测定食品的组成和性质，即进行食品分析。食品分析是监控食品组成，保证供应食品的质量和安全性的主要方式和途径。食品分析结果的质量直接影响生产、科研、司法等重要活动。

通常人们根据食品的化学组成和物理性质确定产品的营养价值、功能性质和可接受性。分析方法的选择取决于样品的性质和分析的特殊要求。分析方法的速度、精密度、准确度与稳定性是选择分析方法的主要因素。

1.2 趋势和需求

1.2.1 消费者

目前，市场上食品种类繁多，消费者在购买时有很多的选择。人们会根据食品标签所标示的营养成分和健康信息决定是否购买该产品。这些因素对食品企业及生产者提出了挑战。测定脂肪含量的分析方法提供了证明产品是否符合这些声明和要求的必要数据。在产品配方中，用脂肪替代物使许多低脂肪食品的生产成为可能，但这些脂肪替代物向准确测定脂肪含量提出了新的挑战。

1.2.2 食品企业

食品企业必须生产出能满足消费者需求的产品方能增强市场竞争力。对食品企业而言，从原料到消费者食用的最终产品的质量管理是非常重要的。作为整个质量管理程序的一部分，食品分析贯穿于产品开发、生产和销售的全过程。食品企业根据原辅材料的分析结果决定接受还是拒受；根据加工过程中各个关键控制点的在线检测结果，了解食品安全控制状态；根据终产品的分析结果决定某批次产品是否合格，能否放行出厂，进入食品流通渠道。

1.3 政府法规、国际标准和政策

1.3.1 政府法规

为了保证高质量食品在国内、国际市场上有效流通，各食品企业必须重视政府法规、国际机构的政策和标准；食品科学家也必须清楚这些有关食品安全和质量的法规、指南、政策及其对食品分析的意义。美国有关食品分析的政府法规和指南非常健全，主要包括营养成分标签法、良好生产操作规范（GMP）以及危害分析及关键控制点（HACCP）体系，其中，HACCP概念不但被美国食品及药物管理局（FDA）以及其他联邦机构所承认，而且还被国际食品法典委员会（世界食品贸易中的权威机构）所采纳。

1.3.2 国际标准和政策

由于国际市场竞争的需要，食品企业的员工必须知道允许使用的食品成分，各成分的名称与要求、允许标签信息及各国的食品标准。不同国家对食品中的色素及防腐剂的要求有很大差别，而且并不是所有国家都要求食品的营养标签。为了促进食品企业和食品贸易在世界经济中的发展，就必须制定统一的国际标准。

1.3.2.1 食品法典

1962年，联合国粮农组织（FAO）和世界卫生组织（WHO）组建了食品法典委员会，其职责是制定食品与农产品的标准与安全性法规。各项标准公布于食品法典中，其目的旨在保护消费者健康，维护食品的公平竞争，促进国际食品贸易。食品法典共出版了13卷第9卷编辑了基本商品标准和法典应用；第3卷规定了食品中杀虫剂及兽药残留量；第1卷还叙述了分析和抽样方法（表1-1），法典力争使不同国家和地区的食品安全性分析方法统一而有效，以利于维护世界贸易的流通，保证在食品进出口贸易中作出合理决定。法典将HACCP概念作为保护易腐败食品安全性的首选方法，并决定在食品法典中实施HACCP体系。

近年来，法典在制定基本食品标准中更加注重科学而不是社会或文化因素、经济或贸易政策。由食品法典制定的有关食品质量的国际标准在减少“非关税”贸易壁垒方面起了非常重要的作用。由于经济贸易限制的减少与关税的降低，世界食品与农产品贸易大大增加，但是，许多国家制定的过时的食品标准导致了非关税贸易壁垒。法典制定食品标准的目的旨在消除某些国家出于保护本国产品与进口产品的竞争而不是保护消费者健康的目的而误用标准的现象。

1994年乌拉圭回合谈判制定的关税与贸易总协定（GATT）加强了法典作为基本国际标准在保证食品质量和安全性方面的作用。美国作为法典156个成员国之一，承认根据GATT提出的有关条约。因此，1995年FDA、USDA和EPA（参与法典的三个美国联邦机构）代表提出了针对法规的战略性方案，它包括美国将在更大范围内接受法典标准。在美国，越来越多的非政府组织（如美国食品杂货生产者，GMA）以及许多与这些组织协作的食品企业都加入到执行法典的行列之中。

表1-1 食品法典目录

卷	主 题	卷	主 题
1A	总则	6	果汁
1B	总则(卫生)	7	谷类、豆类及其制品，植物蛋白
2A	食品中杀虫剂残留量(一般内容)	8	油脂及其制品
2B	食品中杀虫剂残留量(最高允许残留量)	9	鱼及鱼制品
3	食品中兽药残留量	10	肉与肉制品，清汤和肉汤
4	食品中特殊食品资源的应用	11	糖、可可产品、巧克力
5A	水果和蔬菜的加工与速冻	12	牛乳与乳制品
5B	新鲜水果和蔬菜	13	分析和抽样方法

1.3.2.2 ISO标准

国际标准化组织（International Organization for Standardization，ISO）是一个由国家标准化机构组成的世界范围的联合会，现有140个成员国。根据该组织章程，每一个国家只能有一个最有代表性的标准化团体作为其成员，代表中国的组织为中国国家标准化管理委员会（Standardization Administration of China，简称SAC）。

除了食品法典委员会制定的食品标准与政策外，国际标准化组织（ISO）还拥有一系列关于质量控制及记录保持的国际标准（9000和22000等）。之所以有一系列质量标准，其目的是为了建立质量保证体系、维护产品的完整性、满足消费者对质量的要求。ISO的核心是为保证质量管理的系统化而建立的方法文件。

1.3.2.3 其他标准

其他国际、地区和国家有关组织出版的涉及食品组成与分析的标准也有很多。例如，沙特阿拉伯标准化组织（SASO）出版的食品标准文献（如标签、测试方法）在中东地区（以色列除外）颇有影响。此外，欧洲委员会制定的食品与食品添加剂标准广泛应用于欧洲经济共同体（EEC）的各成员国。在美国，食品化学法典（FCC）委员会（隶属于国家科学研究院食品营养理事会）制定了食品添加剂与化学成分鉴定与纯度标准。除美国外，其他许多国家亦采纳FCC标准，如澳大利亚、加拿大。在世界范围内，食品添加剂FAO/WHO联合专家委员会（JECFA）制定了食品添加剂纯度标准。食品法典委员会鼓励各国采用JECFA制定的标准。许多国家在制定本国标准时常参考FCC与JECFA制定的标准。

1.4 分析样品的类型和分析步骤

1.4.1 分析样品的类型

食品的化学分析是食品加工过程中质量保证体系的一个重要组成部分，具体过程包括原料、加工直至终产品。化学分析在调整配方和研制新产品、评价食品生产新工艺、找出导致不合格产品的原因等方面也是非常重要的（表1-2）。样品的性质和获取信息的途径决定了其特定的分析方法。例如，过程控制样品的分析通常采用快速方法，而要得到营养标签上标示的营养成分的含量信息则需要采用被研究机构认可、较为费时的分析方法。通过分析食品加工体系中不同类型的样品可解答一些重要问题，包括表1-2中列出的问题。

表1-2 在食品质量保证体系中分析样品的类型

样品类型	重要问题
原料	是否符合特殊加工要求？ 是否符合法规要求？ 由于原料组成的变化是否需要调整加工参数？ 原料的质量与组成是否与前批原料相同？ 新供应商与原供应商提供的原料相比其质量如何？
过程控制样品	通过某一特殊的工序能否使产品具有可接受的组成或特性？
终产品	为获得高质量的终产品是否需要进一步改进加工步骤？ 是否符合法规要求？ 营养价值如何，是否与标签信息一致？ 营养价值是否与标签上的说明一致？ 是否满足有关产品声明的要求（如，低脂肪）？ 是否能被消费者接受？ 是否具有合适的货架寿命？
优质样品	其组成和性质是什么？ 如何利用这些信息开发新产品？
劣质样品	消费者提出的劣质产品在组成和特性上与合格产品的区别何在？

注：摘自参考文献16和17，并加以补充修改。

1.4.2 分析步骤

（1）样品的选择与制备 在分析各种类型样品时，实验结果的准确性均取决于所测试的样品是否具有代表性，是否准确转化成适于分析的形式。有关取样和样品制备的要求详见第

2 章。

(2) 分析操作 分析操作随分析样品的组成或食品的特定类型而变化。本书第 2 章介绍了取样和样品制备的操作过程，第 3 章介绍了数据处理方法，其余部分主要论述实际分析操作步骤。书中对各种特殊方法的描述其目的在于对这些方法进行概述。对实际指导分析操作的有关化学制品、试剂、仪器及实验步骤的详细说明，可参见相应的参考书和文章。

(3) 结果的计算与解释 如果要根据待测食品组成或特性的分析结果作出决定并采取措施，则必须对得到的数据进行合理计算并能准确解释实验结果。数据处理详见本书第 3 章。

1.5 方法的选择与有效性

1.5.1 方法的特点

要选择或修改测定食品化学组成和特性的分析方法，必须熟悉各种方法和关键步骤的原理。表 1-3 总结了某些方法和标准的原理，对评价现行分析方法或正在研究的新方法颇有帮助。

表 1-3 食品分析方法的选择标准

特性	主要问题
内在性质	
·专一性	所测定的与要求测定的是否为同一性质？ 采取什么措施可确保高度专一性？
·精确性	什么是方法的精密度？ 同批内、批与批之间或天与天之间是否存在差异？ 分析过程中哪一步骤会导致最大的变化性？
·准确性	新方法与旧方法或标准方法相比在准确性上的差异如何？ 回收率是多少？
分析方法在实验室中的应用	
·取样量	需要多少待测样品？ 根据需要，取样量是太大还是太小？ 是否满足实验仪器和(或)玻璃仪器的要求？
·试剂	能否准确配制试剂？ 需要哪些设备？ 试剂是否稳定？贮存时间和贮存条件如何？ 该方法对试剂的微小或适度变化是否非常敏感？
·仪器	是否拥有合适的仪器？ 职员操作仪器的能力如何？
·费用	有关仪器、试剂和职员的费用是多少？
应用	
·所需时间	有多快？需要多快？
·可靠性	从精确性和稳定性的角度而言其可靠性如何？
·要求	是否能满足或更好地满足要求？ 方法中任何变化是否会导致结果的变化？
职员	
·安全性	是否需要专门的预防措施？
·分工	谁负责准备有关方法与试剂的书面材料？ 谁负责进行必要的计算？

1.5.2 方法的目的/应用范围

方法的选择主要取决于测定的目的。速度较快的次要方法或现场方法主要用于食品加工厂的生产现场。例如，折光指数法作为一个快速的次要方法用于糖类分析（见第13章），其测定结果和高效液相色谱（HPLC）这类重要实验方法所得结果有一定的差异（见第7章）。那些具有参考性、结论性、法定的或重要的方法，常用于装备良好、人员专业素质较高的实验室中。

1.5.3 食品的组成和特性

许多分析方法的应用受食品基质（如食品化学组成）的影响。由于不同食品体系的复杂性，经常需要多种针对某些特殊食品组成的有效测定技术。例如，测定高脂或高糖食品时存在的干扰往往比低脂或低糖食品多，在这种情况下要得到准确的分析结果，必须对样品进行消化或提取，具体实验的确定取决于食品基质。实际工作中需要很多技术和方法以及有关特殊食品基质的知识。

1.5.4 方法的有效性

有许多因素影响通过分析测试而获得的数据的有效性。因此，必须考虑每种方法的各项特性［如专一性、精密度、准确度和灵敏度（见第3章）］及如何根据食品的特殊性质而选择分析方法，并对所得结果的变化性、可测量误差和消费者的可接受性进行比较，此外，食品加工过程中固有的特性变化也是应该考虑的问题。在实际工作中，需要考虑采集的分析样品的性质、代表性以及采样数量（第2章）。为了得到准确度高、重现性好，与过去采集样品的数据具有可比性的结果，在进行分析时必须严格按照正确的分析方法和步骤执行，了解所使用的分析仪器，且分析仪器必须经过标准化校正，操作步骤合理。

1.6 法定方法简介

采用法定方法可使分析方法变得简单。中国食品卫生监督检验所是国家食品卫生研究、检验机构，主要从事食品卫生专业基础与应用方面的研究，在国家食品卫生法规、标准、技术规范的研究制定；食品、食品新资源、保健食品的卫生学、安全性及功能学评价；食品添加剂、食品中污染物、食品包装材料及食品用工具、设备的检验、监测与鉴定；食品卫生监督方法学研究，预防、控制食物中毒的发生；以及食品卫生领域科研、技术信息交流等方面发挥着重要作用。取得了一系列居国内领先地位的科研成果。同时，为各省食品卫生监督检验所提供技术支持和专业培训，解决疑难检品和问题，并对有争议的双方提供仲裁服务。

GB/T 5009—2003是我国食品卫生理化检验的主要参考标准，该标准由中华人民共和国卫生部提出并归口，由卫生部食品卫生监督检验所负责起草。卫生部于1985年首次发布GB/T 5009—1985，于1996年第一次修订，现在被广泛应用的是2003年第二次修订版（GB/T 5009—2003）。表1-4所列为GB/T 5009—2003食品理化检验标准目录表。

表1-4 GB/T 5009—2003食品理化检验标准目录表

GB/T 5009.1	食品卫生检验方法 理化部分 总则
GB/T 5009.2	食品的相对密度的测定
GB/T 5009.3	食品中水分的测定
GB/T 5009.4	食品中灰分的测定
GB/T 5009.5	食品中蛋白质的测定
GB/T 5009.6	食品中脂肪的测定
GB/T 5009.7	食品中还原糖的测定

续表

GB/T 5009.8	食品中蔗糖的测定
GB/T 5009.9	食品中淀粉的测定
GB/T 5009.10	植物类食品中粗纤维的测定
GB/T 5009.11	食品中总砷及无机砷的测定
GB/T 5009.12	食品中铅的测定
GB/T 5009.13	食品中铜的测定
GB/T 5009.14	食品中锌的测定
GB/T 5009.15	食品中镉的测定
GB/T 5009.16	食品中锡的测定
GB/T 5009.17	食品中总汞及有机汞的测定
GB/T 5009.18	食品中氟的测定
GB/T 5009.19	食品中六六六、滴滴涕残留量的测定
GB/T 5009.20	食品中有机磷农药残留量的测定
GB/T 5009.21	粮、油、菜中甲萘威残留量的测定
GB/T 5009.22	食品中黄曲霉毒素 B_1 的测定
GB/T 5009.23	食品中黄曲霉毒素 B_1、B_2、G_1、G_2 的测定
GB/T 5009.24	食品中黄曲霉毒素 M_1 与 B_1 的测定
GB/T 5009.25	植物性食品中杂色曲霉素的测定
GB/T 5009.26	食品中 *N*-亚硝胺类的测定
GB/T 5009.27	食品中苯并[*a*]芘的测定
GB/T 5009.28	食品中糖精钠的测定
GB/T 5009.29	食品中山梨酸、苯甲酸的测定
GB/T 5009.30	食品中叔丁基羟基茴香醚(BHA)与 2,6-二叔丁基对甲酚(BHT)的测定
GB/T 5009.31	食品中对羟基苯甲酸酯类的测定
GB/T 5009.32	油脂中没食子酸丙酯(PG)的测定
GB/T 5009.33	食品中亚硝酸盐与硝酸盐的测定
GB/T 5009.34	食品中亚硫酸盐的测定
GB/T 5009.35	食品中合成着色剂的测定
GB/T 5009.36	粮食卫生标准的分析方法
GB/T 5009.37	食用植物油卫生标准的分析方法
GB/T 5009.38	蔬菜、水果卫生标准的分析方法
GB/T 5009.39	酱油卫生标准的分析方法
GB/T 5009.40	酱卫生标准的分析方法
GB/T 5009.41	食醋卫生标准的分析方法
GB/T 5009.42	食盐卫生标准的分析方法
GB/T 5009.43	味精卫生标准的分析方法
GB/T 5009.44	肉与肉制品卫生标准的分析方法

续表

GB/T 5009.45	水产品卫生标准的分析方法
GB/T 5009.46	乳与乳制品卫生标准的分析方法
GB/T 5009.47	蛋与蛋制品卫生标准的分析方法
GB/T 5009.48	蒸馏酒与配制酒卫生标准的分析方法
GB/T 5009.49	发酵酒卫生标准的分析方法
GB/T 5009.50	冷饮食品卫生标准的分析方法
GB/T 5009.51	非发酵性豆制品及面筋卫生标准的分析方法
GB/T 5009.52	发酵性豆制品卫生标准的分析方法
GB/T 5009.53	淀粉类制品卫生标准的分析方法
GB/T 5009.54	酱腌菜卫生标准的分析方法
GB/T 5009.55	食糖卫生标准的分析方法
GB/T 5009.56	糕点卫生标准的分析方法
GB/T 5009.57	茶叶卫生标准的分析方法
GB/T 5009.58	食品包装用聚乙烯树脂卫生标准的分析方法
GB/T 5009.59	食品包装用聚苯乙烯树脂卫生标准的分析方法
GB/T 5009.60	食品包装用聚乙烯、聚苯乙烯、聚丙烯成型品卫生标准的分析方法
GB/T 5009.61	食品包装用三聚氰胺成型品卫生标准的分析方法
GB/T 5009.62	陶瓷制食具容器卫生标准的分析方法
GB/T 5009.63	搪瓷制食具容器卫生标准的分析方法
GB/T 5009.64	食品用橡胶垫片(圈)卫生标准的分析方法
GB/T 5009.65	食品用高压锅密封圈卫生标准的分析方法
GB/T 5009.66	橡胶奶嘴卫生标准的分析方法
GB/T 5009.67	食品包装用聚氯乙烯成型品卫生标准的分析方法
GB/T 5009.68	食品容器内壁过氯乙烯涂料卫生标准的分析方法
GB/T 5009.69	食品罐头内壁环氧酚醛涂料卫生标准的分析方法
GB/T 5009.70	食品容器内壁聚酰胺环氧树脂涂料卫生标准的分析方法
GB/T 5009.71	食品包装用聚丙烯树脂卫生标准的分析方法
GB/T 5009.72	铝制食具容器卫生标准的分析方法
GB/T 5009.73	粮食中二溴乙烷残留量的测定
GB/T 5009.74	食品添加剂中重金属限量实验
GB/T 5009.75	食品添加剂中铅的测定
GB/T 5009.76	食品添加剂中砷的测定
GB/T 5009.77	食用氢化油、人造奶油卫生标准的分析方法
GB/T 5009.78	食品包装用原纸卫生标准的分析方法
GB/T 5009.79	食品用橡胶管卫生检验方法
GB/T 5009.80	食品容器内壁聚四氟乙烯涂料卫生标准的分析方法
GB/T 5009.81	不锈钢食具容器卫生标准的分析方法

续表

GB/T 5009.82	食品中维生素A和维生素E的测定
GB/T 5009.83	食品中胡萝卜素的测定
GB/T 5009.84	食品中硫胺素(维生素B_2)的测定
GB/T 5009.85	食品中核黄素的测定
GB/T 5009.86	蔬菜、水果及其制品中总抗坏血酸的测定(荧光法和2,4-二硝基苯肼法)
GB/T 5009.87	食品中磷的测定
GB/T 5009.88	食品中不溶性膳食纤维的测定
GB/T 5009.89	食品中烟酸的测定
GB/T 5009.90	食品中铁、镁、锰的测定
GB/T 5009.91	食品中钾、钠的测定
GB/T 5009.92	食品中钙的测定
GB/T 5009.93	食品中硒的测定
GB/T 5009.94	植物性食品中稀土的测定
GB/T 5009.95	蜂蜜中四环素族抗生素残留量的测定
GB/T 5009.96	谷物和大豆中赭曲霉毒素A的测定
GB/T 5009.97	食品中环己基氨基磺酸钠的测定
GB/T 5009.98	食品容器及包装材料用不饱和聚酯树脂及其玻璃钢制品卫生标准的分析方法
GB/T 5009.99	食品容器及包装材料用聚碳酸酯树脂卫生标准的分析方法
GB/T 5009.100	食品容器及包装材料用发泡聚苯乙烯成型品卫生标准的分析方法
GB/T 5009.101	食品容器及包装材料用聚酯树脂及其成型品中锑的测定
GB/T 5009.102	植物性食品中辛硫磷农药残留量的测定
GB/T 5009.103	植物性食品中甲胺磷和乙酰甲胺磷农药残留量的测定
GB/T 5009.104	植物性食品中氨基甲酸酯类农药残留量的测定
GB/T 5009.105	黄瓜中百菌清残留量的测定
GB/T 5009.106	植物性食品中二氯苯醚菊酯残留量的测定
GB/T 5009.107	植物性食品中二嗪磷残留量的测定
GB/T 5009.108	畜禽肉中己烯雌酚的测定
GB/T 5009.109	柑橘中水胺硫磷残留量的测定
GB/T 5009.110	植物性食品中氯氰菊酯、氰戊菊酯和溴氰菊酯残留量的测定
GB/T 5009.111	谷物及其制品中脱氧雪腐镰刀菌烯醇的测定
GB/T 5009.112	大米和柑桔中喹硫磷残留量的测定
GB/T 5009.113	大米中杀虫环残留量的测定
GB/T 5009.114	大米中杀虫双残留量的测定
GB/T 5009.115	稻谷中三环唑残留量的测定
GB/T 5009.116	畜、禽肉中土霉素、四环素、金霉素残留量的测定(高效液相色谱法)
GB/T 5009.117	食用豆粕卫生标准的分析方法
GB/T 5009.118	小麦中T-2毒素的酶联免疫吸附测定(ELISA)

续表

GB/T 5009.119	复合食品包装袋中二氨基甲苯的测定
GB/T 5009.120	食品中丙酸钠、丙酸钙的测定
GB/T 5009.121	食品中脱氢乙酸的测定
GB/T 5009.122	食品容器、包装材料用聚氯乙烯树脂及成型品中残留 1,1-二氯乙烷的测定
GB/T 5009.123	食品中铬的测定
GB/T 5009.124	食品中氨基酸的测定
GB/T 5009.125	尼龙 6 树脂及成型品中己内酰胺的测定
GB/T 5009.126	植物性食品中三唑酮残留量的测定
GB/T 5009.127	食品包装用聚酯树脂及其成型品中锗的测定
GB/T 5009.128	食品中胆固醇的测定
GB/T 5009.129	水果中乙氧基喹残留量的测定
GB/T 5009.130	大豆及谷物中氟磺胺草醚残留量的测定
GB/T 5009.131	植物性食品中亚胺硫磷残留量的测定
GB/T 5009.132	食品中莠去津残留量的测定
GB/T 5009.133	粮食中绿麦隆残留量的测定
GB/T 5009.134	大米中禾草敌残留量的测定
GB/T 5009.135	植物性食品中灭幼脲残留量的测定
GB/T 5009.136	植物性食品中五氯硝基苯残留量的测定
GB/T 5009.137	食品中锑的测定
GB/T 5009.138	食品中镍的测定
GB/T 5009.139	饮料中咖啡因的测定
GB/T 5009.140	饮料中乙酰磺胺酸钾的测定
GB/T 5009.141	食品中诱惑红的测定
GB/T 5009.142	植物性食品中吡氟禾草灵、精吡氟禾草灵残留量的测定
GB/T 5009.143	蔬菜、水果、食用油中双甲脒残留量的测定
GB/T 5009.144	植物性食品中甲基异柳磷残留量的测定
GB/T 5009.145	植物性食品中有机磷和氨基甲酸酯类农药多种残留的测定
GB/T 5009.146	植物性食品中有机氯和拟除虫菊酯类农药多种残留的测定
GB/T 5009.147	植物性食品中除虫脲残留量的测定
GB/T 5009.148	植物性食品中游离棉酚的测定
GB/T 5009.149	食品中栀子黄的测定
GB/T 5009.150	食品中红曲色素的测定
GB/T 5009.151	食品中锗的测定
GB/T 5009.152	食品包装用苯乙烯-丙烯腈共聚物和橡胶改性的丙烯腈-丁二烯-苯乙烯树脂及其成型品中残留丙烯腈单体的测定
GB/T 5009.153	植物性食品中植酸的测定
GB/T 5009.154	食品中维生素 B_6 的测定

续表

GB/T 5009.155	大米中稻瘟灵残留量的测定
GB/T 5009.156	食品用包装材料及其制品的浸泡试验方法通则
GB/T 5009.157	食品中有机酸的测定
GB/T 5009.158	蔬菜中维生素 K_1 的测定
GB/T 5009.159	食品中还原抗坏血酸的测定
GB/T 5009.160	水果中单甲脒残留量的测定
GB/T 5009.161	动物性食品中有机磷农药多组分残留量的测定
GB/T 5009.162	动物性食品中有机氯农药和拟除虫菊酯农药多组分残留量的测定
GB/T 5009.163	动物性食品中氨基甲酸酯类农药多组分残留高效液相色谱测定
GB/T 5009.164	大米中丁草胺残留量的测定
GB/T 5009.165	粮食中 2,4-滴丁酯残留量的测定
GB/T 5009.166	食品包装用树脂及其制品的预试验
GB/T 5009.167	饮用天然矿泉水中氟、氯、溴离子和硝酸根、硫酸根含量的反相高效液相色谱法测定
GB/T 5009.168	食品中二十碳五烯酸和二十二碳六烯酸的测定
GB/T 5009.169	食品中牛磺酸的测定
GB/T 5009.170	保健食品中褪黑素含量的测定
GB/T 5009.171	保健食品中超氧化物歧化酶(SOD)活性的测定
GB/T 5009.172	大豆、花生、豆油、花生油中的氟乐灵残留量的测定
GB/T 5009.173	梨果类、柑桔类水果中噻螨酮残留量的测定
GB/T 5009.174	花生、大豆中异丙甲草胺残留量的测定
GB/T 5009.175	粮食和蔬菜中 2,4-滴残留量的测定
GB/T 5009.176	茶叶、水果、食用植物油中三氯杀螨醇残留量的测定
GB/T 5009.177	大米中敌稗残留量的测定
GB/T 5009.178	食品包装材料中甲醛的测定
GB/T 5009.179	火腿中三甲胺氮的测定
GB/T 5009.180	稻谷、花生仁中噁草酮残留量的测定
GB/T 5009.181	猪油中丙二醛的测定
GB/T 5009.182	棉制食品中铝的测定
GB/T 5009.183	植物蛋白饮料中脲酶的定性测定
GB/T 5009.184	粮食、蔬菜中噻嗪酮残留量的测定
GB/T 5009.185	苹果和山楂制品中展青霉素的测定
GB/T 5009.186	乳酸菌饮料中脲酶的定性测定
GB/T 5009.187	干果(桂圆、荔枝、葡萄干、柿饼)中总酸的测定
GB/T 5009.188	蔬菜、水果中甲基托布津、多菌灵的测定
GB/T 5009.189	银耳中米酵菌酸的测定
GB/T 5009.190	食品中指示性多氯联苯含量的测定
GB/T 5009.191	食品中氯丙醇含量的测定

续表

GB/T 5009.192	动物性食品中克伦特罗残留量的测定
GB/T 5009.193	保健食品中脱氢表雄甾酮(DHEA)的测定
GB/T 5009.194	保健食品中免疫球蛋白IgG的测定
GB/T 5009.195	保健食品中吡啶甲酸铬含量的测定
GB/T 5009.196	保健食品中肌醇的测定
GB/T 5009.197	保健食品中盐酸硫胺素、盐酸吡哆醇、烟酸、烟酰胺和咖啡因的测定
GB/T 5009.198	贝类、记忆丧失性贝类毒素软骨藻酸的测定
GB/T 5009.199	蔬菜中有机磷和氨基甲酸酯类农药残留量的快速检测
GB/T 5009.200	小麦中野燕枯残留量的测定
GB/T 5009.201	梨中烯唑醇残留量的测定
GB/T 5009.202	食用植物油煎炸过程中的极性组分(PC)的测定
GB/T 5009.203	植物纤维类食品容器卫生标准中蒸发残渣的分析方法
GB/T 5009.204	食品中丙烯酰胺含量的测定方法 气相色谱-质谱(GC-MS)法

1.7 相关因特网网址

中国国家标准化管理委员会 http://www.sac.gov.cn/

American Association of Cereal Chemists http://www.scisoc.org:80/aacc/

American Oil Chemists' Society http://www.aocs.org/

American Public Health Association http://www.apha.org/

AOAC International http://www.aoac.org

Code of Federal Regulations http://www.access.gpo.gov/nara/cfr/cfr-tablesearch.html

Codex Alimentarius Commission http://www.fao.org/waicent/faoinfo/economic/esn/codex/codex.htm

Food Chemicals Codex http://www2.nas.edu/codex

Food and Drug Administration http://www.fda.gov

Center for Food Safety & Applied Nutrition http://vm.cfsan.fda.gov/list.html

Current Good Manufacturing Practices http://vm.cfsan.fda.gov/~lrd/part110t.txt

Food Labeling and Nutrition http://vm.cfsan.fda.gov/label.html

Hazard Analysis Critical Control Point http://vm.cfsan.fda.gov/~lrd/haccpsub.html

National Institute of Standards and Technology http://www.nist.gov

U.S. Department of Agriculture http://www.usda.gov

Food Safety and Inspection Service http://www.usda.gov/fsis

HACCP/Pathogen Reduction http://www.usda.gov/agency/fsis/imphaccp.htm

参 考 文 献

[1] Kirchner E M. Fake fats in real food. Chemical & Engineering News, 1997, 75 (16): 19-25.

[2] Flickinger B. Challenges and solutions in compositional analysis. Food Quality, 1997, 3 (19): 21-26.

[3] Clapp S. Codex Alimentarius levels playing field for world food trade. Inside Laboratory Management, 1997, 1 (4):

23-26.

[4] FAO/WHO. Codex Alimentarius. 2nd ed, Vols. 1-13. Joint FAO/WHO Food Standards Programme. Codex Alimentarius Commission. Food and Agriculture Organization of the United Nations/World Health Organization. Rome, Italy, 1992.

[5] Potter N N, Hotchkiss J H. Food Science, 5th ed, pp. 572-575. New York: Chapman & Hall, 1995.

[6] Golomski W A. ISO 9000-The global perspective. Food Technology, 1994, 48 (12): 57-59.

[7] Surak J G, Simpson K E. Using ISO 9000 standards as a quality framework. Food Technology, 1994, 48 (12): 63-65.

[8] International Organization for Standardization. ISO 9000 International Standards for Quality Management, 6th ed. International Organization for Standardization, New York, 1996.

[9] National Academy of Sciences. Food Chemicals Codex, 4th ed. , Food and Nutrition board, National Research Council, National Academy Press, Washington DC, 1996.

[10] JECFA. Compendium of Food Additive Specifications, Vols. 1 and 2 with supplements. Joint FAO/WHO Committee on Food Additives (JECFA) . 1956-1990. FAO Food and Nutrition Paper 52/1&2 with supplements. Rome, Italy, 1992.

[11] Stauffer J E. Quality Assurance of Food Ingredients, Processing and Distribution. Food & Nutrition Press, Westport, CT, 1998.

[12] Gould W A. Total Quality Assurance for the Food Industries. Technomic, Lancaster, PA, 1993.

[13] Multon J L. Analysis and Control Methods for Foods and Agricultural Products, Vol. 1: Quality Control for Foods and Agricultural Products. New York: John Wiley & Sons, 1995.

[14] Linden G, Hurst W J. Analysis and Control Methods for Foods and Agricultural Products, Vol. 2: Analytical Techniques for Foods and Agricultural Products. New York: John Wiley & Sons, 1997.

[15] Multon J L, Stadleman W J, Watkins B A. Analysis and Control Methods for Foods and Agricultural Products, Vol. 4: Analysis of Food Constituents. New York: John Wiley & Sons, 1997.

[16] Pearson D. Introduction-some basic principles of quality control. Ch. 1, in Laboratory Techniques in Food Analysis, 1-26. New York: John Wiley & Sons, 1973

[17] Pomeranz Y, Meloan C E. Food Analysis: Theory and Practice, 3rd ed. New York: Chapman & Hall, 1994.

第2章　采样和样品制备

2.1　概述

为了保证食品品质和安全性，监测原料、配料和加工成品的主要特性非常重要。如果分析技术快速且无破坏性，则可对所有食品或配料实施评估。然而，更可行的方法是从所有产品中选择一部分，并假定可代表整个产品的性质。从待测样品中取其中一部分来代表整体的方法称为采样，而采样的整体称为总体。适当的采样技术有助于确保样品性质的测定值，能准确代表总体品质的评估值。采样步骤及其选择将在2.2节和2.3节中讨论。

供分析的样品可以是任何大小和数量。影响样品数及相关问题的因素将在2.3和2.4节中讨论。而供检测用的实验室样品的制备将在2.4节中描述。

为了使食品工业中对某些特殊样品（如营养标签的采样、农药分析的采样、毒素分析的采样、外来物的采样和流变性的采样等）的采样样品收集和制备及其他应用项目符合相关章程，必须把样品收集这一步骤严格按美国食品及药物管理局（FDA）和美国农业部（USDA）食品安全与监督委员会（FSIS）确定的标准程序实施。

2.2　采样步骤的选择

2.2.1　常规知识

明确采样的总体。总体在数量上可能有变化，从一个生产批次到一天生产量，再到一个仓库的贮存量，从一个生产批量的样品可以准确地外推得到该批量的总体信息，但并不能反映出更大的总体（如整个仓库的信息）。

总体可以是限定的，如一个批次的数量；也可以是无限定的，如一个批次中随时间得到的温度观察值的数量。采样得到的数据必须在可接受值的范围内，从而确保抽样的总体处于限定的范围内。

由某个分析技术得到的数据，必须经过取样、样品制备、实验室分析和数据处理等一系列步骤，每一步都可能存在误差。最终结果的不确定性或可靠性，取决于各步骤误差的积累。

方差是对不确定性的评估，整个测试过程的总方差等于各步骤方差之和，代表了分析过程的精密度。精密度体现数据重现性，准确度表明数据与真实值接近的程度。

提高具有最大方差步骤的可靠性是提高准确度的最有效方法，而这一步往往是最初的采样方法。采样的可靠性主要取决于取样的数量。取样数越大，样品越可靠。

2.2.2　采样计划

国际理论化学和应用化学联合会（IUPAC）把采样计划定义为“从批量中选择提取、保存、运输和制备，得到其中一部分作为样品的一个预先确定的程序。”采样计划应该是一份完整的程序目标，确定所需各步骤的极有条理的文件，它应该写明人员、物品、地方、目的、实施方法等条目。采样的主要目的是得到样品，它有数量的要求，并且应符合采样计划要求。

采样计划的选择应基于以下几点：采样目标，研究的总体，统计单位，样品的选择规则和分析步骤。采样的两个主要目标是平均值的评估和确定某一性质的平均值是否满足采样计划。

2.2.3 选择采样计划的影响因素

在选择计划过程中必须考虑每个影响选择采样计划的因素（见表 2-1）。一旦确定产品检查目的、产品性质、测试方法和抽样批量，就能提交包含所需信息的采样计划。

表 2-1 选择采样计划的影响因素

必须考虑的因素	问题	必须考虑的因素	问题
检查目的	是否接受或拒绝该批次？	测试方法的性质	测试是否关键？
	是否测定该批次的平均品质？		如果总体没能通过测试,会有人致病或死亡吗？
	是否测定产品的变异性？		测试完全要花费多少？
产品的性质	是均相还是多相的？		测试是破坏性的还是非破坏性的？
	单位数量是多少？	正在调查的总体的性质	批量是否大且均一？
	原来的总体是否符合技术规范？		总体中各单元怎样分布？
	采样原料的成本是多少？		批量是由更小的容易确定的子批量组成吗？

2.3 采样步骤

2.3.1 介绍

如表 2-1 所示，采用已得到的数据来决定采样步骤。如果采样方法不当，就不能保证分析数据的可靠性。

1. 散装食品

（1）液体、半液体食品　以一池或一缸为一采样单位，即每一池或一缸采一份样本，采样前先检查样本的感官性状，然后将样本搅拌均匀后采样。如果池或缸太大，搅拌均匀有困难，可按池或缸的高度等距离分为上、中、下三层，在各层的四角和中间各取等量样本混合后，再取检验所需样本。对流动的液体样本，可定时定量，从输出口取样后混合留取检验所需的样本。

（2）固体食品　对数量大的散装食品如粮食和油料，可按堆形和面积大小采用分区设点，或按粮堆高度采用分层采样。分区设点，每区面积不超过 50m^2，各设中心、四角共五点；区数在两个以上的两区界线上的两个点为共有点。例如，两个区设 8 个点，三个区设 11 个点，依此类推。粮堆边缘的点设在距边缘 50cm 处。

采样点定好后，先上后下用金属探管逐层采样，各点采样数量一致。从各点采出的样本要做感官检查，感官性状基本一致，可以混合成一个样本。如果感官性状显然不同，则不要混合，要分别盛装。

2. 大包装食品

（1）液体、半液体食品　大包装样本一般用铁桶或塑料桶，容器不透明，很难看清楚容器内物质的实际情况。采样前，应先将容器盖子打开，用采样管直通容器底部，将液体吸出，置于透明的玻璃容器内，做现场感官检查。检查液体是否均一，有无杂质和异味，将检查结果记录，然后将这些液体充分搅拌均匀，用长柄勺或采样管装入样本容器内。

（2）颗粒或粉末状的固体　如大批量的粮食、油料和白砂糖等食品，堆积较高，数量较大时，应将其分为上、中、下层，从各层分别用金属探子或金属采样管采样。一般粉末状食品用金属探管（为防止采样时受到污染，可用双层套采样器采样）；颗粒性食品用锥形金属探子采样；特大颗粒的袋装食品如蚕豆、花生果、薯片等，要将口袋缝线拆开，用采样铲采样。每层采样数量一致，要从不同方位，选取等量的袋数，每袋插入的次数一致。感官性状相同的混合成一份样本，感官性状不同的要分别盛装。

3. 小包装食品

各种小包装食品（指每包500g以下），均可按照每一生产班次，或同一批号的产品，随机抽取原包装食品2～4包。

4. 其他食品

根据具体的种类（如鱼类、棒冰、熟肉类等），选择不同的取样方法。

2.3.2 举例

国家标准GB/T 9695.19—2008《肉和肉制品取样方法》规定了肉制品的取样方法。鲜肉的取样为从3～5片胴体或同规格的分割肉上取若干小块混成一份样品，每份样品500～1000g。冻肉（成堆产品）的取样为在堆放空间的四角和中间设采样点，每点从上、中、下三层取若干小块混为一份样品，每份样品为500～1000g。肉制品的取样：①每件500g以上的样品，随机从3～5件上取若干小块混合，共500～1000g；②每件500g以下的样品，随机从3～5件上取若干小块混合，总量不得少于1000g；③小块碎肉，从堆放平面的四角和中间取样混合，共500～1000g。

在GB/T 8855—2008《新鲜水果和蔬菜取样方法》中，规定抽检货物要从批量货物的不同位置和不同层次进行随机取样，且规定有最低取样量，如表2-2所示。

表2-2 抽检货物的取样量

批量货物的总量(kg)或总件数	抽检货物总量(kg)或总件数
≤200	10
201～500	20
501～1000	30
1001～5000	60
＞5000	100(最低限度)

以下介绍涉及在得到待分析样品后，所要考虑的应注意的各项因素。

2.3.3 手工与连续采样

人工采样，采样人员必须尝试采用“随机样品”来防止采样过程中发生人为偏差，为确保所采样品能代表总体，必须从总体的各位置来采样。对于小容器中的液体，可先摇匀再采样。而如果从贮存在贮窖或筒仓等内大体积液体中采样时，要充气使之成为均匀体。液体可用移液管和泵等采样。然而，由于存储设备所限，当从槽车中采样时无法混匀，可用采样器或探测器从槽车中随机几个点插入得到粒状或粉状样品。

连续采样由机械实施。连续采样法与人工采样法相比，人为误差更小。

2.3.4 统计研究

2.3.4.1 非概率采样

当不能采集总体代表性样品时，就需采用非概率采样法。在掺杂侵蚀性污染物的情况下，采样计划就要着重于掺杂物而非总体代表性样品的收集。

判断采样法是唯一一种由采样者自主决定的采样方法，结果主要取决于采样人。如果采样者经验丰富，就能得到比随机采样法更好的总体评估值。当采样的难易成为关键因素时进行简便采样，往往会选择第一层和最容易接近的样品。这种方法虽然简单，但得到的样品并不能代表总体。当总体不易采样时，限制采样不可避免，如从一辆满载的货车中采样就是这种情况，其样品也不能代表总体。

定额采样是指把一个批量分成多种类别的组群，然后再从各个组群中采取样品。这种采样法比随机抽样花费少，但可靠性差。

2.3.4.2 概率采样

概率采样为消除人为偏差、得到代表性样品提供了可靠的统计学基础，因而它是最合理可靠的方法。由于样品的所有项目的概率都是已知的，所以可计算出采样误差。

简单随机采样法需要知道总体中的单元数，从一个到总体单元数之间选择一个特定随机数。根据批次数和用户或销售商的潜在风险度决定取样数。该方法可避免人为倾向，但是对于不均匀的样品，仅用此法是不可行的。

统计采样法是指把总体分成几个尽量均匀的重叠小组，然后从各组中随机抽样。这一过程可以覆盖总体的每个部分，因而能提供代表性样品，比简单随机采样法花费更少。

组群采样法要求把总体分成几个小组，即组群，各组群的性质尽可能相同，而每个组群都是多相性的。组群要求分得很细，且每个组群的单体数相同。各组群被随机采样，可能全部被检查，也可能只分析一个组群。如果把总体分成均匀的组群，那么这种方法较简单随机采样法更有效，花费更少。

2.3.4.3 混合采样

因总体是由调查者人为分组的，所以混合采样具有随机和非统计采样性。

2.3.4.4 最佳采样数和统计分析

为得到可靠的总体评估值所需最佳样品数的重要信息可采用 t 检验统计分析。

样品数根据评估所需的准确度而定，要得到真实值±5%的总体评估值，就要比得到真实值±25%的评估值需要更多的样品数。公式(2-1) 表示怎样用 t 值找到满足一定准确度的最佳样品数。

$$t=\frac{\overline{x}-\mu}{\mathrm{SD}/\sqrt{n}} \tag{2-1}$$

式中 $\overline{x}$——样品平均值；

μ——总体平均值；

SD——样品的标准偏差；

n——样品数。

为了找到样品和总体均值不同的概率，计算出的 t 值可用自由度比样品数少 1 的 t 分布描述。其分母（$\mathrm{SD}/\sqrt{n}$）就称为均值的标准误差（SEM）。当样品数趋于无穷大时，SEM 趋向于 0。如果 t 值恰当，SEM 扩大就可估计出一个置信区间。如果 t 值为 0.05 显著水平，数据有 95%的概率在置信区间内。也就是说，置信度为 95%。

如果用准确度乘以样品均值替换公式(2-1) 中的分母，则公式变形为如下，以求得样品数 [各物理量含义与公式(2-1) 相同]。

$$样品数=(t_{\alpha,n-1})^2\mathrm{SD}/(准确度\times\overline{x})^2 \tag{2-2}$$

如果已进行初步研究找到样品均值和样品变量，由公式(2-2) 就可计算出在任何准确度下所需的样品数。在公式(2-2) 中，从一定显著水平（如 $\alpha=0.05$）的 t 分布 [其自由度相当于样品变量的分母（即 $n-1$）] 可得到 t 值（$t_{\alpha,n-1}$）。在总体 10%以内的样品均值将代表 0.1 的准确度。

如果数据符合高斯正态分布，则计算所得的样品数将很有用。此外，根据中心极限定理，当样品数增加时，总体中任意分布的样品均值将趋于正态高斯分布，其应用范围将会更广。

2.3.5　采样中的问题

采样技术对于分析数据的可靠性有着重要的影响。由于非统计采样简单易行，其采样偏差可与可靠性综合协调考虑。但如果没有选择合适的采样计划，则可能导致误差产生。

一些非统计因素，如样品贮存条件太差导致样品发生变质等，也会得到不可靠的数据。所以样品应贮放在能保护其免遭水分及其他环境因素（如热）影响的容器中。光敏性样品应贮放在不透明玻璃制成的容器中，或在容器外包一层铝箔。对氧气敏感的样品应在氮气和惰性气体中贮放。化学不稳定的样品，有必要时采用冷藏、冷冻，但不稳定的乳浊液时不能用冷冻法。一些防腐剂（如 $K_2Cr_2O_7$ 和 $CHCl_3$）也可用来保护某些食品。

标签的正确使用将直接影响样品的判别。在贮存和运输过程中应采用不易掉落或毁坏的标识，并在样品容器上做标记，这样可清楚又方便地辨别样品。如果样品是一种正式的或法律样品，为防止突发情况，容器必须密封，并且封口标识要容易识别。正式样品必须有采样者的姓名和签字的样品分析数据，并清楚确认样品保管链。

2.4　样品制备

2.4.1　常规减量法

如果分析样品的体积或质量太大，就必须从数和量两方面减少，并用较少的量进行分析，固体样品铺放在一块干净的表面并分成四份，相对的两块混合，重复这种操作直至得到合适的量。均相液体可以采用旋转管装置灌进四个容器，这样均化样品以确保每一部分的差异可以忽略。

国标中提供了一些食品样品制备的详细方法，具体取决于食品的性质和分析的内容。例如，适用于酿造酱油时酱渣等水溶性物质的样品制备。具体方法为：准确称取已在研钵中研细的样品（酱渣等）25.00g 于 250mL 烧杯中，再加入 200mL 蒸馏水。置于电炉上加热，煮沸 3min。冷却至室温后，移入 250mL 容量瓶。烧杯用蒸馏水分数次洗涤干净。洗涤液一并加入容量瓶中。最后加蒸馏水至刻度，摇匀，放置一定时间，让其自然沉降，自然沉降缓慢时，可用滤纸过滤或离心机离心分离（1500～2000r/min；10min）吸取 10mL（相当于 1g 样品）上清液（或滤液）。用于测定氯化物、全氮、总酸、色度以及还原糖等。

2.4.2　研磨

为减小样品的颗粒大小，可用各种碾磨机，如辊式切碎机、绞肉机常用于湿润样品，而研钵和杵锤、碾磨机最好用于干燥样品。

根据作用方式，碾磨机可分为凿改式、锤式、叶轮式、旋风分离式、冲击式、离心式和辊式粉碎。碾磨干燥原料的方法有简单的研钵、杵锤和电驱动锤磨机，同时用超离心磨可通过敲击撞击和剪切粉碎干燥原料，冷冻研磨机可用来研磨冷冻食品，从而省却预干燥步骤，同时也减少了研磨期间不希望出现的由热引发的化学反应的可能，用旋风粉碎机可连续粉碎大量样品。

在某些粉碎机上可通过调整凿改和刮刀之间的距离，或筛孔目数大小［即筛上每英寸（1in=0.0254m）孔数］来控制颗粒大小。水分、总氮、矿物质测定时，干燥食品的最终颗粒大小应为 20 目。用于抽提分析，如脂肪、碳水化合物测定的颗粒大小则应为 40 目左右。

粉碎湿细胞组织，需要各种切片装置。辊式切碎机适用于块茎和叶菜，而绞肉机更适用于水果、根和肉。加砂作为研磨料能使食物粉碎得更细更均匀。Waring搅拌机可有效地粉碎软而柔韧的食品和悬浊物。Mickle离散器通过声波振动玻璃珠来处理悬浊液，在均质样品的同时也离心了样品。

2.4.3 酶的钝化

食品原料中常含有能分解待测食品成分的酶，这些酶如果不加控制会影响食品的品质，因此，必须用各种方法去除或控制酶的活性以保持食品的原有品质。常用的方法是采用加热变性灭酶或冷冻储存（－30～－20℃）抑制酶的活性。而有些酶的控制采用改变pH值或盐析法更有效。另外，氧化酶可通过加还原剂来控制。

2.4.4 防止脂肪氧化

样品中的脂肪也会引起一些问题。高脂食品很难研磨，只有在冷冻情况下才能磨碎。不饱和脂肪容易氧化降解，应贮放于氮气或真空条件下。抗氧化剂可稳定脂肪，只要确保它们不影响后续的分析测定。不饱和脂肪的光氧化现象可通过控制贮存条件来防止。通常脂肪在组织完整时冷冻比提取后冷冻更稳定。

2.4.5 微生物的生长和污染

几乎所有的食品都有微生物的存在，它们会改变样品的组成。冷冻、干燥和添加化学防腐剂都是有效的控制手段，可单独使用，不过实际中常组合使用这些方法。具体情况取决于污染的概率、贮存条件、贮存时间和实施的分析方法。

小结

为了控制食品品质和安全性，用采样的方法监测原料、配料和加工成品的重要特性是非常重要的。通过采样，能比测总体更迅速地得到品质评估结果，而所花的费用和时间更少。如果不恰当地进行采样，那么就不能保证分析数据的可靠性。由于食品种类众多，组分及组分之间的结合形式都较为复杂，因此常对食品的分析造成影响，这就要求对样品进行适当的预处理，由此可见，样品制备是进行后续分析的一个很重要的基础操作。不同的食品性质不同，需要采用不同的制备方法。

参考文献

[1] Puri S C，Ennis D，Mullen K. Statistical Quality Control for Food and Agricultural Scientists. Boston：G. K. Hall and Co，1979.

[2] Horwitz W. Sampling and preparation of samples for chemical examination. Journal of the Association of Official Analytical Chemists，1988，71：241-245.

[3] Harris D C. Quantitative Chemical Analysis. New York：W. H. Freeman and Co，1995.

[4] Miller J C. Basic statistical methods for analytical chemistry. Part 1. Statistics of repeated measurements. A review Analyst，1988，113：1351-1355.

[5] Pomeranz Y，Meloan C E. Food Analysis：Theory and Practice. New York：Chapman and Hall，1994.

附录

GB/T 9695.19—2008《肉和肉制品取样方法》

GB/T 8855—2008《新鲜水果和蔬菜取样方法》

SB/T 10321—1999《水溶性物的样品制备》

第3章　实验数据的分析及评价

3.1　概论

几乎所有的实验结果，包括有非常明显实验效果的实验结果，都需要用适当的统计分析方法进行分析及评价。数据分析应主要围绕研究目的进行，对实验的假设进行验证。同时，数据分析的主要目标是提取数据中所有能被解释的有用信息，考虑生物变异和实验所产生的误差对研究结果的影响，尤其是抽样误差对实验结果的错误判断。当然，也存在统计学上有显著性差异，而不存在生物学意义的现象。因此，在对实验数据进行分析处理时，既要有正确的实验设计和使用正确的资料统计分析方法，又要准确描述和解释实验结果。

3.2　分析的可靠性——准确度和精密度

正确理解准确度和精密度的概念至关重要。准确度是指单个测量值与真实值的接近程度。确定准确度的困难在于真实值得不到确定。对于某些类型的材料，可以在国家标准技术研究所或类似机构购买标准样品，并根据标准样品验证试验过程，这样可以对试验过程的准确度做出评价。另一种方法是假设其他实验室的测定结果是准确的，将结果与之相比较，判断两者间的一致性。

精密度是指在相同条件下 n 次重复测定结果之间的接近程度。精密度的大小用偏差表示，偏差越小说明精密度越高。

3.3　误差

在现实生活中有很多物理量，例如长度、高度、温度、速度、功率等。一般情况下，我们不知道它们的真实数值，而是用某种仪器对其进行测量。由于仪器、测量环境以及人员等因素的影响，测量出的数值不可能等于真实的物理量数值，这两者之间的差别就是误差，即所测得的数值与被测物理量真实数值之间的差别。对同一样品重复测定数次或至少做三次有代表性的试验，可以提高准确度和精密度。但是，由于不能确定哪个值最接近真实值，实际所做的次数往往更多。运用统计学方法，可以从多次测量结果中，估算出最接近真实值的数据。

3.3.1　误差的分类

误差的来源有三种，具体分类如下：系统误差（有确定值）、随机误差（无确定值）和总体误差或过失误差。

系统误差又称定值误差，常导致实验结果向某一确定方向偏离期望值。系统误差的特征是其确定性（恒定的或在条件改变时按照一定的规律变化）。产生这类误差的原因有：（1）测量仪器结构上的不完善而引起，为仪表本身所固有。（2）测量方法不当引起的误差。（3）测量人员本身的习惯和偏向，以及由于人的感觉器官不完善造成的误差。（4）测量环境变化或测量条件与正常条件不同而引起的误差。识别这类误差的来源常常困难且费时。例如，一台刻度标示不准确的天平会产生一组高精密度但是不准确的结果，有时不纯的化学药品或分析方法本身就是产生误差的原因。对仪器进行校正，进行空白试验或采用不同的分析方法等手段可以纠正系统误差。

随机误差（不确定误差）的特征是其偶然性。其表现为人们的感官分辨能力的差别与外界环境的干扰。这种误差是无法控制的，它服从于统计定律。例如，读取分析天平的数据、判断滴定终点的变化以及移液管的使用等都会带来随机误差。仪器背景噪声也是引起随机误差的因素之一。这种类型误差出现正负误差的可能性是相同的，很难避免，但它们通常都很小。

无论是系统误差还是随机误差都属于理想条件下的概念，不可能准确得到。在实际的测量仪器或测量结果中往往是既包含系统误差又包含随机误差，那些未知的系统误差很难与随机误差分离开来，为误差分析带来了困难。

还有一类就是过失误差，其特点是误差的数值很大而又完全没有规则，因而容易剔除。它主要是由于实验操作者在操作、读数和记录时产生或者是用了错误的试剂或仪器，选择了不当的实验方法等所引起，这种误差相应的测量数据是没有意义的，在进行数据处理时应舍去。过失误差很容易识别和纠正。这种误差只要测量人员操作认真细致就能避免。

3.3.2 误差的估算

3.3.2.1 平均值

对于每一个待测物理量，可以假想其存在一个真实值。假设在只有随机误差而完全没有系统误差的情况下，对同一个物理量的测量次数一直增加，则随机误差的影响会使得测量值大于真实值与小于真实值的概率分布一样，则所有测量值的平均值将随着测量次数的增加而越来越接近真值。当测量次数等于无穷多次时，测量值的平均值就等于真实值。根据统计理论，在一组 n 次测量的数据中，算术平均值最接近真实值，其也被称为测量的最佳值。

算术平均值用符号 $\overline{X}$ 表示，通过下式计算：

$$\overline{X}=\frac{X_1+X_2+X_3+\cdots+X_n}{n}=\frac{\sum X_i}{n} \tag{3-1}$$

式中 $\overline{X}$——测量数据的平均值；

X_1、$X_2\cdots$——各个测量值（X_i）；

n——测定次数。

有时也可能得到一个已知真实值的样品，将测量值与其相比较，就能确定准确度。能够计算的误差是绝对误差，其值等于测量值与真实值之差。

$$\text{绝对误差}(E_{\text{abs}})=X-T \tag{3-2}$$

式中 X——测量值；

T——真实值。

绝对误差可以是正值或负值。如果实验测量值是数次重复测定的结果，那么可用平均值代替 X 项，但这不是测定误差的好方法，因为其数值与真实值的大小无关。更有用的误差衡量标准是相对误差。

相对误差代表了真实值的一部分，同绝对误差一样，可以是正值或负值。

$$\text{相对误差}(E_{\text{rel}})=\frac{E_{\text{abs}}}{T}=\frac{X-T}{T} \tag{3-3}$$

如果需要，将相对误差乘以 100%得到百分相对误差，其关系如方程式(3-4) 所示，式中 X 可以是各个测量值也可以是数个测量值的平均值。

$$E_{\text{rel}}(\%)=\frac{E_{\text{abs}}}{T}=\frac{X-T}{T}\times 100\% \tag{3-4}$$

3.3.2.2　标准偏差

标准偏差是分析数据精密度时最好、最常用的统计学评价方法。标准偏差能衡量实验值的分散程度以及各个数值之间的接近程度。在评价标准偏差时，分析全部样品是非常困难且非常耗时的，因此，在计算中只能使用未知真实值的估计值。

标准偏差可用希腊字母 σ 来表示。假设测定了所有食品，那么标准偏差可根据方程(3-5）来计算。

$$\sigma=\sqrt{\frac{\sum(X_i-\mu)^2}{n}} \tag{3-5}$$

式中　σ——标准偏差；

X_i——各个样品的测量值；

μ——真实值；

n——样品总数。

由于不知道真实值，必须将方程（3-5）简化，才能处理实际数据。在这种情况下，常将 σ 这个术语称为样品标准偏差并用 SD 或 σ 来表示，可采用方程（3-6）来计算。在方程(3-6）中用 $\overline{X}$ 代替真实值 μ，n 代表样品总数。

$$\text{SD}=\sqrt{\frac{\sum(X_i-\overline{X})^2}{n}} \tag{3-6}$$

如果重复测定的次数少（小于或等于 30），那么 n 将用（$n-1$）代替，并用方程（3-7）计算标准偏差。

$$\text{SD}=\sqrt{\frac{\sum(X_i-\overline{X})^2}{n-1}} \tag{3-7}$$

如果只测量一次，则式(3-7）中的分子、分母皆为零，无法确定标准偏差，当 n 趋于 ∞ 时，无论分母为 n 或 $n-1$，结果已没有差别。以上定义的标准偏差代表所有测量数据与平均值之间平均的偏差量。

常将 $\text{SD}/\sqrt{n}$ 作为平均值的标准偏差。

3.3.2.3　标准偏差所代表的意义与应用

得到平均值和标准偏差后，需要对这些数据进行解释说明。理解标准偏差的简单方法就是计算变异系数（CV）的大小，变异系数称为相对标准偏差。变异系数小，说明重复结果的精密度和重现性水平都高。不同类型的分析对 CV 有不同的要求，一般 CV 小于 5%就可以接受了。

另一种理解标准偏差的方法就是考察其在统计学理论中的起源。通常当测量次数多时，测量数据的随机分布满足正态分布（见图 3-1)。

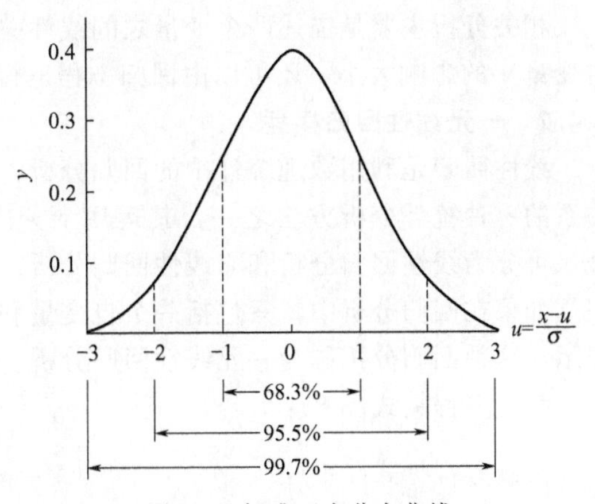

图 3-1　标准正态分布曲线

进行多次测量时，有时候某些数据会与

平均值相差较多，究其原因可能是测量时不小心出现观测错误或读数错误。就是否该舍去那些可疑数据而言，下面的例子可作为参考。

例如：测量某物体重量 100 次，计算出平均值与标准偏差后，发现有 4 组数据落在 3 倍标准偏差外，5 组落在 2～3 倍之间，其余都在平均值与标准偏差之间。采用正态分布进行分析，由于数据落在 2 倍标准偏差内的概率有 4.6%，因此那 5 组数据是合理的，而数据落在 3 倍标准偏差外的概率应小于 3%，因此应重新考虑那 4 组数据，通常可以将其舍去，再重新计算平均值与标准偏差。平均值的标准偏差的意义在于：每组多次实验所得平均值都不会相同。这些平均值也会形成一种分布。平均值的标准偏差便是代表这些不同平均值的可能差异性（精密度）。

综合说来，实验数据的标准偏差显示的是单独一个测量值与平均值间可能偏差的程度。重复增加实验次数并不会减少其数值。平均值的标准偏差则显示所得平均值的可重复的程度，即结果的精密度。多组重复测量所计算出平均值的标准偏差数值可以由增加测量次数而减少，与$\sqrt{n}$成反比，因此测量 10000 次平均值的标准偏差为测量 100 次所得数值的 1/10。

3.4 回归分析

在科学研究以及实验过程中，经常需要了解变量间的内在关系。表达变量间关系的方法主要有表格、曲线、数学表达式等，其中数学表达式形式上紧凑，便于从理论上做进一步分析研究，对认识自然界量与量之间的关系意义重大。回归分析是处理变量间相互关系的有力工具，它不仅为建立变量间相互关系的数学表达式（经验公式）提供了一般的方法，而且还能判断所建立的经验公式的有效性，从而达到利用经验公式预测、控制等目的。因此，回归分析方法的应用越来越广泛，其方法本身也在不断地丰富和发展。

3.4.1 回归与相关的基本概念

（1）相关关系　两变量 x，y 均为随机变量，任一变量的每一可能值都有另一变量的一个确定分布与之对应。

（2）回归关系　x 是非随机或随机变量，y 是随机变量，对 x 的每一确定值 x_i 都有 y 的一个确定分布与之对应。

相关分析中，变量 x 与变量 y 处于平等的地位；回归分析中，变量 y 称为因变量，处在被解释的地位，x 称为自变量，用于预测因变量的变化。

相关分析主要是描述两个变量之间线性关系的密切程度；回归分析不仅可以揭示变量 x 对变量 y 的影响大小，还可以由回归方程进行预测和控制。

3.4.2 一元线性回归模型

线性回归是利用数理统计中的回归分析，来确定两种或两种以上变量间相互依赖的定量关系的一种统计分析方法之一，其运用十分广泛。分析按照自变量和因变量之间的关系类型，可分为线性回归分析和非线性回归分析。

如果在回归分析中，只包括一个自变量和一个因变量，且二者的关系可用一条直线近似表示，这种回归分析称为一元线性回归分析。

线性方程见式(3-8)：

$$y=a+bx \tag{3-8}$$

回归方程见式(3-9)：

$$\hat{Y}=a+bx \tag{3-9}$$

以上两式中，a，b 是决定回归直线的两个系数。a 为截距，b 为回归系数，即直线的斜率。b 的统计学意义是 x 每增加（减少）一个单位，y 平均改变 b 个单位。

怎样的 $\hat{Y}$ 最好地代表了所有的 y，需要有一标准。用最小二乘法拟合的直线来代表 x 与 y 之间的关系与实际数据的误差比其他任何直线都小。

经典的标准是最小二乘法（least squares）原则：每个观察点距离回归线的纵向距离的平方和最小。

3.4.3　非线性回归模型

x 和 Y 的数量关系常常不是线性的，如医学研究中常出现的毒物剂量与动物死亡率、人的生长曲线以及药物动力学等，都不是线性的。如果用线性描述将丢失大量信息，甚至得出错误结论。这时可以用非线性回归或曲线拟合方法分析。如果回归模型的因变量是自变量的一次以上函数形式，回归规律在图形上表现为形态各异的各种曲线，称为非线性回归。非线性回归，其回归参数不是线性的，也不能通过转换的方法将其变为线性的参数。在许多实际问题中，回归函数往往是较复杂的非线性函数。常用的非线性函数如下所述。

① 幂函数（power function）：$Y=ax^b$，上式两边取对数后，得 $\ln Y=\ln a+b\ln x$。

② 对数函数（logarithmic function）：$Y=a+b\ln x$

③ 指数函数（exponential function）：$Y=a\mathrm{e}^b x=a\exp(bx)$

对上式两边取对数，得：$\ln Y=\ln a+bx$

④ Logistic 函数（logistic function）：$Y=\dfrac{1}{1+a\mathrm{e}^{\pm bX}}$

上式可转换成线性形式：$\ln\left(\dfrac{Y}{1-Y}\right)=-\ln a\pm bX$

⑤ 多项式函数（polynomial function）：$Y=a+b_1x+b_2x^2+\cdots+b_px^p$

非线性函数的求解一般可分为将非线性变换成线性和不能变换成线性两大类。这里主要讨论可以变换为线性方程的非线性问题。假定根据理论或经验，已获得输出变量与输入变量之间的非线性表达式，但表达式的系数是未知的，要根据输入输出的 n 次观察结果来确定系数的值。按最小二乘法原理来求出系数值，所得到的模型为非线性回归模型（nonlinear regression model）。

① 利用线性转换后再作线性回归拟合　前面介绍的常用曲线函数都可以通过数学转换，使之成为线性函数。最简单的曲线拟合就利用此性质，做线性拟合，基本步骤如下：

a. 绘制散点图，决定曲线类型。

b. 通过数学转换将曲线转换成直线方程。

c. 估计线性回归方程的参数，计算确定系数和做回归方程的方差分析。

d. 转换为原方程，绘制曲线图。

② 非线性回归参数的最小二乘法估计　线性转换后用线性回归的参数估计方法虽然计算较简单，但有时估计效果不理想。特别是需要对 Y 作数学转换时，由于线性回归的最小二乘法是对转换后的 Y 而不是直接对 Y，因此估计的曲线可能并不理想。

3.4.4　相关系数

如何绘制穿过数据点的直线以及数据与直线的符合程度是在观察包括线性关系在内的任一类型的交互作用时所涉及的问题。对任一组数据而言，首先要做的就是在图上标绘出其位置，观察这些点能否连成一条直线。如果不存在线性关系，同样能从该线上辨认出原始数据点。

相关系数表示数据与直线之间的符合程度。对一条标准曲线而言，理想的情况就是所有数据点都位于一条直线上。但是，在制备标准物和测量物理数值时都可能引入误差，所以这不符合实际情况。下面介绍相关系数和测定系数的定义。

$$相关系数\ r=\frac{\sum(X_i-\overline{X})(Y_i-\overline{Y})}{\sqrt{[\sum(X_i-\overline{X})^2][\sum(Y_i-\overline{Y})^2]}} \tag{3-10}$$

对标准曲线，希望 r 的值尽可能地接近 $+1.0000$ 或 -1.0000，这个值代表绝对相关。一般在分析工作中，r 应为 0.9970 或更高一些（这项要求不适用于生物学研究）。

实际中经常使用测定系数（r^2），虽然它不能指出相互关系的方向，但有助于更好地认识该直线。

3.4.5 显著性检验

分析工作者常常用标准方法与自己所用的分析方法进行对照试验，然后用统计学方法检验两种结果是否存在显著性差异。若存在显著性差异而又肯定测定过程中没有错误，可以认定自己所用的方法有不完善之处，即存在较大的系统误差。因此分析结果的差异需进行统计检验或显著性检验。

显著性检验就是事先对总体（随机变量）的参数或总体分布形式做出一个假设，然后利用样本信息来判断这个假设（原假设）是否合理，即判断总体的真实情况与原假设是否显著地有差异。其原理就是“小概率事件实际不可能性原理”来接受或否定假设。

常把一个要检验的假设记作 H_0，称为原假设（或零假设）（null hypothesis），与 H_0 对立的假设记作 H_1，称为备择假设（alternative hypothesis）。

① 在原假设为真时，决定放弃原假设，称为第一类错误，其出现的概率通常记作 α；

② 在原假设不真时，决定接受原假设，称为第二类错误，其出现的概率通常记作 β。

通常只限定犯第一类错误的最大概率 α，不考虑犯第二类错误的概率 β。这样的假设检验又称为显著性检验，概率 α 称为显著性水平。

最常用的 α 值为 0.01、0.05、0.10 等。一般情况下，根据研究的问题，如果犯弃真错误损失大，为减少这类错误，α 取值小些，反之，α 取值大些。

若用计算机统计软件进行假设检验，我们会见到 P-值。将计算所得检验统计量样本值查表得的概率就是 P-值（在那里我们称之为观察到的显著水平）。

如果 $P>0.05$，不能否定“差别由抽样误差引起”，则接受 H_0；如果 $P<0.05$ 或 $P<0.01$，可以认为差别不由抽样误差引起，可以拒绝 H_0。统计学上规定的 P 值意义为：

① $P>0.05$ 碰巧出现的可能性大于 5%，不能否定无效假设两组差别无显著意义。

② $P<0.05$ 碰巧出现的可能性小于 5%，可以否定无效假设两组差别有显著意义。

③ $P<0.01$ 碰巧出现的可能性小于 1%，可以否定无效假设两者差别有非常显著意义。

进行显著性检验还应注意以下几个问题：

① 要有合理的试验设计和准确的试验操作，避免系统误差、降低试验误差，提高试验的准确性和精确性。

② 选用的显著性检验方法要符合其应用条件。由于研究变量的类型、问题的性质、条件、试验设计方法、样本大小等的不同，所选用的显著性检验方法也不同，因而在选用检验方法时，应认真考虑其应用条件和适用范围。

③ 正确理解显著性检验结论的统计意义。显著性检验结论中的“差异显著”或“差异极显著”不应该误解为相差很大或非常大，也不能认为在实际应用上一定就有重要或很重要的价值。“显著”或“极显著”是指表面差异为试验误差可能性小于 0.05 或 0.01，已达到了可以认为存在真实差异的显著水平。有些试验结果虽然表面差异大，但由于试验误差大，

也许还不能得出“差异显著”的结论，而有些试验的结果虽然表面差异小，但由于试验误差小，反而可能推断为“差异显著”。

显著水平的高低只表示下结论的可靠程度的高低，即在 0.01 水平下否定无效假设的可靠程度为 99%，而在 0.05 水平下否定无效假设的可靠程度为 95%。

“差异不显著”是指表面差异为试验误差可能性大于统计上公认的概率水平 0.05，不能理解为没有差异。下“差异不显著”的结论时，客观上存在两种可能：一是无本质差异，二是有本质差异，但被试验误差所掩盖，表现不出差异的显著性。如果减小试验误差或增大样本容量，则可能表现出差异显著性。显著性检验只是用来确定无效假设能否被否定，而不能证明无效假设是正确的。常用的显著性检验有 t 检验、t′检验、U 检验和方差分析。

3.5 报告结果

在处理实验结果时，常常在报告结果的同时指出测定方法的灵敏度和精密度。不必夸大或任意缩小分析方法的灵敏度，不论是平均值、标准偏差或其他数值，力求报告一个有意义的值。下文将具体介绍如何评价实验值以获得精确的报告结果。

3.5.1 有效数字

有效数字，是指在分析工作中实际能够测量到的数字。所谓能够测量到的是包括最后一位估计的、不确定的数字。我们把通过直读获得的准确数字叫做可靠数字；通过估读得到的那部分数字叫做存疑数字。把测量结果中能够反映被测量大小的带有一位存疑数字的全部数字叫有效数字。有效数字这一术语描述了如何判断实验结果中应记录数字的位数。由于有效数字的最后一位是不确定度所在的位置，因此有效数字在一定程度上反映了测量值的不确定度（或误差限值）。测量值的有效数字位数越多，测量的相对不确定度越小；有效数字位数越少，相对不确定度就越大。可见，有效数字可以粗略反映测量结果的不确定度。

下文介绍了确定有效数字位数的一般原则。但是，在处理有效数字时保持一定的灵活性也是很重要的。

有效数字中只应保留一位欠准数字，因此在记录测量数据时，只有最后一位有效数字是欠准数字。在欠准数字中，要特别注意 0 的情况。0 在非零数字之间与末尾时均为有效数；在小数点前或小数点后均不为有效数字。如 0.078 和 0.78 与小数点无关，均为两位有效数字。506 与 220 均为三位有效数字。n 等常数，具有无限位数的有效数字，在运算时可根据需要取适当的位数。

对于零是不是有效数字，必须特别考虑下述情况：

① 在小数点后的零通常是有效数字。例如，44.720 和 44.700 都含有五位有效数字。

② 小数点前没有其他数字时，小数点前的零不是有效数字。如 0.6472 只含有四位有效数字。

③ 如果小数点前没有其他数字，那么小数点后的零也不是有效数字。如 0.0052，该数值只含有两位有效数字。又例如，1.0052，小数点前有数字，因此小数点后的零属于有效数字，该数值共有五位有效数字。

④ 除特别说明，一个整数末位的零不是有效数字。因此，整数 5000 只有一位有效数字。但是如果加上一个小数点和零，如 5000.0，则表示此数值含有五位有效数字。

总之，应正确理解有效数字的有关规则和含义，仔细审查有效数字的确定过程。在实际情况下，虽然上述原则是有帮助的，但是，除非所有个体值或数字都经过仔细审查，否则，并不一定正确。

3.5.2 四舍五入法则

在所有分析领域中，数字的四舍五入都是一步重要且必需的运算，草率或错误地舍弃数字都会导致最终结果产生严重偏差。在计算过程中保留所有数字，在报告最终答案时进行四舍五入是一种可取的方法。

四舍五入的方式非常简单，日常生活中经常会用到。四舍五入的基本法则如下：

① 如果保留数字的后位数小于5，那么舍弃该数字，保留数字不变。例如，44.722经四舍五入为44.72。

② 如果保留数字的后位数大于5，那么舍弃该数字后保留数字加1。例如，44.727经四舍五入后为44.73。

③ 如果保留数字的后位数是5，那么舍弃该数字后，如果最后一位保留数是奇数加1，如果是偶数则不变。例如，44.725四舍五入后为44.72；44.705四舍五入后为44.70；但44.715四舍五入后为44.72。

上述规则③的一种简化形式是如果5的后位数是非零数字则根据最后一位保留数字的奇偶决定是否进位的方法。如果5的后位数是零，则将其简单地舍弃即可。例如，44.715将被舍入到44.72，而44.715001则将被舍入到44.71。

若运算中有π、e等常数，其有效数字可视为无限，不影响结果有效数字的确定。一般来讲，有效数字的运算过程中，有很多规则为了应用方便，本着实用的原则，加以选择后，将其归纳整理如下：

① 可靠数字之间运算的结果为可靠数字。

② 可靠数字与存疑数字、存疑数字与存疑数字之间运算的结果为存疑数字。

③ 测量数据一般只保留一位存疑数字。

④ 运算结果的有效数字位数不由数学或物理常数来确定，数学与物理常数的有效数字位数可任意选取，一般选取的位数应比测量数据中位数最少者多取一位。例如：π可取＝3.14或3.142或3.1416……；在公式中计算结果不能由于“2”的存在而只取一位存疑数字，而要根据其他数据来决定。

⑤ 运算结果将多余的存疑数字舍去时应按照“四舍六入五凑偶”的法则进行处理。即小于等于四则舍；大于六则入；等于五时，根据其前一位按照奇入偶舍处理（等几率原则）。例如，3.425化为3.42，4.235则化为4.24。

小结

本章重点介绍了评价实验数据的基本数学处理方法。例如，在评价个别样品的重复测定过程中，确定平均值和标准偏差。如果在报告实验结果的同时指出某一特定试验的灵敏度和精密度，那么正确使用有效数字和四舍五入法则等指导原则是很有用的。

参考文献

[1] 国家标准GB/T 6379—2009. 测量方法与结果的准确度（正确度与精密度）. 北京：中国标准出版社.
[2] 费业泰. 误差理论与数据处理. 北京：机械工业出版社，2010.

第4章　食品的感官检验

4.1　概论

4.1.1　感官检验的概念与特点

食品的首要功能就是满足人体的生理需要和感官享受。饮食文化强调的就是食品的色、香、味、形等感官性状首先能够得到消费者的接受和喜爱。

4.1.1.1　感官检验的概念

感官检验是通过视觉、嗅觉、触觉、味觉和听觉对食品及其他消费品的感官特性进行检验，来反映其特征或者性质。也就是说，通过眼观、鼻嗅、口尝、耳听及手触等方式，对食品的色、香、味、形、质地和口感等各项指标进行综合性分析，用语言、文字、符号或数据进行记录，再结合概率统计学原理进行统计分析，从而得出结论的一种评价方法。

4.1.1.2　感官检验的特点

食品质量的好坏直接表现在它的感官性状上，通过感官指标来鉴别食品的质量和真伪。感官检验有时可省去化学分析或仪器分析，既简便又准确，成本低且实用性广。

食品感官检验不仅能直接发现食用感官性状在宏观上出现的异常现象，而且当食品感官性状发生微观变化时也能敏锐地察觉到。例如，对于香肠的颜色和味道、茶叶质量的优劣以及酒的香味等方面，具有敏锐的感觉器官和长年经验积累的专家能准确地鉴别出来，并能做出相应的决策和处理，而不需要其他的检验分析。尤其重要的是，当食品的感官性状只发生微小变化，甚至这种变化轻微到有些仪器都难以准确发现时，通过人的感觉器官（嗅觉、味觉等）都能给予应有的鉴别。可见，食品的感官质量检验有着明显的优越性。因此，感官检验技术被广泛应用于食品及其他消费品工业，进行新产品开发、产品改进、成分替换、市场预测、质量控制和风味营销，以及政府监管部门进行产品质量与安全的快速、便捷和直观的检测与监控。

但是，感官检验是利用人的感官进行的，而人的感官状态会受环境、自体、感情等诸多因素的影响，从而很难像仪器那样保持稳定。所以在进行感官检验时，为了保证实验的成功和结果的准确，要极力避免这种情况的出现。

4.1.2　感官检验的分类

根据其分析目的不同，分为分析型感官检验和偏爱型感官检验两种类型。

4.1.2.1　分析型感官检验

分析型感官检验又称客观检验，是以人的感觉器官作为一种检验测量的工具，通过感觉来评定样品的质量特性或鉴别多个样品之间的差异等，例如原辅料的质量检查、半成品和产品的质量检查、产品评优等。

由于分析型感官检验是通过人的感觉来进行检测的，必须注意评价基准的标准化、实验条件的规范化和评价员的素质选定，这样才能降低个人感觉之间差异的影响，提高检测的重现性，以获得高精度的测定结果。

4.1.2.2 偏爱型感官检验

偏爱型感官检验又称主观检验，其与分析型感官检验相反，它是以样品为工具来了解人的感官反应及倾向，如在新产品开发中对试制品的评价，或在市场调查中使用的感官检查。

偏爱型感官检验受人的感觉程度和主观判断所决定，依赖于人们生理及心理的综合感觉，其检验结果受生活环境、生活习惯、审美观点等多方面因素的影响，因此其结果往往是因人、因时、因地而异。可见，分析型感官检验是评价员对食品的客观评价，而偏爱型感官检验完全是一种主观的行为，它反映的是不同群体的偏爱倾向，故有助于食品的开发、研制、生产和销售。

4.2 感官检验的原理

4.2.1 感觉的概念和基本规律

4.2.1.1 感觉

食品感官检验是借助于人的感官对食品进行评价和分析，其实质是食品的某些感官特性如色泽、形状、气味、滋味、质地等对人的感觉器官产生刺激后，再通过神经传到大脑后所产生的相应感觉。感觉是客观事物（刺激物）的各种特性和属性刺激人的不同感官后在大脑中引起的心理反应。人类具有多种感觉，即视觉、听觉、触觉、嗅觉和味觉，除此之外，人类可辨认的感觉还有：运动感觉、口感、疲劳感、痛感和心情感等多种感觉。

4.2.1.2 感觉阈

感觉的产生要有适当的刺激。所谓适当刺激是指能够引起感受器有效反应的刺激。如光波对眼睛、声波对耳朵等都是适当刺激。刺激强度太大或太小都不能引起有效反应。感觉阈就是指感官或感受范围的上、下限和对这个范围内最微小变化感觉的灵敏程度。依照测量技术和目的的不同，可以将各种感觉的感觉阈分为下列两种。

① 绝对阈 指恰好能引起感觉的最小刺激量和恰好能导致感觉消失的最大刺激量，称为绝对感觉的两个阈限。低于该下限值的刺激称为阈下刺激，高于该上限值的刺激称为阈上刺激，而恰能引起感觉的刺激称为刺激阈或察觉阈。阈下刺激或阈上刺激都不能产生相应的感觉。

② 差别阈 指感官所能感受到的刺激的最小变化量，或者是最小可察觉差别水平(JND)。差别阈不是一个恒定值，它会随一些因素的变化而变化。

4.2.1.3 感觉的基本规律

在感官检验中，感觉的产生十分复杂和微妙，生理、心理等因素会影响感觉，同时不同的感觉之间也会产生一定的干扰。同一类感觉中，不同刺激对同一感受器的作用，相互之间也会有所影响。

感觉变化的现象在人类的生活和生产实践中普遍存在，并在食品的感官检验和新产品的设计开发中有相当的应用价值。在考虑样品制备、检验程序、检验条件及环境时，都必须充分考虑感觉的适应现象、感觉的对比现象、感觉的协同效应和感觉的掩蔽现象等因素。

4.3 感官检验的基本要求

4.3.1 感官检验实验室要求

感官分析实验室的建立应根据是否为新建实验室或是利用已有设施改造而有所不同。典型的实验室设施一般包括：供个人或小组进行感官评价工作的检验区、样品准备区、办公室、更衣室和盥洗室、供给品贮藏室、样品贮藏室和评价员休息室。实验室至少应具有供个人或小组进行感官评价工作的检验区和样品准备区。

感官分析实验室宜建立在评价员易于到达的地方，除非采取了减少噪声和干扰的措施，应避免建在交通流量大的地段（如餐厅附近），还应考虑采取合理措施以使残疾人易于到达。

4.3.2　感官检验实验室人员要求

4.3.2.1　实验室人员职责

评价小组组长：感官分析实验室中负责组织管理评价小组的活动、招聘、培训及监管评价员的人员。

评价小组技术员：感官检验过程中协助评价小组组长或感官分析师进行具体操作的人员，负责感官检验前的样品准备到检验后的后续工作（如废弃物处理）等。

4.3.2.2　评价员的聘用和培训

（1）评价员能力要求　针对该岗位的职责要求，应具备的能力如下：重要的感官检验知识及实施方法；责任感；职业道德；遵守操作规程；细心；组织和策划的能力；良好的时间观念；应变能力；良好记录能力；健康和卫生知识。

（2）评价员的聘用　评价小组组长会不时地聘用新评价员，因此应选择最适合的聘用方法。选择方法时应主要考虑以下两个方面：①确定最适合的方法进行招聘公示和筛选有潜力的感官评价员；②选择筛选程序，以筛选出具备一定技能并能承担感官评价项目的评价员。

（3）新评价员的培训　评价小组组长时常需要对新选拔的评价员进行培训，使他们能够及时融入现有的小组中，以备候补。评价小组组长每次培训 5～8 名新评价员为适宜。在培训过程中，鼓励小组人员之间互相交流，使他们熟悉未来的合作，融入集体。每一位参加培训的新评价员正式加入评价小组之前，都应通过考核。考核时，新评价员与现有的优选评价员分别对一系列样品进行感官评价，新评价员达到要求的水平后即完成培训。

4.3.3　样品的制备

4.3.3.1　样品制备的要求

（1）均一性　这是感官评价实验样品制备中最重要的因素。所谓均一性就是指制备的样品中只有所要评价的特性有所不同，其他特性完全相同。可以选择适当的制备方式减少出现特性差别的机会，还可选择适当的方法掩盖样品间某些明显的差别。例如，在评价某样品的风味时，就可使用无味的色素物质掩盖样品间的色差，使感官评价人员能准确地分辨出样品间的味差。样品除受本身性质影响外，样品温度、摆放顺序或呈送顺序等也会影响均一性。

（2）样品量　样品量对感官评价实验的影响，体现在两个方面，即感官评价人员在一次实验所能评价的样品个数及实验中提供给每个评价人员供分析用的样品数量。

感官评价人员一次能够评价的样品数取决于感官评价人员的预期值、感官评价人员的主观因素以及样品特性和环境条件等因素。

4.3.3.2　不能直接分析的样品的制备

有些实验样品由于食品风味浓郁或物理状态（黏度、颜色、粉状度等）原因而不能直接进行感官检验，如香精、调味料、糖浆等。为此，需根据检查目的进行适当稀释，或与化学组分确定的某一物质进行混合，或将样品添加到中性的食品载体中，再按照常规食品的样品制备方法进行制备、分发与呈送。

理想的载体应没有强的风味，其与样品具有一定适宜程度，不影响样品性质。为保证实验结果的重现性，样品载体还应易得到。在选择样品和载体混合的比例时，应避免两者之间的拮抗效应或协同效应。常用载体有牛奶、油、面条、大米饭、馒头、菜泥、面包、乳化剂和奶油等。在检验过程中，被评估的每种组分应使用相同的样品和载体比例，并根据分析样品种类和实验目的选择制备样品的温度，但评估时，同一检验系列的参试样品温度应与制备样品的温度相同。

4.4 感官检验常用方法

食品感官分析是建立在人的感官感觉基础上的统计分析法。随着科学技术的发展和进步，这种集人体生理学、心理学、食品科学和统计学为一体的新学科日趋成熟和完善。目前，常用于食品领域食品感官检验的方法很多，在选择适宜的方法之前，首先要明确检验的目的、要求等。根据实验的目的、要求以及统计方法的不同，常用的感官检验方法可分为差别检验、标度和类别检验以及分析描述性检验三类。

4.4.1 差别检验

差别检验的目的是确定两种产品之间是否存在感官差别。在差别检验中要求评价员必须回答给定的两个或两个以上的样品中是否存在感官差异，一般规定不允许评价员回答“无差异”，因此，在差别检验中要注意避免因样品外表、形态、温度和数量等的明显差异所引起的误差。差别检验中常用的检验方法以下几种。

① 两点检验法又称为成对比较法、配对检验法，是以随机顺序同时出示两个样品给评价员，要求评价员对这两个样品进行比较，判定整个样品或某些特征强度顺序的一种评价方法。

② 三点检验法又称为三角检验法，是同时提供 3 个样品，其中 2 个是相同的，要求评价员从中挑选出有差别的那个样品。

③“A”-“非 A”检验法是在评价员熟悉样品“A”以后，再将一系列样品提供给评价员，其中有“A”也有“非 A”。要求评价员指出哪些是“A”，哪些是“非 A”的检验方法称为“A”-“非 A”检验法。

4.4.2 标度和类别检验

标度和类别检验的目的是估计差别的顺序或大小，或者样品应归属的类别或等级。它要求评价员要对两个以上的样品进行评价，并判定出哪个样品好，哪个样品差，以及它们之间的差异大小和差异方向等，通过检验可得出样品间差异的顺序和大小，或者样品应归属的类别和等级。不同的方法有不同的处理形式，结果取决于检验的目的及样品数量，常用 χ^2 检验方差分析，t 检验等。标度和类别检验中常用的检验方法有以下几种。

① 排序检验法是按规定指标的强度或程度排列一系列样品的分类方法。该方法可用于辨别样品间是否存在差异，但不能确定样品间差异的程度。

② 分类检验法是把样品以随机的顺序出示给评价员，要求评价员在对样品进行评价后，划出样品应属的预先定义的类别。当样品打分有困难时，可用分类法评价出样品的好坏差异，得出样品的级别、好坏，也可以评价出样品缺陷等。

③ 评估检验法是由评价员在一个或多个指标基础上，对一个或多个样品进行分类、排序的方法。

④ 评分检验法是要求评价员把样品的品质特性以数字标度形式来评价的一种检验方法。它不同于其他方法的是绝对性判断。

4.4.3　分析描述性检验

分析描述性检验是评价员对产品的所有特性进行定性、定量的分析与描述的一种评价方法。它要求评价食品的所有感官特性，因此要求评价员除具备相应的感知能力外，还要具备用适当和准确的词语描述食品品质特性及其在食品中的实质含义的能力，以及总体印象、总体特征强度和总体差异分析的能力。通常根据是否为定量分析而分为简单描述性检验和定量描述性检验。

① 简单描述性检验是评价员对构成产品质量特征的各个指标进行定性描述，尽量完整地描述出样品品质的检验方法。这种方法常有两种评价形式：

A. 由评价员用任意的词汇，对样品的特性进行描述。

B. 提供指标评价表，评价员按评价表中所列出描述各种质量特征的词汇进行评价。

比如：外观　色泽深浅、一般、苍白、白斑、有杂色、饱满等。

组织　呈粉末状、一般、致密、层状、不规则、裂缝等。

风味　不新鲜味、一般、焦味、涩味、腐败味、苦味等。

评价员完成评价后进行统计分析，根据每一描述性词汇使用的频数，得出评价结果，最后最好集中评价员对评价结果做公开讨论。

② 定量描述性检验是评价员尽量完整地描述食品感官特性以及这些特性的强度的检验方法。进行定量描述性检验，通常有以下几种检验内容。

A. 质量特性、特征的鉴定，即用叙词或适当的词汇评价感觉到的特性。

B. 感觉顺序的确定，即记录显现及察觉到的各质量特性、特征所出现的先后顺序。

C. 特性、特征强度评估，即对所感觉到的每种质量特性、特征的强度做出评估。特性、特征强度可由多种标度来评估。

D. 综合印象评估，对产品进行全面、总体的评估。如，优＝3、良＝2、中＝1、差＝0。

E. 强度变化的评估，如用时间-感觉强度曲线，表现从感觉到样品刺激，到刺激消失的感觉强度变化。如食品中的甜味、苦味的感觉强度变化；品酒、品尝时，嗅觉、味觉的强度变化。

根据感官检验工作的目的和要求，可以选择适当的实验方法。实验方法的选择主要取决于食品的性质和评价员两方面的因素。例如，对于辣味和刺激性比较强的食品，应该选择差别实验方法比较合适，这样可以避免因为多次品尝而引起的感觉疲劳。

4.5　感官检验的应用

4.5.1　感官检验在肉类和肉制品中的应用

对生鲜肉类进行感官检验时，一般掌握三个要点：“看、闻、摸”，综合三个要点所得出的判断，对肉类进行感官检验。

① 看：察看肉类的外观、色泽与润湿情况和察看是否存在淤血、水肿、囊肿和污染等情况。新鲜肉有光泽，红色均匀，外表微干或微湿润，但并无水感。若肉少光泽，颜色稍暗，外表干燥或有些黏手，新切面润湿，则为不太新鲜的肉。

② 闻：闻肉品的气味，不仅要了解肉表面的气味，还应感知其切开时和试煮后的气味，注意是否有腥臭味，如果有氨味或酸味，则为不太新鲜的肉，如果有腐败气味散发出来，一般为变质肉。

③ 摸：用手指按压、触摸以感知其弹性和黏度。弹性好、不黏手，说明是新鲜肉；弹

性差，为不新鲜肉；没有弹性和黏度大的为变质肉。

4.5.2 感官检验在蛋类和蛋制品中的应用

禽蛋种类很多，它与人们日常生活消费关系密切，能否食用或者变质与否，一般掌握三个要点："看、听、嗅"，即可通过感官评价做出结论，这对于广大消费者来说是适用的。

① 看：用肉眼观察蛋壳色泽、形状、壳上膜、蛋壳清洁度和完整情况。新鲜蛋蛋壳比较粗糙，色泽鲜明，表面干净。如附有一层霜状胶质薄膜，不清洁，壳色油亮或发乌发灰，甚至有霉点，则为陈蛋。

② 听：通常有两种方法。一是敲击法，即从敲击蛋壳发出的声音来判定蛋的新鲜程度，有无裂纹，变质及蛋壳的厚薄程度。新鲜蛋颠倒手里沉甸甸的，敲击声坚实，清脆似碰击石头；裂纹蛋发声沙哑，有啪啪声；大头有空洞的蛋、钢壳蛋发声尖细，有"叮叮"响声。二是振摇法，即将禽蛋拿在手中振摇，有内容物晃动响声的则为散黄蛋。

③ 嗅：是用鼻子嗅蛋的气味是否正常。新鲜鸡蛋、鹌鹑蛋无异味，新鲜鸭蛋有轻微腥味；有些蛋虽然有异味，但属于外源污染，其蛋白和蛋黄正常；有霉味的是霉蛋，有臭味的是臭蛋。

4.5.3 感官检验在啤酒和酒类中的应用

市场上酒的种类很多，有白酒、啤酒、葡萄酒等。对酒类进行感官检验时，一般掌握三个要点："看、闻、品"，综合三个要点所得出的判断，对酒类进行感官检验。

① 看：看日期、颜色和泡沫。啤酒的保质期一般为 3～6 个月，选购时要看清出厂日期。市场上常见啤酒的颜色有浅黄色、黄色和黑色三种。不论哪种啤酒，都应清亮透明，不能有悬浮液或沉淀物。在正常情况下，开启啤酒应有一定的哧响，这说明二氧化碳气充足，把啤酒徐徐倒入洁净的玻璃杯，泡沫立即冒起，沫色洁白、细腻、均匀，保持时间在 4min 以上，并有泡沫挂杯现象为佳品。若泡沫粗大带微黄、消散快、泡沫不挂杯为劣品。

② 闻：啤酒是由啤酒花和大麦酿造的，质量好的啤酒可以闻到浓郁的啤酒花幽香和麦芽的芳香。若有腥气或者其他气味，则为次品。

③ 品：喝上一大口，感觉清凉爽口而且杀口，有明显的啤酒花香气和协调啤酒苦味，无后苦味，则为好酒。若口味平淡或带有酸味、涩味、酵母味，则说明其有质量问题，不能饮用。

4.5.4 现代技术在感官检验中的应用

现代感官检验技术是现代食品工业中不可缺少的方法，它通过人的感觉器官对产品感知后进行分析评价，大大提高了工作效率，并解决了一般理化分析所不能解决的复杂的生理感受问题，通过感官检验不仅可以很好地了解和掌握产品的各种性能，而且为产品的管理与控制提供了理化和实践依据。

以下就电子舌技术和电子鼻技术介绍现代感官检验技术在食品中的应用及其应用实例。

① 电子舌技术是 20 世纪 80 年代中期发展起来的一种分析、识别液体"味道"的新型检测手段。它主要由传感器阵列和模式识别系统组成，传感器阵列对液体试样做出响应并输出信号，信号经计算机系统进行数据处理和模式识别后，得到反映样品味觉特征的结果。

F. Winquist 研究表明，利用伏安分析的电子舌可以对进厂的原料乳进行监控，它可以快速检测所有不同来源的原料乳和不合格原料乳，是一种非常快速和安全的检测手段。

② 电子鼻又称气味扫描仪，是 20 世纪 90 年代发展起来的一种快速检测食品的新颖仪器。它以特定的传感器和模式识别系统快速提供被测样品的整体信息，指示样品的隐含特征。这种味觉传感器具有高灵敏度、可靠性、重复性。它可以对样品进行量化，同时可以对

一些成分含量进行测量。N. El. Barbria 等利用6个锡氧化物传感器、微控制器以及便携式电脑组成的电子鼻系统对储藏于4℃的沙丁鱼肉进行新鲜度检测，采用PCA（主成分分析）和SVM（支持向量机）对不同新鲜度的鱼肉进行判别，结果表明，此电子鼻系统能够对不同新鲜度的鱼肉进行判别。

利用统计学的方法来处理复杂的数据分析是21世纪分析仪器的主导方向。现代感官检验技术尤其是电子鼻技术和电子舌技术的发展，为进行食品品质检测提供了广阔的前景。结合传统感官评价体系，利用现代电子化仪器对感官指标进行定性与定量，逐步使食品感官评价走向标准化、科学化是今后食品品质评价发展的必然趋势。

参考文献

[1] 王喜平. 食品分析 [M]. 北京：中国农业大学，2006.
[2] 张水华，徐树来，王永华. 食品感官分析与实验 [M]. 北京：化学工业出版社，2006.
[3] 高向阳. 食品分析与检验 [M]. 北京：中国计量出版社，2006.
[4] 曲祖乙. 食品分析与检验 [M]. 北京：中国环境科学出版社，2006.
[5] 周凤霞，张滨. 食品质量安全检测技术 [M]. 北京：中国环境科学出版社，2008.
[6] 吴谋成. 食品分析与感官评定 [M]. 北京：中国农业大学，2002.
[7] 赵玉红. 食品感官评价 [M]. 哈尔滨：东北林业大学出版社，2006.
[8] 朱红，黄一贞，张弘. 食品分析 [M]. 北京：中国轻工业出版社，1991.
[9] 刘长虹. 食品分析及实验 [M]. 北京：化学工业出版社，2006.
[10] 张爱霞，险淳，生庆海等. 感官分析技术在食品工业中的应用 [J]. 中国乳品工业感官，2005，3：39-40.
[11] Winquist F，Bjorklund C Krantz-Rulcker，et al. An electronic tongue in the dairy industry [J]. Sensors and Actuators，2005，111-112：299-304.
[12] Barbria N E，Llobet E. Application of a portable electronic nose system to assess the freshness of Moroccan sardines [J]. Materials Science and Engineering C，2008，(28)：666-670.
[13] 张健，赵镭等. 现代仪器分析技术在白酒感官评价研究中的应用 [J]. 食品科学，2007，10：561-565.
[14] 陈敏，王世平. 食品掺伪及检验技术 [M]. 北京：化学工业出版社，2007.
[15] GB/T 13868—2009/ISO 8589：2007.《感官分析 建立感官分析实验室的一般导则》.
[16] GB/T 23470.1—2009/ISO 13300-1：2006.《感官分析 感官分析实验室人员一般导则 第1部分：实验室人员职责》.
[17] GB/T 23470.2—2009/ISO 13300-2：2006.《感官分析 感官分析实验室人员一般导则 第2部分：评价小组组长的聘用和培训》.

第5章　食品的物理检测法

食品的物理检测是根据食品的一些物理常数，如相对密度、折射率、旋光度等，与食品的组成及其含量之间的关系进行检测的方法。物理检验法是食品分析及食品工业生产中最常用的检测方法。

5.1　概述

5.1.1　物理检测的意义

相对密度、折射率和比旋光度是物质重要的物理特性。由于这些物理特性的测定比较简便，故它们是食品工业生产中常用的工艺控制指标，是生产管理和市场管理中不可缺少的方便且快捷的监测手段。

5.1.2　物理检测的内容和方法

5.1.2.1　相对密度

液体的相对密度（旧称比重）是指液体的质量与同体积水的质量之比，以 $d_{t_2}^{t_1}$ 表示，其中右下角 t_2 表示水的温度，右上角 t_1 表示被测液体的温度。

不同的液态食品均有对应的相对密度，当其纯度或浓度改变时，其相对密度也随之改变，故测定液态食品的相对密度可以检验食品的纯度或浓度。当液态食品的水分完全蒸发干燥至恒重时，所得的剩余物质称为干物质或固形物。液态食品的相对密度与其固形物含量具有一定的数学关系，因而测定液态食品相对密度即可求出其固形物含量。

5.1.2.2　折射率

蔗糖溶液的折射率随蔗糖浓度的增大而升高，故所有含糖饮料、糖水罐头、果汁和蜂蜜等食品都可利用此关系测定糖度或可溶性固形物含量。

正常情况下，某些液态食品的折射率具有一定的范围，如芝麻油的折射率在1.4692～1.4791（20℃）之间，蜂蜡的折射率在1.4410～1.4430（75℃）之间。当这些液态食品由于掺杂或品种改变等原因引起食品的品质发生改变时，折射率常常也会发生改变，所以可以通过测定折射率对食品进行初步定性，以鉴别食品品质的好坏。

5.1.2.3　旋光度

某些食品的比旋光度在一定的范围内，如谷氨酸钠的比旋光度 $[\alpha]_D^{20}$ 在+24.8°～+25.3°之间，通过测定其旋光度，可以控制产品的质量。蔗糖的糖度、味精的纯度、淀粉和某些氨基酸的含量与旋光度成正比，因而可以通过测定它们的旋光度得出其相对应的其他指标。

5.2　物理检测的几种方法

5.2.1　相对密度法

液态食品相对密度的测定方法有密度瓶法、密度计法和密度天平（即韦氏天平Westphal Balance）法等，前两种方法较为常用。其中密度瓶法的测定结果准确，但耗时；

密度计法则简易迅速，但测定结果准确度较差。

5.2.1.1　密度瓶法

（1）仪器　密度瓶是测定液体相对密度的专用精密仪器，其种类和规格有很多种，常用的有带温度计的精密密度瓶和带毛细管的普通密度瓶，如图 5-1 所示。本方法采用带温度计的精密密度瓶进行。本法是国家标准方法，见 GB/T 5009.2—2003 食品的相对密度的测定第一法。

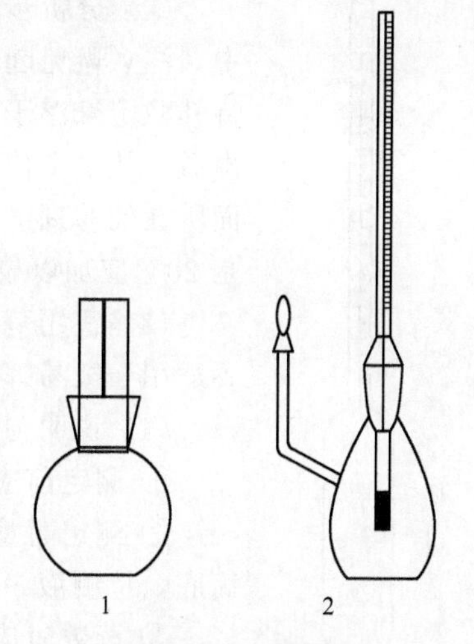

图 5-1　密度瓶
1—带毛细管的普通密度瓶；
2—带温度计的精密密度瓶

（2）原理　用具有已知容积的同一密度瓶，在一定温度下分别称取等体积的样品溶液与蒸馏水，两者的质量比即为该样品溶液的相对密度。在需要准确测定液体的密度时，可采用该方法。

（3）分析步骤

① 将带有温度计的密度瓶清洗干净，再依次用乙醇、乙醚洗涤数次，烘干并冷却至室温后，精密称重得 m_0。

② 装满温度小于 20℃的样液，装上温度计（瓶中应充满液体，无气泡），立即浸入 20℃±1℃的恒温水浴中，至密度瓶温度计达 20℃并维持 20min 不变，用滤纸抹去溢出的多余样液，盖上毛细管上的小帽后取出，用滤纸把瓶外液体擦干后准确称量，便可测出 20℃时一定容积样液的质量 m_1。

③ 将样液倒出后，洗净密度瓶，倒入经煮沸 30min 并冷却至 20℃以下的蒸馏水，其余操作同上，测定 20℃时蒸馏水的质量 m_2。

（4）结果计算

$$d_{20}^{20}=\frac{m_1-m_0}{m_2-m_0} \tag{5-1}$$

式中　m_0——密度瓶的质量，g；

m_1——密度瓶和样液的质量，g；

m_2——密度瓶和蒸馏水的质量，g。

在两次重复性条件下获得的两次独立测定结果的绝对差值不得超过算术平均值的 5%。

（5）适用范围及特点　本法适用于各种液体食品的相对密度的测定，结果准确，但操作较繁琐。

（6）说明与讨论

① 测定各种挥发性样液的相对密度时，宜采用带温度计的精密密度瓶；测定较黏稠的样液时，宜采用带毛细管的普通密度瓶。

② 水和样液必须装满密度瓶，并使液体充满毛细管，同时注意瓶内不得有气泡。

③ 水浴中的水必须清洁无油污，防止瓶外壁被污染。

5.2.1.2　密度计法

（1）仪器　密度计法是适用于测定液体相对密度的最简便、快捷的方法，但准确度不如密度瓶法。密度计是根据阿基米德原理所制成，其种类很多，但基本结构及形式相同，一个封口的玻璃管，中间部分略粗，内有空气，故能浮在液体中；下部有小铅球重垂，使密度计能直立于液体中；上部有一细长有刻度的玻璃管，如图 5-2 所示。本法是国家标准方法，见 GB/T 5009.2—2003 食品的相对密度的测定第三法。

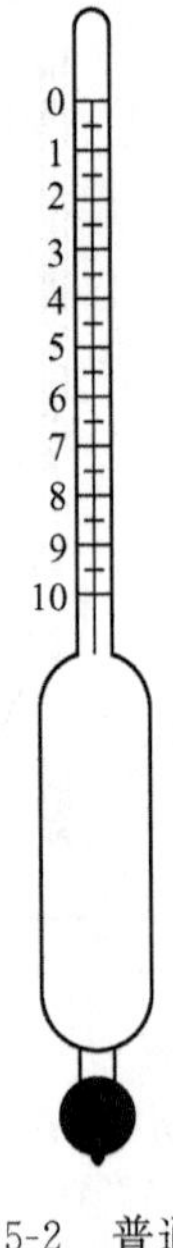

图 5-2 普通温度密度计

（2）分析步骤 将混匀的被测样液沿壁缓缓倒入适当容积的洁净量筒中，注意避免起泡沫。将密度计洗净并用滤纸擦干，缓缓垂直放入样液中，待其稳定悬浮于样液后，再轻轻按下少许，待其自然上升，静止并无气泡冒出后，从水平位置读取与液面相交的刻度值。读数时视线保持水平，观察液面所在处的刻度值，以弯月面下缘最低点为准。同时测量样液的温度，如不是 20℃应加以校正。

（3）适用范围 该法操作简便迅速，但准确性较差，需要样液量多，且不适用于极易挥发的样液。

（4）说明与讨论

① 测定前应根据被测样品大概的密度范围选择刻度范围适当的密度计。

② 测定时量筒置于水平桌面上，使用时注意密度计不触及量筒内壁及筒底，待测液中不得有气泡。

③ 读数时应以密度计与液体形成的弯月面的下缘最低处为准。若液体颜色较深，不易看清弯月面下缘，则以弯月面两侧高点为准。

5.2.2 折光法

通过测量物质的折射率来鉴别物质的组成，确定物质的纯度、浓度及判断物质的品质的分析方法称为折光法。

5.2.2.1 折射率

光线从一种透明介质进入另一种透明介质时会产生折射现象，这种现象是由于光线在各种介质中行进的速度不同所造成的。但是通常在测定折射率时，都是以空气作为对比标准的，即光线在空气中与在这种物质中的行进速度的比例，称为相对折射率，简称折射率，用 n 表示。它的右上角注出的数字表示测定时的温度，右下角字母代表入射光的波长。例如，纯水的折射率 $n_D^{20}=1.3330$ 表示在 20℃时用钠光灯 D 线照射所测得的水的折射率。

5.2.2.2 食品的组成及其浓度与折射率的关系

每种均一物质都具有固有的折射率，对于同一种物质的溶液来说，其折射率的大小与其浓度成正比，因而，测定该物质的折射率就可以判断其纯度及浓度。纯蔗糖溶液的折射率随浓度升高而升高，所以测定糖液的折射率就可以了解糖液的浓度。每种油脂具特定的脂肪酸构成，每种脂肪酸都有其特征折射率，故不同的油脂具有不同的折射率。

5.2.2.3 阿贝折光仪的使用方法

折光仪是利用光的全反射原理测出临界角而得到物质折射率的仪器。我国食品中最常用的是阿贝折光仪和手提式折光仪，测定的结果须进行温度校正。下面主要介绍阿贝折光仪的使用方法。

① 分开两棱镜，以脱脂棉球蘸取乙醇溶液擦净两棱镜，挥发干乙醇。滴 1、2 滴样液于下面棱镜的平面中央，迅速闭合两棱镜，调节反光镜，使两镜筒内视野最亮。

② 由目镜观察，转动棱镜旋钮，使视野呈现明暗两部分。

③ 转动色散补偿器旋钮，使视野中只有黑白两色。

④ 转动棱镜旋钮，使明暗分界线在十字线交叉点上。

⑤ 从读数镜筒中读出折射率或质量浓度。

⑥ 测定样液的温度。

⑦ 打开棱镜，用蒸馏水、乙醇或乙醚溶液擦净棱镜表面及其他机件。

注意事项：

① 仪器应放在干燥、空气流通的室内，防止受潮后光学零件发霉。

② 仪器使用完毕后，必须做好清洁工作并挥发干后，放入箱内，箱内应贮有干燥剂防止湿气侵入。

③ 仪器应避免强烈振动或撞击，防止光学零件震碎、松动而影响精度。

④ 严禁腐蚀性液体、强酸、强碱、氟化物等的使用；严禁以油手或汗手触及光学零件。

⑤ 阿贝折光仪的关键部位是棱镜，尤其要注意维护。

5.2.3　旋光法

采用旋光仪测量旋光性物质的旋光度以确定其浓度、含量及纯度的分析方法叫旋光法。

5.2.3.1　偏振光和旋光活性

光是一种电磁波，光波的振动方向与其前进方向垂直。自然光是由各种波长的在垂直于前进方向的各个平面内振动的光波所组成。光波的振动平面可以是无数垂直于前进方向的平面。当自然光通过尼可尔棱镜时，只有与棱镜的轴平行的平面内振动的光能通过，所以通过尼可尔棱镜的光，其光波振动平面就只有一个和镜轴平行的平面。这种仅在某一平面上振动的光，就叫做平面偏振光，或简称偏振光。

如果在镜轴平行的两个尼可尔棱镜间，放置一根玻璃管，管中分别放入各种有机物的溶液，那么当经过某些溶液如酒精、丙酮后，在第二棱镜后面仍可以观察到最大强度的光；而当光经过另一些溶液如蔗糖、乳酸、酒石酸后，在第二棱镜后面观察到的光的亮度就减弱了，但若将第二棱镜向左或向右旋转一定的角度后，在第二棱镜后面又可以观察到最大强度的光。这种现象是由于这些有机物质将偏振光的振动平面旋转了一定的角度所引起的。具有这种性质的物质，我们称其为“旋光活性物质”，它使偏振光振动平面旋转的角度叫做“旋光度”，使偏振光振动平面向右旋转（顺时针方向）的称右旋，以符号“+”表示；使偏振光振动平面向左旋转（反时针方向）的称左旋，以符号“−”表示。测定物质旋光度的仪器称旋光仪。

5.2.3.2　比旋光度及变旋光作用

物质的旋光度的大小与光源的波长、温度、旋光性物质的种类、溶液浓度及液层厚度有关，在波长、温度一定时，旋光度 α 与溶液浓度 ρ 及偏振光所通过的溶液厚度 L 成正比。即：

$$\alpha = K\rho L \tag{5-2}$$

式中，K 为系数。

当旋光性物质溶液的质量浓度为 100g/100mL，溶液厚度 L 为 1dm 时，所测得的旋光度为比旋光度，用 $[\alpha]_\lambda^t$ 表示。由式(5-2) 可知：

$$[\alpha]_\lambda^t = K \times 100 \times 1$$

即

$$K = \frac{[\alpha]_\lambda^t}{100}$$

$$\alpha = [\alpha]_\lambda^t \frac{\rho L}{100} \tag{5-3}$$

式中　$[\alpha]_\lambda^t$——比旋光度，(°)；

t——测定温度，℃；

λ——光源波长，nm；

α——旋光度，(°)；

L——液层厚度或旋光管长度，dm；

ρ——光学活性物质浓度，g/mL。

比旋光度与光波波长及测定温度有关。通常规定用钠光D线（λ=589.3nm）在20℃时测定，此时，比旋光度用$[\alpha]_{\lambda}^{t}$表示。主要糖类的比旋光度见表5-1。

表5-1 主要糖类的比旋光度

糖类	$[\alpha]_{D}^{20}$	糖类	$[\alpha]_{D}^{20}$
葡萄糖	+52.5	乳糖	+53.3
果糖	−92.5	麦芽糖	+138.5
转化糖	−20.0	糊精	+194.8
蔗糖	+66.5	淀粉	+196.4

因为在一定条件下比旋光度$[\alpha]_{\lambda}^{t}$是已知的，L为一定，故测得了旋光度α就可以计算出旋光质溶液的浓度ρ。

许多物质如多数糖类、氨基酸、羟酸（如乳酸、苹果酸、酒石酸）具有旋光性，糖类物质中蔗糖、葡萄糖等是右旋，果糖是左旋。凡具有旋光性的还原糖类，待溶解之后，其旋光度起初迅速变化，然后逐渐变得较缓慢，最后达到一个常数不再改变，这个现象称为变旋光作用。这是由于这些糖存在两种异构体，即α型、β型，它们的比旋光度不同。这两种环形结构及中间的开链结构在构成一个平衡体系过程中，即显示出变旋光作用。在碱性溶液中，变旋光作用迅速，很快达到平衡，但在微碱性溶液中果糖易分解，故不可放置过久，温度也不宜过高。

在食品分析中，旋光法主要用于糖品、味精及氨基酸的分析以及谷类食品中淀粉的测定，其准确性及重现性都较好。

5.3 食品的物性测定

5.3.1 颜色测定

在美食的色、香、味、形四大要素中，色可以说是极重要的质量指标，直接影响人们对食品品质好坏、新鲜程度的判断，因而是增加食欲及满足人们美食心理需要的重要条件。近年在食品特性的研究中，对食品颜色的认识、评价及测量成为一个很重要的学科领域。

5.3.1.1 色度测定

随着各种更加科学、合理、方便的表色系统的建立，人们对颜色的品质管理和测定也变得更加方便和准确。

（1）目测法　目测法主要分为标准色卡对照法和标准液比较法等。测定时要注意观察的位置和光源以及试样的搁放位置。

① 标准色卡对照法　国际上出版的标准色卡，一般是根据色彩图制定的。常见的有孟塞尔色图（Munsell book of colors）、522匀色空间色卡（522UCS，1977年美国光学会制定）、麦里与鲍尔色典和日本的标准色卡（CC5000）等。用标准色卡与试样比较颜色时，要求采用国际照明协会所规定的标准光源，光线的照射角度要求为45°。

② 标准液测定法　主要用于比较液体食品的颜色，标准液多用化学药品溶液制成。例如，橘子汁颜色管理中，采用重铬酸钾溶液作标准色液。在国外，酱油、果汁等液体食品颜色也要求标准化质量管理。除目测法外，在比较时，采用比色计可以大大提高比较的准确度。

（2）仪器测定法

① 光电管比色计　光电管比色计由彩色滤光片、比色池、光电管和与光电管连接的电流计组成。该仪器主要用于测定样品液的浓度，所以常以标准液为基准。

② 分光光度计　由测得的光谱吸收曲线可得以下信息：a. 了解液体中吸收特定波长的化合物成分；b. 测定液体的浓度；c. 作为颜色的一种尺度，测定某种呈色物质的含量，如叶绿素含量等。

③ 光电反射光度计　光电反射光度计亦称色彩色差计，可以用光电测定的方法，迅速、准确、方便地测出各种试样被测位置的颜色，并且通过计算机直接换算成 $L^* a^* b^*$ 值或 XYZ 值，对颜色进行数值化表示。它还能自动记忆和处理测定数值，得到两点间颜色的差别，如 ΔE^* 等。

（3）说明与讨论

① 凡液体食品或有透明感的食品，在用光照射时，不仅有反射光，还有一部分透射光。因此，使用仪器的测定值往往与眼睛的判断产生差异。

② 在测定固体食品时，颜色往往不均匀，眼睛观察的是总体印象。

③ 测定颜色的方法不同，或使用仪器不同，都可能造成颜色值的不同。

④ 对于固体食品，测定时要尽量使表面平整，最好把表面压平。对于糊状食品最好用适当的方法，使食品在不变质的前提下混合均匀。这样，眼睛观察值和仪器测定值就比较一致。

5.3.2　黏度测定

黏度是指液体在外力作用下发生流动时，分子间所产生的内摩擦力。黏度大小由分子结构及分子之间的作用力决定，作用力大的液体黏度也大。此外，黏度还与液体的温度有关，温度升高时液体分子的运动速度加快，动能增大，分子之间的作用力减小，黏度变小；反之，黏度就会增大。

黏度可分为绝对黏度和相对黏度两大类。绝对黏度有动力黏度和运动黏度两种；相对黏度又分为恩氏黏度、雷氏黏度等。

黏度的测定方法按测试手段分为毛细管黏度计法、旋转黏度计法和滑球黏度计法等。毛细管黏度计法设备简单、操作方便、精度高。后两种需要贵重的特殊仪器，适用于研究部门。下面主要介绍毛细管黏度计法和旋转黏度计法。

5.3.2.1　毛细管黏度计法

（1）原理　毛细管黏度计测定的是运动黏度。在某一恒定温度下，测量一定体积的液体在重力下流过一个标定好的玻璃毛细管黏度计的时间，黏度计的毛细管常数与流动时间的乘积，即为该温度下待测液体的运动黏度。本法是国家标准方法，见 GB/T 10247—2008 黏度测定方法第一法。

（2）仪器与试剂

① 毛细管黏度计　如图 5-3 所示，常用的毛细管黏度计的毛细管内径有 0.8mm、1.0mm、1.2mm 和 1.5mm 4 种。不同的毛细管黏度计有不同的黏度常数，可根据被测样液的黏度情况选用，若无黏度常数时，可用已知黏度的纯净的 20 号或 30 号机器润滑油标定。

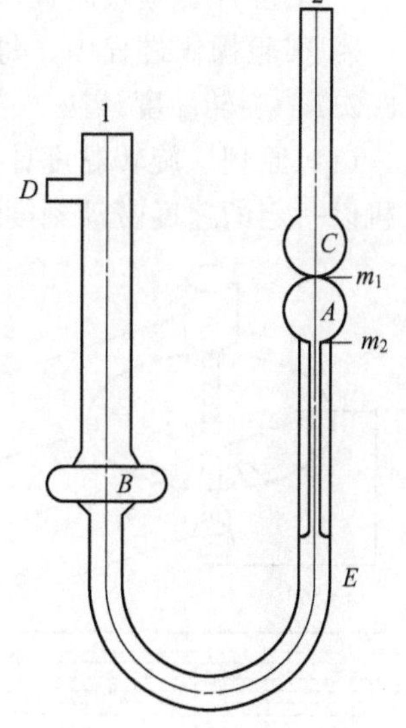

图 5-3　毛细管黏度计

A，B，C—扩张部分；D—支管；E—毛细管；m_1，m_2—标线

② 温度计　水银温度计，分度值为 0.1℃。

③ 秒表　分度值为 0.1s。

④ 试剂　石油醚（沸程 60～90℃）或汽油，乙醚、铬酸洗液。

(3) 测定　样品如含有水或杂质，测定前要进行脱水处理，用滤纸滤除机械杂质。对黏度大的样品，可用瓷漏斗抽滤，或加热至 50～100℃，进行脱水过滤。将黏度计用石油醚或汽油洗净。污垢用铬酸洗液、自来水、蒸馏水和乙醇依次洗涤后烘干备用。在黏度计支管 D 上套上橡皮管，并用手指堵住管身 2 的管口，倒置黏度计，将管身插入样液中，用洗耳球从支管的橡皮管中将样液吸到标线 m_1 处，注意不要使管身扩张部分 C 中的样液出现气泡或裂隙（如出现气泡或裂隙需重新吸入样液），迅速提起黏度计并使其恢复至正常状态，同时擦掉管身外壁所黏附的多余样液，并从支管 D 取下橡皮管套在管身 1 的管端上。把盛有样液的黏度计浸入预先准备好的 (20±0.1)℃恒温水浴中，使其扩张部分 A 和 C 完全浸没在水浴中，将其垂直固定在支架上。恒温 10min 后用洗耳球从管身 1 的橡皮管中将样液吸起吹下搅拌样液，然后吸起样液使充满扩张部分 C，使下液面稍高于标线 m_1。取下洗耳球，观察样液的流动情况。当液面正好到达上标线 m_1 时，立即按下秒表计时，待样液继续流下至下标线 m_2 时，再按下秒表停止计时。重复操作 4～6 次，记录每次样液流经上、下标线所需的时间。

按下式计算：

$$\nu_{20}=K\tau_{20} \tag{5-4}$$

式中　ν_{20}——20℃时样液的运动黏度，cm^2/s；

K——黏度计常数，cm^2/s^2；

τ_{20}——20℃时样液平均流出的时间，s。

(4) 说明与讨论

① 该方法适用于实验室取样测量 $10^5\,mm^2/s$ 以下的运动黏度。

② 实验过程中恒温槽的温度要恒定，溶液每次稀释恒温后才能测定。

③ 黏度计要垂直放置，实验过程中不要振动黏度计。

④ 实验操作过程中，每次向球中倒液体时不能留有气泡。

5.3.2.2　旋转黏度计法

(1) 原理　旋转黏度计用于测定液态食品的绝对黏度。（图 5-4）其测定原理是用同步电机以一定的速度带动刻度圆盘旋转，通过游丝和转轴带动转子旋转。当转子未受到黏滞阻力时，则游丝与刻度圆盘同速旋转；当样品液存在时，转子受到黏滞阻力的作用使游丝产生力矩。当两力达到平衡时，与游丝相连的指针在刻度圆盘上指示出一数值，根据这一数值，结合转子号数及转速即可算出被测样液的绝对黏度。本法是国家标准方法，见 GB/T 10247—2008 黏度测定方法第三法。

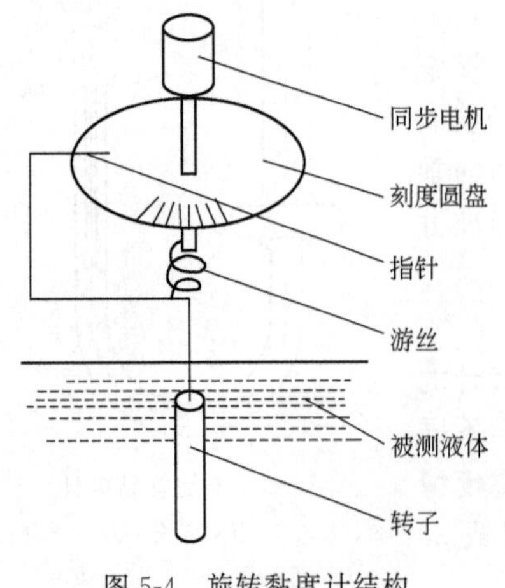

图 5-4　旋转黏度计结构

(2) 仪器　旋转黏度计：测量范围为 0.01～100Pa·s。

(3) 测定　将旋转黏度计安装于固定支架上，校准水平。用直径不小于 70mm 的直筒式烧杯盛装样液，并保持样液恒温。根据估计的被测样液的最大黏度值按表 5-2 选择适当的转子及转速，装好转子，调整仪器高度，使转子浸入样液直至液面达到标志处为止。接通电源，使转子在样液中旋转。经多次旋转后指针趋于稳定时（或按规定的旋转时间指针达到恒定值时），将操纵杆压下，中断电源，读取指针所指示的数值。如读数过高或过低，应改变转速或转子，以使读数在 20～90 之间。

按下式计算：

$$\eta = ks \tag{5-5}$$

式中　η——绝对黏度，Pa・s；

k——换算系数，见表 5-3；

s——刻度圆盘指针读数。

表 5-2　不同转子在不同的转速下可测的最大黏度值　　单位：Pa・s

转子号 \ 转速/(r/min)	60	30	12	6
0	0.01	0.02	0.05	0.1
1	0.1	0.2	0.5	1
2	0.5	1	2.5	5
3	2	4	10	20
4	10	20	50	100

表 5-3　不同转子在不同的转速时的换算系数

转子号 \ 转速/(r/min)	60	30	12	6
0	0.1	0.2	0.5	1.0
1	1	2	5	10
2	5	10	25	50
3	20	40	100	200
4	100	200	500	1000

（4）说明与讨论

① 很少的液体样品即可测量，并有很高的精确度，通过改变旋转速度改变切变率，可以测量很广范围内切变率（$0.4 \sim 4000s^{-1}$）下的液体黏度，应先估计黏度范围，然后再选择合适的转速和转子，使指针读数在 20～90 间，相对误差可降低到 1%。

② 当温度的偏差为 0.5℃时，有些液体黏度值偏差超过 5%，温度偏差对黏度的影响很大，温度升高，黏度下降，因而要特别注意被测物体的温度。

③ 在更换转子和调节转子高度后以及在测量过程中要随时注意水平问题，否则会引起读数偏差甚至无法读数。

5.3.3　流变性测定

在食品中，如脱水、冷冻和口感影响着食品的外观、稳定性和结构。流变测量可以帮助研究食品配方、工艺和储藏参数如何影响其黏度和弹性行为，最终获得期望的食品特性。

对于牛顿流体，通常只需测定材料的单项黏度。前文已经介绍了各种黏度计。但是对于牛顿型流体与黏弹性固体，需要测定数个流变参量。目前有各种功能、不同测量对象与范围的流变仪，常见的有在线的毛细管、窄缝或旋转式的流变仪，它们对影响生产的流变参量和工艺参量直接监察读数，同时也是加工的自动控制系统的组成部分，从而保证了生产质量，替代了实验室中的流变测量。

5.3.4 质构测定

物理性能是食品重要的品质因素，主要包括硬度、脆度、胶黏性、回复性、弹性、凝胶强度、耐压性、可延伸性和剪切性等，它们在某种程度上可以反映出食品的感官质量。质构仪是使这些食品的感官指标定量化的新型仪器。

5.3.4.1 质构仪的结构及其工作原理

质构仪包括主机、专用软件、备用探头及附件。测量部分由操作台、转速控制器、横梁、底座、直流电机和探头组成，结构如图 5-5 所示。横梁固定在立柱上，可以上下移动，用以调节操作台与横梁的初始间距。固定在横梁上的压力传感器可准确测量受力的大小。

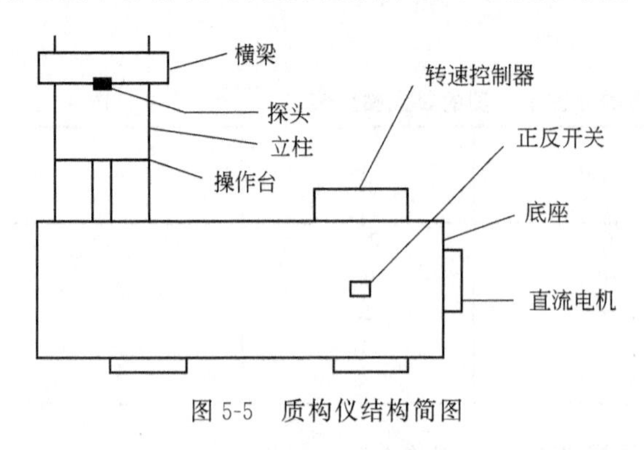

图 5-5 质构仪结构简图

食品的物理性能都与力的作用有关，故质构仪提供压力、拉力和剪切力作用于样品，根据不同食品的形态和测试要求，选择不同的测样探头。如柱形探头（直径 2～50mm）常用于测试果蔬的硬度、脆性、弹性等；锥形探头可对黄油及其他黏性食品的黏度和稠度进行测量；挂钩形的探头可测试面条的拉伸性等。测试原理是操作台表面的待测物随操作台一起等速地做上升或下降运动，在与支架上的探头接触以后，把力传给压力传感器，压力传感器再把力信号转换成电信号输出，由放大器进一步把这种微弱的电信号放大成 1.5V 范围的标准电压信号，然后输出给 A/D 板，A/D 板再把标准电压信号转换成数字信号，输入计算机进行实时监控，并储存起来用于数据的分析处理。

5.3.4.2 测试方法

仪器主要围绕着距离、时间和作用力对试验对象的物性和质构进行测定，并通过对它们相互关系的处理、研究，获得试验对象的物性测试结果。测试前，首先按试验对象的测试要求，选用合适的探头，并根据待测物的形状大小，调整横梁与操作台的间距，然后选择电机转速及操作台的运动方向，当操作台及待测物运动以后，启动计算机程序进行数据采集。

小结

食品的物理检验法是根据食品的相对密度、折射率、旋光度等物理常数与食品的组分及含量之间的关系进行检测的方法。

相对密度是物质的质量与同体积水的质量之比。相对密度的数值随温度的改变而改变。液态食品的组成成分、含量发生改变，其相对密度也随着改变。相对密度的测定方法有密度瓶法、密度计法、密度天平法，较为常用的是密度瓶法和密度计法。

光在真空中的速度与在介质中的速度之比叫做介质的绝对折射率，简称折射率。测定折射率的折光计是利用光的全反射原理制成的，最为常用的折光计是阿贝折光计。

旋光度是指偏振光通过具有光学活性物质的溶液时，共振动平面所旋转的角度。其大小与光源的波长、温度、旋光物质的种类、溶液的浓度及液层的厚度有关。旋光法主要用于糖类和谷类淀粉的测定。

颜色是消费者对食品的第一印象，是食品非常重要的品质特性。食品颜色分析主要应用于加工产品（如酱油、薯片等）和新鲜果蔬的着色、保色、发色、退色等的研究及品质分析，能很好地反映产品的特性。

黏度、流变性和质构是食品重要的物理特性，反映食品的力学性质。本章重点介绍了毛细管黏度计和旋转黏度计法。流变仪在衡量样品的流变学特征方面有着越来越广泛的应用，对于食品的分析研究起着重要的作用。质构仪是食品硬度、脆度、胶黏性、回复性、弹性、凝胶强度、耐压性、可延伸性和剪切性等质构特性定量化的新型仪器。

参考文献

[1] [美] Suzanne Nielsen S著. 食品分析 [M]. 杨严俊等译. 北京：中国轻工业出版社，2002.
[2] 张水华等. 食品分析 [M]. 北京：中国轻工业出版社，1997.
[3] 高向阳等. 食品分析与检验 [M]. 北京：中国计量出版社，2006.
[4] 吴谋成等. 食品分析与感官评定 [M]. 北京：中国农业出版社，2002.
[5] 张意静等. 食品分析（修订版）[M]. 北京：中国轻工业出版社，1999.
[6] 杜苏英等. 食品分析与检验 [M]. 北京：高等教育出版社，2002.
[7] 徐佩弦著. 高聚物流变学及其应用 [M]. 北京：化学工业出版社，2003.

附　　录

GB/T 5009.2—2003 食品的相对密度的测定
GB/T 10247—2008 黏度测定方法

第6章 光 谱 法

6.1 绪论

光谱法用于研究由各种不同的物体直接放射出来的电磁辐射，或这种电磁辐射与物质相互作用的结果，物质吸收了这种辐射，而显现出来的是经过变换的辐射即它的反射、散射或荧光。根据光谱谱系的特征不同，可把光谱分析技术分为发射光谱分析、吸收光谱分析和散射光谱分析三大类；另外，光谱法也可以根据被分析物质的种类进行分类，分为原子光谱分析和分子光谱分析。

原子和分子吸收光谱法相关的各种跃迁，包括相关的波长区域如表 6-1 所述。

表 6-1 波长区域、光谱方法及相关跃迁

波长区域	波长范围	光谱法种类	常用波长范围	具有相似能量的化学体系中的跃迁类型
γ射线	0.001～0.1nm	发射	<0.01nm	核质子/中子重排
X射线	0.1～10nm	吸收、发射、荧光、衍射	0.01～10nm	内层电子
紫外线	10～380nm	吸收、发射、荧光	180～380nm	原子外层电子，分子键合电子
可见光	380～750nm	吸收、发射、荧光	380～750nm	原子外层电子，分子键合电子
红外线	0.075～1000μm	吸收	0.78～300μm	分子键中原子的振动位置
微波	0.1～100cm	吸收、电子自旋共振	0.75～3.75mm	分子旋转位置
无线电波	1～1000m	核磁共振	0.6～10m	外加磁场中未配对电子的定向排列、外加磁场中核子的排列

在食品分析实验中，光谱分析是一类十分重要的技术，应用极为广泛。应用吸收光谱原理进行分析的主要有紫外-可见光分光光度法（UV-vis）、红外分光光度法（IR）以及原子吸收分光光度法（AAS）。应用发射光谱原理进行分析的主要有荧光分析法（FA）和火焰光度法（FP）。应用散射光谱原理进行分析的主要是比浊法，包括免疫比浊法等。这些测定不同类型分子或原子跃迁的方法彼此截然不同。相应的原理在以下内容中加以详细说明。

6.2 紫外、可见和荧光光谱法

6.2.1 概论

紫外-可见光谱法（UV-vis）是食品分析中最常用的实验室技术之一。紫外光处于 200～380nm 范围内，而可见光则处于 380～780nm 范围内（如表 6-2）。基于紫外、可见光辐射的光谱法可根据辐射与物质相互作用的类型不同而分成两大类：吸收光谱法和荧光光谱法，这两类光谱法中的每一类又可以进一步细分成定性和定量测定。通常，定量测定方法是紫外-可见光谱中最常用的一类。

表 6-2　可见光光谱

波长/nm	颜色	互补色[①]	波长/nm	颜色	互补色[①]
<380	紫外光		520～550	黄绿色	紫色
380～420	紫色	黄-绿色	550～580	黄色	紫色
420～440	紫-蓝色	黄色	580～620	棕色	蓝色
440～470	蓝色	棕色	620～680	红色	蓝绿色
470～500	蓝绿色	红色	680～780	紫红色	绿色
500～520	绿色	紫红色	>780	近红外	

① 互补色是指在采用一个“白”光源的连续波长光谱的照射下溶液显示最大吸收时所观察到的颜色。

6.2.2　紫外可见吸收光谱

6.2.2.1　吸收光谱法定量基础

吸收光谱法定量的目的是测定样品溶液中待测组分的浓度。分析的依据是测定一束单色光穿过样品溶液而被吸收的光量。在实际应用中，将载有样品溶液的比色皿置于一个选定波长的光路中，以参比样为空白，测定透过样品溶液的光量，透过样品溶液的相对光量即可用于确定待测组分的浓度。在吸收过程中，吸收池的入射光辐射能 P_0 大大地高于吸收池另一面的透射光辐射能 P，光束透过溶液后辐射能的损失是由于光子被吸收介质捕获。入射光与透射光能量之间的关系可用溶液的透光率和吸光度来表示。溶液的透光率（T）可根据式(6-1) 用 P 与 P_0 来确定，透光率也可用式(6-2) 以百分度表示。

$$T=\frac{P}{P_0} \tag{6-1}$$

$$T\ (\%)\ =\frac{P}{P_0}\times 100 \tag{6-2}$$

式中　T——透光率；

P_0——入射在吸收池上的光束的辐射能；

P——吸收池透射出的光束的辐射能；

T——百分透光率，%。

必须注意的是，当用 T 和 $T\%$ 表示溶液对入射光的吸收时，T 和 $T\%$ 并不直接与样品溶液中有吸收的待测组分浓度成正比，为了更方便地计算待测组分的浓度，通常用吸光度（A）与 T 的关系来描述 P 和 P_0 之间的关系，如式(6-3) 所示。

$$A=\lg\frac{P_0}{P}=\lg T=2-\lg T\% \tag{6-3}$$

式中　A——吸光度；

T，$T\%$——分别由式(6-1) 和式(6-2) 表示。

在适当条件下，吸光度是一种很方便的表达方式，因为它在一定条件下是直接正比于溶液中吸收组分的浓度。但需要注意，根据吸光度和透光率的定义，溶液的吸光度不是简单地减去透光率就能得到。在定量光谱法中，单色光中非透过的部分［$1-T(\%)$］并不等于溶液的吸光度（A）。

溶液的吸光度与吸收组分的浓度之间的关系可根据比尔定律［式(6-4)］来表示：

$$A=abc \tag{6-4}$$

式中　A——吸光度；

c——吸收组分的浓度；

b——透过溶液的光程，cm；

a——吸收系数。

吸光度 A 是光束能量比值的对数值，没有单位。浓度 c 可用任何适当的单位（mol/L，mmol/L，mg/mL，%）来表示。光程 b 的单位是 cm，吸收系数 a 的单位是（cm^{-1}）·（浓度$^{-1}$）。在一些特殊条件下，待测组分浓度用摩尔浓度表示，此时吸收系数就以（cm^{-1}）·$(mol/L)^{-1}$为单位，用 ε 符号表示，指摩尔吸收系数，式(6-5) 为用摩尔吸收系数表示的比尔定律，其中 c 特指待测组分的摩尔浓度。

$$A=\varepsilon bc \tag{6-5}$$

式中，A，b 如式（6-4）；ε 表示摩尔吸收系数，$cm^{-1}\cdot(mol/L)^{-1}$；c 表示物质的量浓度，mol/L。

定量测定法要求分析人员能准确测定样品溶液中待测组分所吸收的单色光。然而在实际操作中由于存在着由非待测组分吸收导致入射单色光能量减少等其他因素的影响，使得准确测定待测组分的吸收较为困难。实际操作时，可通过使用参比池来校正。从理论上讲，参比池中的溶液除了不含待测组分，其余组分应与样品溶液完全相同。常常以蒸馏水作为参比液，测定参比池中透射出的辐射能量作为样品池的 P_0，吸光度可通过实验测定，也可由式(6-6) 计算得到。

$$A=\lg\frac{P_{溶液}}{P_{待测组分溶液}}\cong\lg\frac{P_0}{P} \tag{6-6}$$

式中 $P_{溶液}$——载有空白溶液的比色皿透射光的辐射强度；

$P_{待测组分溶液}$——载有待测组分的样品溶液比色皿透射光的辐射强度；

P_0，P——与式(6-1) 相同；

A——与式(6-3) 相同。

6.2.2.2 比尔定律的偏差

严格遵守比尔定律是不现实的。在实际操作中，许多因素均会影响吸光度与浓度之间的线性关系。通常，比尔定律仅适用于稀溶液，对大多数待测组分来说大约 10mmol/L 的浓度即为测定上限。比尔定律所限的实际浓度取决于待测组分的化学性质。如果待测组分的不同存在形式（如：解离与中和）具有不同的吸收系数（a），那么浓度与吸光度之间就不存在线性关系。

比尔定律产生偏差的更深层原因是测定吸光度的仪器本身的局限性。比尔定律只适用于单色光，只有通过样品溶液的光是单色光，其吸收系数值才能表示待测组分与所有通过样品溶液的光束之间的相互作用。如果通过样品溶液的光是复合光，不同波长的光束就会使吸收系数产生变化，因而无法遵守比尔定律。当理想波长的光和一种根本不能被待测组分吸收的散射光同时通过样品溶液到达检测器时，会产生极端的现象。而在这种情况下，所观测到的光透射现象可用式(6-7) 来表达。其中当 $P_0\gg P$，且待测组分浓度非常高时，将得到一个极限吸光度。

$$A=\lg\frac{P_0+P_s}{P+P_s} \tag{6-7}$$

式中 P_s——散射光的辐射能；

A——与式(6-3) 相同；

P，P_0——与式(6-1) 相同。

6.2.2.3 操作条件

通常，定量测定的目标是以最高的精密度和准确度、最少的时间和费用来测定待测组分的浓度。为了实现这一目标，必须考虑具体分析方法的每一步骤可能造成的误差。吸光度测定法中样品的制备方案根据具体情况而有所不同。在最简单的情况下，样品溶液经均匀和澄清后就可直接进行测定。一般情况下，参比池中仅仅载有样品的溶剂，溶剂通常是水或含水的缓冲液。在一些相对复杂的情况下，则需要足够量的样品先对其进行化学改性后再测定吸光度，这样的改性反应大量应用于可见光的比色分析中。然后用与样品相同的方法处理样品溶剂以制备这些分析的参比液。

当决定了分光光度分析中所用光束的波长区域后，就应选择合适的比色皿。比色皿必须采用不吸收分析所用光区辐射的材料制成，其位置和尺寸是可变的。比色皿的尺寸大小非常重要，这与测定所需的溶液量及比尔定律中光程的长短有关。用于紫外光区测定的比色皿由石英和熔融石英制成。在可见光区，可使用由硅玻璃制成的比色皿，有时也可使用便宜的塑料比色皿。

一般情况下，在进行吸光度测定时需要选择最佳波长。尽可能选择在待测组分有最大吸光度，且吸光度值不随波长变化而发生明显改变的波长处进行测定，这个位置通常对应于最高吸收峰的顶点。在最高吸收峰的顶点处测定有两个优点：①灵敏度最高，即单位待测组分浓度的改变引起的吸光度值的变化最大；②更符合比尔定律。

吸光度的测定：首先用0%和100%透光率来校准仪器。参比池本身应与样品池的吸光性能相当，即采用一套对比过的比色皿。在许多情况下，样品溶液和参比溶液可共用一个比色皿。参比池所载的通常为溶剂，溶剂可以是蒸馏水或者水合体系的缓冲溶液。用100%透光率设定参比池 $T=1$。在整个分析过程中，必须确保在不改变 $0\%T$ 和 $100\%T$ 的设定条件下测定载有待测样品的样品池。样品溶液的读数在 $0\sim100\%T$ 之间。大多数现代分光光度计都可给出透光率或吸光度的读数值，通常用吸光度作为读数更方便，这是因为在最佳比色条件下，吸光度正比于样品浓度。

6.2.2.4　标准曲线

定量测定常采用标准曲线法。标准曲线可用于确定待测组分的浓度与吸光度之间的相互关系。这种相互关系是通过对一系列已知浓度的待测组分进行分析后确定的。标准溶液最好采用与待测样品相同的试剂同时制备。对于符合比尔定律的体系可用线性标准曲线，而有些分析项目则用非线性标准曲线，但由于线性关系的数据处理比较容易，所以通常优先考虑线性标准曲线。非线性标准曲线则是由于体系中存在与浓度有关的化学变化，或者是由于用于测定的仪器固有的限制而造成的。

在测量过程中，往往由于待测样品组成复杂，存在不少干扰待测样品的干扰物，不可能制备真正具有代表性的校准用标样，干扰性化合物包括那些与待测组分具有相同的光吸收区域的物质、影响待测组分吸光度的物质以及那些与改性试剂（为提高待测组分特异性而加入）反应的化合物。这种情况下，必须在得到较多有关待测样品中干扰性化合物的信息后进行假设，然后再采用标准加入法来校正分析体系，其操作如下：为确定待测组分浓度 c_u，在一系列容量瓶中分别加入一定体积（V_u）的待测样品，然后再分别加入一定体积（V_s）的已知浓度为 c_s 的标样溶液，混合后的一系列容量瓶中均包含了一定体积的待测样品溶液和不同体积的标样溶液，最后定容到相同的体积 V_T。在完全相同的处理条件下分析每个容量瓶，如果遵守比尔定律，则每个容量瓶所测得的吸光度［按照式（6-8）］正比于总的待测组分浓度。

$$A=k[(V_s c_s+V_u c_u)/V_T] \tag{6-8}$$

式中　V_s——标准物体积；

　　　V_u——未知物体积；

V_T——总体积；

c_s——标样浓度；

c_u——待测组分浓度；

k＝比例常数（光程长度×吸收系数）。

如果测量条件符合比尔定律，其相互关系可用式（6-9）表示，其中除 V_s 和 A 外的所有数值都是常数。将曲线的斜率［式(6-10)］除以截距［式(6-11)］，经重排后得到式(6-12)。由于 c_s 和 V_u 为常数，则可计算出待测组分浓度 c_u。

$$A=kc_sV_s/V_T+kV_uc_u/V_T \quad (6\text{-}9)$$

$$斜率=kc_s/V_T \quad (6\text{-}10)$$

$$截距=kV_uc_u/V_T \quad (6\text{-}11)$$

$$c_u=(测得的截距/测得的斜率)\times(c_s/V_u) \quad (6\text{-}12)$$

式中，V_s、V_u、V_T、c_s、c_u 和 k 的意义和式(6-8) 中的相同。

6.2.2.5 仪器误差对吸光度测定精密度的影响

进行吸光度/透光率测定时，仪器本身会存在一定水平的内在误差，这类误差常称为仪器噪声。通过一份均匀样品的重复测定就可显示仪器的误差，这种误差所引起的浓度的相对误差在整个透光率范围内（0～100%T）是不同的。因此，最大程度地减少这类误差的来源有重要意义。选取中间值的透光率测定与在极高或极低的透光率范围内的测定相比，其相对误差更小，因而相对精密度更大。在价格相对便宜的分光光度计上测定吸光度的最佳测定范围大约从 0.2～0.8 吸光度单位或 15%～65%透光率。在较精密的仪器上，最佳吸光度读数范围可扩大到 1.5 或 1.5 以上。因此，为保险起见，一般应在待测样品的吸光度小于 1.0 的条件下读取吸光度。如果要求在吸光度读数大于 1.0 时测定，那么需要通过实验重复测定样品，以确定分光光度计的相对精密度。

6.2.3 荧光光谱法

荧光光谱法的灵敏度比相应的吸收光谱法高 1～3 个数量级。在荧光光谱法中，所测定的信号是待测组分由激发电子态回到其相应的基态时发射的电磁辐射。待测组分吸收紫外或可见光后激发到高能级。在荧光测定过程中激活和钝化过程是同时发生的。对每个单一分子体系，都有一个供样品激发的最佳激发波长和另一个用于监测荧光发射的更大的波长。用于激发和发射的相关波长取决于待测体系的化学性质。

由荧光样品发射的荧光束辐射能（P_F）与通过样品池的光束辐射能的变化成正比［如式(6-13) 所示］，也可用另外的方式表示，即荧光束辐射能正比于样品吸收的光子数。

$$P_F=\varphi(P_0-P) \quad (6\text{-}13)$$

式中 P_F——荧光比色池产生的光束的辐射能；

φ——比例常数；

P_0，P——与公式(6-1) 相同。

式(6-13) 中的比例常数称为量子效率（φ），它对于任意一个给定系统都是定值。量子效率等于发射的光子总数与吸收的光子总数的比值。结合式(6-3) 和式(6-5)，以待测样品浓度和 P_0 来定义 P，得到式(6-14)。

$$P=P_0 10^{-\varepsilon bc} \quad (6\text{-}14)$$

式中，P_0，P 与式(6-1) 相同；ε，b，c 与式(6-5) 相同。

将式(6-14) 代入式(6-13) 就得到了荧光辐射能与待测组分浓度和 P_0 的关系式［如式(6-15) 所示］。在低待测组分浓度下，$\varepsilon bc<0.01$，式(6-15) 可简化为式(6-16) 表示。进一

步归类就产生了表达式(6-17)，这里 k 合并了除 P_0 和 C 外的所有参数。

$$P=\varphi P_0(1-10^{-\varepsilon bc}) \tag{6-15}$$

$$P_F=\varphi P_0 2.303\varepsilon bc \tag{6-16}$$

$$P_F=kP_0c \tag{6-17}$$

式中，k 为比例常数；P_F，P_0 与式(6-13) 相同；c 与式(6-15) 相同。

式(6-17) 强调了推导公式时的两个重要的假定条件，尤其是假定待测组分浓度相当低时。首先在假定其他参数保持不变时，荧光信号将直接正比于待测组分浓度。信号与待测组分浓度之间的线性关系简化了数据处理过程和分析的难度，这点是十分重要的。其次假设了荧光分析的灵敏度正比于入射光束的能量 P_0，可利用这一点通过调节光源能量输出来改变荧光分析的灵敏度。

当待测组分的浓度增加到相当高时，式(6-16) 和式(6-17) 就不适用了。因而每个分析的线性浓度范围应通过实验确定。在相对较高的待测组分浓度处，曲线的非线性部分是因为单位组分浓度样品产生的荧光量减少了。在设计荧光分析实验时，必须考虑环境参数。因为任何样品产生的荧光量都取决于其环境，如温度、溶剂、杂质和 pH 等参数。因而在制备定量测定所需的参比标样时尤其重要。

6.3　红外光谱

红外吸收光谱法（infrared absorption spectroscopy，IR）是利用红外辐射与物质分子振动或转动的相互作用，通过记录试样的红外吸收光谱进行定性、定量和结构分析的方法。

红外光谱与分子的结构密切相关，是研究表征分子结构的一种有效手段，与其他方法相比较，红外光谱由于对样品没有任何限制，是公认的一种重要分析工具。其特点主要有：①每种化合物均有红外吸收，有机化合物的红外光谱能提供丰富的结构信息；②气态、液态和固态样品均可进行红外光谱测定；③常规红外光谱仪价格低廉，易于购置；④样品用量少，可减少到微克级；⑤针对特殊样品的测试要求，发展了多种测量新技术，如光声光谱(PAS)、衰减反射光谱（ATR)、漫反射、红外显微镜等；⑥红外光谱主要用于定性分析，但也可用于定量分析。

6.3.1　红外光谱的基本原理

6.3.1.1　电磁光谱图的红外区域

红外辐射是波长（λ）比可见光长而比微波短的电磁能，通常红外光谱法采用 0.8～100μm 波长范围，可分成近红外（0.8～2.5μm）区、中红外（2.5～15μm）区和远红外(15～100μm）区。其中，中红外区是红外光谱中最为活跃、应用最广的区域，对于研究分子结构和化学组成至关重要，而食品的定性定量分析中常用的是近红外和中红外区的光谱。

6.3.1.2　分子振动

红外吸收光谱是一种分子吸收光谱。记录红外光的百分透射比与波数或波长关系曲线，就得到红外光谱，根据红外吸收光谱图可给出有价值的定性定量信息。

近红外光区的吸收带主要是由低能电子跃迁、含氢原子团（如 O—H、N—H、C—H）伸缩振动的倍频吸收等产生的。该区的光谱可用来研究稀土和其他过渡金属离子的化合物，并适用于水、醇、某些高分子化合物以及含氢原子团化合物的定量分析。

中红外光区（2.5～15μm)，绝大多数有机化合物和无机离子的基频吸收带出现在该光区。由于基频振动是红外光谱中吸收最强的振动，所以该区最适于进行红外光谱的定性和定量分析。同时，由于中红外光谱仪技术发展最为成熟，而且目前已积累了大量的数据资料，因此它是应用极为广泛的光谱区。通常，中红外光谱法又简称为红外光谱法。

远红外光区（15～100μm），该区的吸收带主要是由气体分子中的纯转动跃迁振动-转动跃迁、液体和固体中重原子的伸缩振动、某些变角振动、骨架振动以及晶体中的晶格振动所引起的。由于低频骨架振动能很灵敏地反映出结构变化，所以对异构体的研究特别方便。

6.3.1.3　红外吸收光谱的产生条件

样品产生红外吸收光谱必须符合两个条件：一是辐射光子具有的能量与发生振动跃迁所需的跃迁能量相等；二是辐射与物质之间有耦合作用。

6.3.2　红外光谱仪

测定红外吸收的仪器有三种类型：①光栅色散型，主要用于定性分析；②傅里叶变换红外光谱仪，适宜于进行定性和定量分析测定；③非色散型，主要用于大气中各种有机质的测定。

6.3.2.1　色散型红外光谱仪

红外光谱仪与紫外-可见分光光度计的组成基本相同，由光源、样品室、单色器以及检测器等部分组成。色散型红外光谱仪的单色器一般在样品池之后。

6.3.2.2　傅里叶变换红外光谱仪

色散型仪器的主要不足是扫描速度慢，灵敏度低，分辨率低。因此色散型仪器自身的局限性很大。目前大部分的红外光谱仪都是傅里叶变换型的，其优点是：①应用范围广，能分析所有有机化合物，在定性、定量及结构分析方面都有广泛的应用；②扫描速度极快，能在很短的时间里获得全谱域的光谱响应；③特征性强，除了极个别情况外，有机化合物都有其独特的红外光谱，因此具有极好的鉴别意义；④提供的信息多，如化合物含有的官能团、化合物的类别、化合物的立体结构、取代基的位置及数目等；⑤不受样品物态的限制，可以测定气体、液体及固体，扩大了分析范围；⑥不破坏样品。

傅里叶变换红外光谱仪的基本原理如图 6-1 所示，光源发出的光被分束器分为两束，一束经反射到达动镜，另一束经透射到达定镜。两束光分别经定镜和动镜反射再回到分束器。动镜以一恒定速度作直线运动，因而经分束器分束后的两束光形成光程差，产生干涉。干涉光在分束器会合后通过样品池，然后被检测。傅里叶变换红外光谱仪的检测器有 TGS、MCT 等。

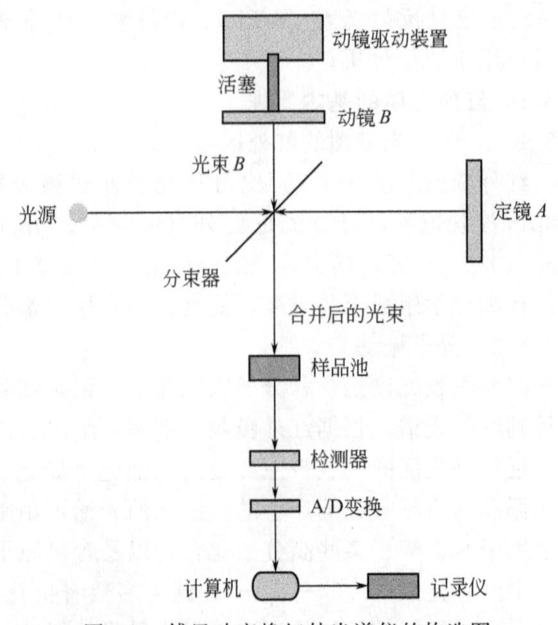

图 6-1　傅里叶变换红外光谱仪的构造图

傅里叶变换红外光谱仪的核心部分是迈克尔逊（Michelson）干涉仪，干涉仪在分裂红外光束后，用反射镜反射分裂光束使其重新复合。当样品处于检测器之前的重新复合的光束中时，样品中的分子吸收了其特征频率的光，于是到达检测器的光由于样品的存在而发生了变化，这样显示吸收强度与光程差之间关系的干涉图可由傅里叶变换转化成吸光度与频率之间关系的红外图谱，计算机很快就能完成这种数字变换工作。因为傅里叶变换仪能在所有的波长下迅速测定，所以与散射仪相比，其所得到的光谱具有更大的信噪比，分析速度也更快。

6.3.2.3 非色散型红外光度计

非色散型红外光度计是用滤光片，或者滤光器代替色散元件，甚至不用波长选择设备（非滤光型）的一类简易式红外流程分析仪。由于非色散型仪器结构简单，价格低廉，所以尽管它们局限于气体或液体分析，但仍是一种通用的分析仪器。滤光型红外光度计主要用于大气中各种有机物质的测定分析。

6.3.3 红外光谱实验技术及应用

6.3.3.1 制备试样的要求

红外试样可以是固体、液体或气体，但一般应符合下列要求：

（1）试样应该是单一组分的纯物质，纯度应大于98%或符合商业标准，否则各组分光谱相互重叠，难以解析。

（2）试样中应不含游离水。水本身有红外吸收，会严重干扰样品谱图，还会侵蚀吸收池的盐窗。

（3）试样的浓度和测定厚度应选择适当，以使光谱中大多数峰的透射比在10%～80%范围内。

6.3.3.2 制样技术

（1）气体试样　气体样品一般都灌注于玻璃气槽内进行测定。气槽的两端黏合有可透过红外光的窗片。进样时，一般先把气槽抽真空，然后再灌注样品。

（2）固体试样　在红外光谱分析的具体操作中，对于固体样品，常用的制样方法有以下4种：①压片法，是把固体样品的细粉均匀地分散在KBr中并压成透明薄片的一种方法；②粉末法，是把固体样品研磨成2μm以下的粉末，悬浮于易挥发溶剂中，然后将此悬浮液滴于KBr片基上并铺平，待溶剂挥发后形成均匀的粉末薄层的一种方法；③薄膜法，是把固体试样溶解在适当的溶剂中，把溶液倒在玻璃片上或KBr窗片上，待溶剂挥发后生成均匀薄膜的一种方法；④糊剂法，把固体粉末分散或悬浮于石蜡油等糊剂中，然后将糊状物夹于两片KBr片间测绘其光谱。以上4种方法中最常用的是压片法，但此法常因样品浓度不合适或片子不透明等问题需要一再返工。

（3）液体样品　常用的制样方法有以下三种：①液膜法，是在可拆液体池两片窗片之间，滴上1～2滴液体试样，使之形成一层薄的液膜。②溶液法，是将试样溶解在合适的溶剂中，然后用注射器注入固定液体池中进行测试。该法特别适用于定量分析，此外，还能用于红外吸收很强、且用液膜法不能得到满意谱图的液体样品的定性分析。③薄膜法，用刮刀取适量的试样均匀涂于窗片上，然后将另一块窗片盖上，稍加压力，来回推移，使之形成一层均匀无气泡的液膜。

其中最常用的是液膜法，此法所使用的窗片是由整块透明的溴化钾（或氯化钠）晶体制成，制作困难，价格昂贵，稍微使用不当就容易破裂，而且由于长期使用也会被试样中的微量水分慢慢侵蚀，此时这对窗片报废。

6.3.3.3 定性分析

（1）已知物的鉴定　将试样的谱图与标准的谱图进行对照，或者与文献上的谱图进行对照。如果两张谱图各个吸收峰的位置和形状完全相同，峰的相对强度一样，就可以认为样品是该种标准物。

（2）未知物结构的测定　红外光谱的定性分析，大致可以分为官能团定性和结构分析两个方面。定性分析的一般步骤为：

① 试样的分离与精制，用各种分离手段（如分馏、萃取、重结晶、色谱等）提纯未知试样，以得到单一的纯物质。

② 收集未知试样的有关资料和数据，了解试样的来源、纯度、外观、元素分析值、相对分子质量、熔点、沸点、溶解度等有关的化学性质，可作光谱解释的旁证，节省谱图解析的时间。

③ 确定未知物的不饱和度，由元素分析的结果可求出不饱和度，从不饱和度可推出化合物可能的范围。

④ 官能团分析，根据官能团的初步分析可以排除一部分结构的可能性，肯定某些可能存在的结构，并可以初步推测化合物的类别。

⑤ 图谱解析，一般程序是先官能团区，后指纹区；先强峰后弱峰；先否定后肯定。如果是芳香族化合物，应定出苯环取代位置。根据官能团及化学合理性，拼凑可能的结构，进一步确认结构则需要与标样、标准图谱对照及结合其他仪器分析手段得出结论。标准红外图集最常见的是萨特勒（Sadtler）红外谱图集，目前已建立有红外谱图的数据库可进行检索。如果样品为新化合物，则需要结合紫外、质谱、核磁等数据，才能决定所提的结构是否正确。

6.3.3.4 定量分析

与紫外吸收光谱一样，红外吸收光谱的定量分析也遵循朗伯-比尔定律，即在某一波长的单色光下，吸光度与物质的浓度呈线性关系。红外光谱图中吸收带很多，因此定量分析时，特征吸收谱带的选择尤为重要，除应考虑 ε 较大之外，还应注意以下几点：谱带的峰形应有较好的对称性；所选特征谱带区无其他组分的干扰；溶剂或介质在所选择特征谱带区应无吸收或基本无吸收；所选溶剂不应在浓度变化时对所选择特征谱带的峰形产生影响；特征谱带不应在对二氧化碳、水和蒸汽有强吸收的区域。

谱带强度的测量方法主要有峰高（即吸光度值）测量和峰面积测量两种，而定量分析方法很多，视被测物质的情况和定量分析的要求可采用直接计算法、工作曲线法、比例法、内标法和差示法等。

6.3.3.5 中红外光谱在食品分析中的应用

中红外光谱法可根据样品吸收谱带的中心频率和相对强度来判断待测样品中存在的特殊官能团。即可用待测样品的中红外光谱与一系列标准物的光谱对比，决定最相近的匹配物的方法判断待测样品。中红外光谱通常用于食品中风味和芳香化合物的确定，尤其是当傅里叶红外测定与气相色谱联用时更是应用广泛。红外光谱还可用来正确鉴别食品包装用的薄膜。

6.3.3.6 近红外光谱在食品分析中的应用

近红外光区的吸收谱带有变宽和频率重叠的趋向，使得光谱非常复杂。近红外光谱主要用于定量分析，采用透射和漫反射法能直接用于固体食品的测定。采用多变量统计技术，可校正近红外光谱并根据特定波长下红外光的吸收量来测定食品样品中各组分的量。与许多常规的湿化学或色谱法技术相比，分析速度要快得多。

近红外光区看到的谱带主要是谐波，所以吸收强度弱。由于近红外光区中能产生可观察强度吸收谱带的主要是C—H、N—H、O—H官能团，而这些官能团常见于食品组分，如水、蛋白质、脂肪和碳水化合物的基团，因此，此法具有较强的分析优势。表6-3列出了一些重要食品组成的吸收谱带。

表 6-3 多种食品组成的近红外吸收谱带

组成	吸收	波长/nm
水	—OH 伸缩/变形组合	920～1950
	—OH 伸缩	1400～1450
蛋白质-肽	—NH 变形	2080～2220 和 1560～1670
脂肪	甲基—CH 伸缩	2300～2350
	$—CH_2$ 和 $—CH_3$ 伸缩	1680～1760
碳水化合物	C—O、O—H 伸缩组合	2060～2150

利用近红外光谱的优点有：①简单方便，有不同的测样器件可直接测定液体、固体、半固体和胶状体等样品，检测成本低。②分析速度快，一般样品可在 1min 内完成。③适用于近红外分析的光导纤维易得到，故易实现在线分析及监测，极适合于生产过程和恶劣环境下的样品分析。④不损伤样品，可称为无损检测。⑤分辨率高，可同时对样品多个组分进行定性和定量分析等。所以目前近红外技术在食品产业等领域应用较广泛。然而，近红外技术也有弱点：①需要大量有代表性且化学性质已知的样品建立模型。因此，对小批量样品的分析用近红外则显得不如实际。②模型需要不断更新，因为仪器状态改变或标准样品发生变化，模型也要随之变化。③模型不通用，每台仪器的模型都不相同，增加使用的局限性。④建模成本高，测试费用大。把握好红外检测技术的优缺点，相信在不久的将来，相关的检测仪器能得到快速的发展，在食品分析中的应用会越来越广泛。

6.4 原子吸收与发射光谱法

6.4.1 概论

原子光谱法是由原子外层或内层电子能级的变化产生的，它的表现形式为线光谱。属于这类分析方法的有原子发射光谱法（atomic emission spectrometry，AES）、原子吸收光谱法（atomic absorption spectrometry，AAS）、原子荧光光谱法（atomic fluorescence spectrometry，AFS）以及 X 射线荧光光谱法（X-ray fluorescence spectro-metry，XFS）等。采用等离子体作为原子发射光谱的激发光源，导致了 20 世纪 70 年代后期开始的感应耦合等离子体发射光谱仪的商业化普及。这种仪器进一步增强了快速、准确、可靠地测定食品和其他材料中矿物元素的能力。理论上，几乎所有周期表中的元素都可用原子吸收或原子发射光谱法测定。在实际应用过程中，原子光谱主要用于测定矿物元素。

一般情况下，原子处于能量最低状态（最稳定态），称为基态（$E_o=0$）。当原子吸收外界能量被激发时，其最外层电子可能跃迁到较高的不同能级上，原子的这种运动状态称为激发态。处于激发态的电子很不稳定，一般在极短的时间（10^{-8}～10^{-7}s）内便跃回基态（或较低的激发态）：

$$\Delta E=E_n-E_o=h\nu=h\frac{c}{\lambda} \tag{6-18}$$

式中 λ——波长；

ν——频率；

c——光速；

h——普朗克常数；

E_n——激发态能级；

E_o——基态能级。

此时，原子以电磁波的形式放出能量。

共振发射线：原子外层电子由第一激发态直接跃迁至基态所辐射的谱线称为共振发射线；共振吸收线：原子外层电子从基态跃迁至第一激发态所吸收的一定波长的谱线称为共振吸收线；共振线：共振发射线和共振吸收线都简称为共振线。由于第一激发态与基态之间跃迁所需能量最低，最容易发生，大多数元素吸收也最强；因为不同元素的原子结构和外层电子排布各不相同，所以“共振线”也就不同，各有特征，又称“特征谱线”，可以选作为“分析线”。由此可见，吸收与发射是光与原子相互作用的两个过程，相互关联，据此分别建立了发射光谱分析法和原子吸收分析法。

6.4.2 分析方法

6.4.2.1 原子发射光谱法

处于基态的元素价电子在受到热能（火焰）或电能等激发时，由基态跃迁到激发态，返回到基态时，可发射出由一系列谱线组成的线状光谱。原子发射光谱分析仪器的类型有多种，如火焰发射光谱、微波等离子体光谱仪、感耦等离子体光谱仪、光电光谱仪、摄谱仪等。原子发射光谱仪通常由三部分构成：光源、分光、检测。光源的作用是为试样的气化原子化和激发提供能源。原子发射光谱仪中适用于液体试样分析的光源有火焰和等离子体光源；适用于固体样品直接分析的光源有电弧和电火花。

电感耦合等离子（inductive coupled plasma，ICP）焰炬是目前发射光谱分析中发展迅速的一种新型光源。等离子体是指电离了的但在宏观上呈电中性的物质。采用 ICP 作为光源是 ICP-AES 与其他光谱仪的主要不同之处。ICP 形成的原理同高频加热的原理相似。当高频发生器接通电源后，高频电流 I 通过感应线圈产生交变磁场。开始时，管内为 Ar 气，不导电，需要用高压电火花触发，使气体电离后，在高频交流电场的作用下，带电粒子高速运动、碰撞，形成“雪崩”式放电，产生等离子体气流。在垂直于磁场方向将产生感应电流（涡电流），其电阻很小，电流很大（数百安），产生高温，又将气体加热、电离，在管口形成稳定的等离子体焰炬。

6.4.2.2 原子荧光光谱法

原子荧光光谱是以原子在辐射能激发下发射的荧光强度进行定量分析的发射光谱分析法。原子荧光分光光度计的仪器结构和部件与原子吸收分光光度计并无本质差异，如荧光分光光度计一样，为了避免激发光对荧光检测信号的影响，光源和分光系统以直角方式布置。

6.4.2.3 原子吸收光谱法

原子吸收光谱法（AAS）是利用气态原子可以吸收一定波长的光辐射，使原子中外层的电子从基态跃迁到激发态的现象而建立的。由于各种原子中电子的能级不同，将有选择性地共振吸收一定波长的辐射光，这个共振吸收波长恰好等于该原子受激发后发射光谱的波长，由此可作为元素定性的依据，而吸收辐射的强度可作为定量的依据。在大多数情况下，共存元素不对原子吸收光谱分析产生干扰。AES 中原子的蒸发和激发过程都在同一能源中完成，而 AAS 则分别由原子化器和辐射光源提供。原子吸收分光光度计有单光束和双光束之分，主要由光源、原子化系统、单色器、检测器及数据处理系统组成。

(1) 光源　在原子吸收光谱中，如果采用连续光源，光谱通带约为 0.2nm，而原子吸收半宽度为 10^{-3}nm（图 6-2）。可见，以具有宽通带的光源对窄吸收线进行测量时，由待测原子吸收线引起的吸收值仅为总入射光强度的 0.5%，灵敏度极差。1955 年，瓦尔西（A. Walsh）提出了采用锐线光源作为激发光源，用测量峰值吸收代替积分值的方法解决了这一难题。锐线光源就是能发射出发射线半宽比吸收线半宽窄的光源。为了实现峰值吸收的测量，除了使用锐线光源，还必须使通过原子蒸气的发射线中心频率恰好与吸收线的中心频率重叠，所以必须使用待测元素制成的锐线光源。如图 6-3 所示为峰值吸收测量示意图。

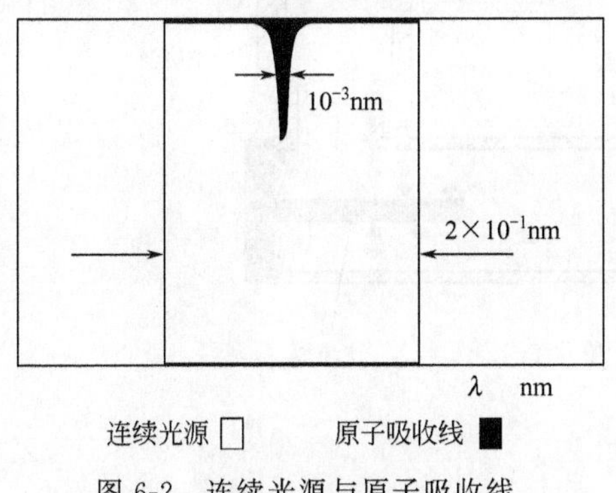

图 6-2　连续光源与原子吸收线的通带宽度示意图

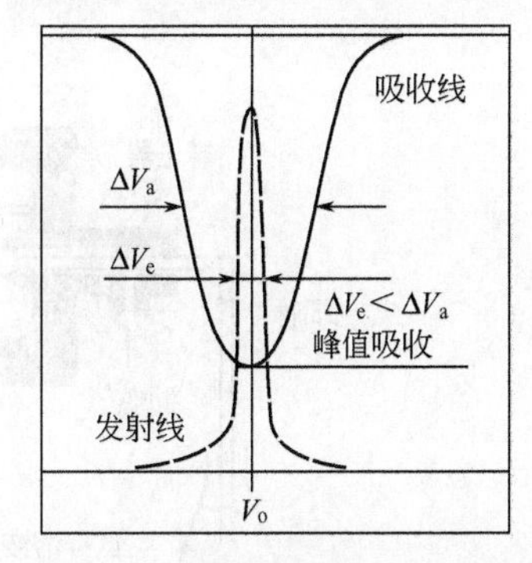

图 6-3　峰值吸收测量示意图

原子吸收使用的光源有诸多优点，但每分析一个元素就要更换一个元素灯，此外，灯电流、波长等参数的选择和调节，在可以进行测定的七十多个元素中，比较常用的仅三十多个。分析速度慢和依赖空心阴极灯是原子吸收光谱的最大缺点。多元素同时测定是提高分析速度最有效的方法。连续光源、中阶梯光栅单色器、波长调制原子吸收法（简称 CEWM-AA 法）是 20 世纪 70 年代后期发展起来的一种背景校正新技术。它的主要优点是仅用一个连续光源能在紫外区到可见区全波段工作，具有二维空间色散能力的高分辨本领的中阶梯光栅单色器将光谱线在二维空间色散，不仅能扣除散射光和分子吸收光谱带背景，而且还能校正与分析线直接重叠的其他原子吸收线的干扰。使用电视型光电器件作多元素分析鉴定器，结合中阶梯光栅单色器和可调谐激光器代替元素空心阴极灯光源，设计出用电子计算机控制的测定多元素的原子吸收分光光度计，将为解决同时测定多元素问题开辟了新的途径。2004 年，德国耶拿分析仪器股份公司（Analytik Jena AG）成功地设计和生产出连续光源原子吸收光谱仪 contrAA。contrAA 采用高聚焦短弧氙灯作为连续光源取代空心阴极灯，可满足全波长（189～900nm）所有元素的测定需求。在启动后就能达到接近最大光输出，不需要通过灯预热来防止漂移，开机后即可测量。多元素顺序测定时，可测量元素周期表中 60 余个金属元素，还可以测定放射性元素。

(2) 原子化系统　原子化系统就是将试样中的待测元素转变为原子蒸气。常用的原子化方法有火焰法和非火焰法。

① 火焰原子化　火焰原子化装置包括雾化器（nebulizer）和燃烧器（burner）。雾化器的作用是使试样雾化。雾化过程如图 6-4 所示。

雾化器：使试液雾化，其性能对测定精密度、灵敏度和化学干扰等都有影响。因此，要求雾化器喷雾稳定、雾滴微细均匀和雾化效率高。

燃烧器：试液雾化后进入预混合室（雾化室），与燃气在室内充分混合。最小的雾滴进入火焰中，较大的雾滴凝结在壁上，然后经废液管排出。燃烧器喷口一般做成狭缝式，这种形状既可获得原子蒸气较长的吸收光程，又可防止回火。

火焰：原子吸收所使用的火焰，只要其温度能使待测元素离解成自由的基态原子就可以了。如超过所需温度，则激发态原子增加，电离度增大，基态原子减少，这对原子吸收是很不利的。火焰的组成关系到测定的灵敏度、稳定性和干扰等。常用的火焰有空气-乙炔、氧化亚氮-乙炔［火焰温度高，约 3000℃，适用于难解离元素（如 Al、B、Be、Ti、V、W、

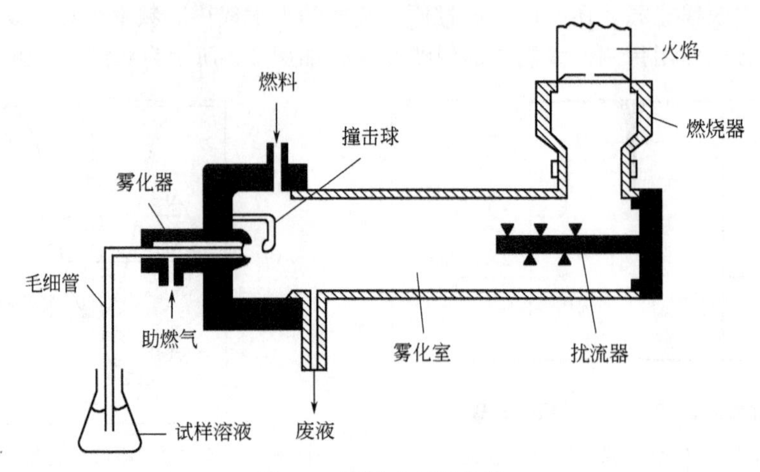

图 6-4 预混合型燃烧器

Ta、Zr 等）的原子化]、空气-氢气等多种。

火焰特性：贫燃性空气-乙炔火焰，其燃助比小于 1∶6，火焰燃烧高度较低，燃烧充分，温度较高，但范围小，适用于不易氧化的元素（如 Ag、Cu、Ni、Co、Pd 等）和碱土金属的测定。富燃性空气-乙炔火焰，其燃助比大于 1∶3，火焰燃烧高度较高，温度较贫燃性火焰低，噪声较大，由于燃烧不完全，火焰成强还原性气氛，适用于测定较易形成难熔氧化物的元素（Mo、Cr、稀土等）。日常分析工作中，最常见的是采用化学计量的空气-乙炔火焰（中性火焰），其燃助比为 1∶4。这种火焰最高温度约 2300℃，能测定 35 种以上元素，但是不适用于测定易形成难溶氧化物的元素（如 Al、Ta、Ti、Zr 等）。

② 无火焰原子化法　火焰原子化的优点是稳定且容易使用。然而，由于大多数样品不能到达火焰，且样品在火焰中滞留时间短，其灵敏度相对较低。无火焰原子化法包括电热高温石墨炉原子化法、氢化物原子化法及冷原子化法等，电热高温石墨炉原子化法最为常用。

电热原子化：电热原子化器是一个与外加电能相连的典型的圆柱型石墨管，常称为石墨炉。样品用微量注射器通过管上的小孔注射至管中（样品体积通常为 0.5～10μL），在操作时，整个系统用惰性气体充溢以防石墨管燃烧，并排除样品室中的空气，电加热石墨管。通过温度的逐步增高，首先挥发样品溶剂，然后灰化样品，最后温度迅速提高到 2000～3000℃以迅速气化和原子化样品。石墨炉原子化效率高，可得到比火焰大数百倍的原子化蒸气浓度。绝对灵敏度可达 10^{-12}，一般比火焰原子化法提高几个数量级。其特点为：液体和固体都可直接进样；试样用量一般很少；但精密度比火焰原子化差，相对偏差约为 4%～12%（加样量少）。石墨炉原子化过程一般需要经四部程序升温完成：a. 干燥，在低温（溶剂沸点）下蒸发掉样品中溶剂；b. 灰化，在较高温度下除去低沸点无机物及有机物，减少基体干扰；c. 高温原子化，使以各种形式存在的分析物挥发并离解为中性原子；d. 净化，升至更高的温度，除去石墨管中的残留分析物，以减少和避免记忆效应。

③ 低温原子化法（化学原子化法）

冷原子化：将试液中的 Hg^{2+} 用 $SnCl_2$ 或盐酸羟胺还原为金属 Hg，在室温下，用空气流将汞蒸气引入具有石英窗的气体吸收管中测定其吸光度。

氢化物原子化法：在氢化物发生技术中，由于样品与硼氢化钠反应产生挥发性的氢化物，然后氢化物被导入吸收池中加热分解成了自由原子，而后的原子吸收测定则与其他原子化技术的方法相同。与汞的冷蒸气技术一样，由于其样品的损失小，所以灵敏度高。然而这项技术只限于测定少数能生成挥发性氢化物的元素，包括As、Sn、Bi、Sb、Te、Ge和Se。

(3) 分光系统及检测器　目前原子光谱仪中采用的分光系统主要有三种类型：平面反射光栅、凹面光栅和中阶梯平面反射光栅。光学系统可分为两部分：外光路系统（或称照明系统）和分光系统（单色器)。原子吸收分光光度计中单色器的作用是将待测元素的共振线与邻近谱线分开。在使用锐线光源的原子吸收光谱仪中，对单色器要求不高，多采用平面光栅，仅需要将共振线分开即可。对于使用连续光源（如高聚焦短弧氙灯）原子吸收光谱仪，就需要使用高分辨率的大面积中阶梯光栅组成的双单色器，使连续光源在近似单色光的条件下工作。中阶梯光栅与棱镜结合使用，配合阵列检测器，可实现多元素的同时测定。

6.4.3 食品中矿物元素的分析

6.4.3.1 试样制备

食品种类繁多，针对不同的样品应选择不同种类样品前处理方法。微量元素分析的试样制备过程中应注意防止各种污染。所用设备如电磨、绞肉机、匀浆机、捣碎机必须是不锈钢制品。所用容器必须使用玻璃或聚乙烯制品。鲜样（如果蔬、鲜肉等）先用自来水冲洗干净后，要用去离子水充分洗净。干粉类试样（如奶粉等）取样后立即装容器密封保存，防止空气中的灰尘和水分污染。粮食、豆类等干燥样品去除杂物后，磨碎，过筛。食品中元素分析通常采用干法灰化法或湿法消化法破坏有机质，分离出待测元素。GB/T 5009中关于元素测定主要采用干法灰化和湿法消化。

6.4.3.2 定量

6.4.3.2.1 原子发射光谱定量方法

(1) 基本原理　在原子光谱中，根据被测试样光谱中欲测元素的谱线强度来确定元素浓度。在被测元素浓度较低时，在一定温度下谱线强度与被测元素的浓度成正比。

$$I=ac \tag{6-19}$$

式中，a为与谱线性质、实验条件有关的常数。在待测元素浓度较高时考虑到谱线自吸，上式可以写成

$$I=ac^b \tag{6-20}$$

这是光谱定量分析依据的基本公式。对式(6-20)取对数得：

$$\lg I=b\cdot\lg c+\lg a \tag{6-21}$$

以$\lg I$对$\lg c$作图，所得曲线在一定浓度范围内为一直线。当试样浓度较高时，由于$b<1$，校正曲线发生弯曲。

(2) 内标法　在被测元素的谱线中选一条线作为分析线，在基体元素（或定量加入的其他元素）的谱线中选一条与分析线相近的谱线作为内标线（或称比较线)，这两条谱线组成分析线对。分析线与内标线的绝对强度的比值称为相对强度。内标法就是借测量分析线对的相对强度来进行定量分析的。内标法的基本公式为：

$$\lg R=\lg\frac{I_1}{I_2}=b_1\lg c+\lg A \tag{6-22}$$

以$\lg R$对$\lg c$所作的曲线即为相应的工作曲线。只要测出谱线的相对强度R，便可从相应的工作曲线上求得试样中欲测元素的含量。对内标元素和分析线对的选择应考虑以下几点：

① 原来试样内应不含或仅含有极少量所加内标元素。亦可选用此基体元素作为内标元素。

② 要选择激发电位相同或接近的分析线对。

③ 两条谱线的波长应尽可能接近。

④ 所选线对的强度不应相差过大。

⑤ 所选用的谱线应不受其他元素谱线的干扰，也应不是自吸收严重的谱线。

6.4.3.2.2 原子吸收光谱定量方法

（1）标准曲线法 配制与试样溶液相同或相近基体的含有不同浓度的待测元素的标准溶液，分别测定$A_{标}$吸光度，作A-c曲线。测定试样溶液的A吸光度，从标准曲线上查得$c_{样}$。适用于组成简单、干扰较少的试样。

（2）标准加入法 当试样基体影响较大，且又没有纯净的基体空白，或测定纯物质中极微量的元素时采用。先测定一定浓度试液（c_x）的吸光度A_x，然后在该试液中加入一定量的与未知试液浓度相近的标准溶液，其浓度为c_s，测得的吸光度为A，则：

$$A_x = kc_x$$

$$A = k(c_x + c_s)$$

整理以上两式得：

$$c_x = \frac{A_x}{A - A_x} \cdot c_s \tag{6-23}$$

实际测定时，通常采用作图外推法：在4份或5份相同体积试样中，分别按比例加入不同量待测元素的标准溶液，并稀释至相同体积，然后分别测定吸光度A。以加入待测元素的标准量为横坐标，相应的吸光度为纵坐标作图可得一直线，此直线的延长线在横坐标轴上交点到原点的距离相应的质量即为原始试样中待测元素的量。

6.4.4 总结

原子吸收光谱法测定的是良好分离的气态原子吸收的辐射量。原子发射光谱法测定的是由热或其他途径激发的原子发射的光量。原子吸收光谱仪采用空心阴极灯作光源或高聚焦短弧氙灯作为连续光源，用火焰或石墨炉原子化样品。在发射光谱中，火焰或等离子体既可用来原子化又可用作激发光源。连续光源—原子吸收光谱仪和电感耦合等离子—原子发射光谱仪的发展大大提高了元素同步分析能力，使得原子光谱法成为测定食品中微量元素的有效工具。

参考文献

[1] [美] S·苏珊娜·尼尔森（S. Suzanne Nielsen）著. 食品分析 [M]. 第2版. 杨严俊等译. 北京：中国轻工业出版社. 2002.
[2] 邹红海，伊冬梅. 仪器分析. 宁夏：宁夏出版社，2007.
[3] 何金兰，杨克让，李小戈. 仪器分析原理. 北京：科学出版社，2002.
[4] 朱明华，胡坪. 仪器分析. 北京：高等教育出版社，2008.
[5] 汪素萍. 连续光源原子吸收光谱仪. 现代仪器，2005.
[6] 周艳明，赵晓松. 现代农业仪器分析. 北京：中国农业出版社，2003.
[7] 刘志广，张华，李亚明. 仪器分析. 大连：大连理工大学出版社，2004.
[8] Moore G L. Introduction to Inductively Coupled Plasma Atomic Emission Spectrometry. Elsevier，New Yolk，1989.
[9] Skoog D A. Principles of Instrumental Analysis. 3rd ed. W. B. Saunders，Philadelphia，PA，1985.

第 7 章　色谱分析法

7.1　色谱法基本原理

7.1.1　简介

随着科学技术的发展，色谱分析法在分析技术领域具有越来越重要的影响和地位。其中气相色谱（gas chromatograph，GC）已达到了非常成熟的水平，分离效果接近其理论极限，而高效液相色谱（high performance liquid chromatography，HPLC）则处于快速发展阶段。

可用于色谱分析的物质种类非常广泛，非常适用于具有热稳定性的挥发性化合物的分析，而糖、低聚糖、氨基酸、多肽和维生素、农药残留等物质更适合采用 HPLC 技术进行分析测定。现代色谱分析技术作为最有效的分离技术，正越来越广泛地用于食品原料和成品的鉴定及质量控制。

7.1.2　分离原理

色谱法是指基于样品（或称为溶质）在流动相与固定相中的分配系数或平衡常数的差异而使样品得到分离的一大类方法的总称。流动相可以是气体、液体或者超临界流体，固定相可以是液体或者固体。

根据分离原理，色谱法可分为几种不同的分离方法。表 7-1 列举了一些采用不同的流动相、固定相发展起来的色谱方法。由于溶质分子与流动相或固定相的相互作用的性质不同，因此可用于分离不同类型的样品分子。需要强调的是，任何一个分离模式都可能会涉及一个以上的分离机制，例如，分配色谱往往也会涉及吸附机制。

表 7-1　不同色谱方法的特点

方法	流动相/固定相	保留变化规律
气固色谱	气体/固体	分子大小/极性
反相色谱	极性液体/非极性液体或固体	分子大小/极性
正相色谱	较低极性液体/较高极性液体或固体	分子大小/极性
离子交换色谱	极性液体/离子化固体	分子电荷大小
分子排阻色谱	液体/固体	分子大小
亲和色谱	水/结合位点	特殊结构

7.1.3　常用色谱技术

7.1.3.1　气固色谱

气固色谱是色谱中的一个非常特殊的领域，其分离过程中无需采用液相。适用于水或其他极易挥发物质的分离。

7.1.3.2　液固色谱

液固吸附色谱是色谱中最早发展起来的一种分离技术。固定相（吸附剂）通过与待分离样品之间不同的相互作用进行选择性地分离。目前认为在色谱吸附中起主要作用的有范德华力、静电力、氢键力、疏水相互作用等分子间作用力。

7.1.3.3　液液色谱

液液色谱的分离机理是溶质按照分配系数的大小在两相间分配，因此又称为液液分配色谱。液液色谱系统通过改变两相的性质，两相中极性较大的固定液常常固定在惰性载体上，而极性较小的流动相则用来洗脱样品组分，即称为正相色谱，与此相反，使用非极性固定相和极性流动相则为反相色谱。

正相色谱可用于分离极性的亲水性物质，如氨基酸、碳水化合物和水溶性植物色素，反相色谱可用于亲油性组分的分离，如脂类和脂溶性色素的分离。非极性键合固定相（如硅胶键合上 C_8 或 C_{18} 基团）用极性溶剂洗脱则称为反相色谱。目前在 HPLC 中已经普遍采用，并有品种众多的极性和非极性固定相可供使用，在食品和饲料的维生素分析中也得到广泛应用。

7.1.3.4 离子交换色谱

离子交换色谱（ion exchange chromatography，IEC）利用被分离组分与固定相之间发生离子交换的能力差异来实现分离。离子交换色谱的固定相一般为离子交换树脂，树脂分子结构中存在许多可以电离的活性中心，待分离组分中的离子会与这些活性中心发生离子交换，达到离子交换平衡，从而在流动相与固定相之间形成分配。固定相的固有离子与待分离组分中的离子之间相互争夺固定相中的离子交换中心，并随着流动相的运动而运动，最终实现分离。吸附固定相的功能基团决定了交换离子是阳离子还是阴离子。阳离子交换介质含有共价结合的负电荷功能基团，而阴离子交换介质则含有可结合的正电荷基团。离子交换色谱适用于下面三类物质的分离：①非离子型化合物与离子型化合物；②阴离子与阳离子；③相似电荷类型的混合物。在前两种情况中，一种物质可结合到离子交换介质上，而其他物质则不能。

离子交换色谱通常被应用于氨基酸、糖、生物碱和蛋白质的分离。许多药物、脂肪酸、水果中的酸类及可离子化的化合物也都可用离子交换色谱进行分离。

7.1.3.5 排阻色谱

排阻色谱（size exclusion chromatography，SEC），也称为分子排阻色谱、凝胶渗透色谱（GPC）和凝聚过滤色谱（GFC），是按分子大小顺序进行分离的一种色谱方法，体积大的分子不能渗透到凝胶孔穴中去而被排阻，较早的淋洗出来；中等体积的分子部分渗透；小分子可完全渗透入内，最后洗出色谱柱。这样，样品分子基本按其分子大小先后排阻，从柱中流出。它广泛应用于生物科学中的大分子分离，如蛋白质和天然多糖，也可用于人工合成高聚物的分离和定性，以及测定其分子量。因 SEC 的洗脱条件温和，所以更适合生物活性物质的分离，同时也是高分子物质（如蛋白质）透析除盐的快速有效的方法之一。

7.1.3.6 亲和色谱

亲和色谱（affinity chromatography，AC）是以溶质分子与固定在色谱固定相上的配位体之间专一的、可逆的相互作用为基础的分离模式。一般采用具有高度特异亲和性的物质作为固定相，利用与固定相不同程度的亲和性，使成分与杂质分离的色谱法。常见的亲和色谱配位体有多种。专一性强的配位体如抗体，只与一种特殊的溶质结合，专一性较低的配位体如核苷酸类似物和凝集素则可与某些类型的溶质结合。

亲和色谱除了用于分离和纯化酶及糖蛋白外，还用于超大分子结构物质的分离，如细胞和病毒等；以及对蛋白质溶液进行浓缩；研究结合机理；测定平衡常数。

7.1.4 其他色谱技术

尽管具体采用的色谱方法和技术有所不同，其原理都是大致相同的。如纸色谱、薄层色谱、液相柱色谱虽然都能使用液相固定相，但各种模式的固定相的物理形式却是完全不同的。

7.1.4.1 纸色谱

纸色谱法（paper chromatography）是利用滤纸作固定液的载体，把试样点在滤纸上，然后用溶剂展开，各组分在滤纸的不同位置以斑点形式显现，根据滤纸上斑点位置及大小进行定性和定量分析。

7.1.4.2 薄层色谱

薄层色谱法（thin layer chromatography，TLC）是将适当粒度的吸附剂作为固定相涂布在平板上形成薄层，然后用与纸色谱法类似的方法操作以达到分离的目的。最常用的薄层色谱属于液固吸附色谱。常用硅胶、氧化铝、硅藻土和纤维素等四种吸附剂，由于分析速度更快、灵敏度更高和重现性更好而取代了纸色谱。

吸附在食品工业中，TLC应用于各种化合物的分析与分离，包括脂类、有毒物质、杀虫剂、碳水化合物、维生素、氨基酸、多肽和蛋白质。另外薄层色谱法还广泛应用于包括环境、医药、食品和化妆品等的许多领域。

7.1.4.3 柱色谱

柱色谱（column chromatography）是将固定相装在一金属或玻璃柱中或是将固定相附着在毛细管内壁上做成色谱柱，试样从柱头到柱尾沿一个方向移动而进行分离的色谱法，是分离混合物中组分的最有效方法。

目前常用的有四种方法，分别是经典液相色谱系统、气相色谱、高效液相色谱和超临界流体色谱。以下主要介绍气相色谱和高效液相色谱两种。

7.2 气相色谱

7.2.1 分离机制

7.2.1.1 概述

气相色谱（GC）有多种类型或原理的色谱分离。不仅依靠吸附、分配或排阻色谱来分离，同时还依靠溶质的沸点作为额外的分辨能力，因此，其分离能根据溶质几种不同的性质来完成。这样就使得GC具有与大多数其他类型的色谱不同的分离能力。为了更好地优化GC的分离效率，使分析进行得更快、成本更低，或者具有更好的精确度和准确度，有必要对影响GC的分离因素进行简单的讨论。

7.2.1.2 分离效率

良好的分离要求具有较窄的峰形，对化合物进行定性分析时，能达到基线分离是最理想的。通过色谱柱时峰展宽越大，柱效及分离度就越差。填充柱大约有3000～4000个塔板，其塔板理论高度（HETP）在0.1～1mm左右。

7.2.2 操作方法

7.2.2.1 样品预处理

(1) 简介　将待分析的化合物采用化学反应的方法转变成另一种化合物，此称为衍生物的制备，然后再对衍生物进行色谱分析。预处理的优点是：①许多化合物挥发性过低或过高，极性很小或热稳定性差，不能或不适于直接取样注入色谱分析仪进行分析，其衍生物则可以很方便地进入色谱仪；②一些难于分离的组分，转化成衍生物则便于分离和进行定性分析；③用选择性检测器检测可获得高灵敏度的衍生物；④样品中有些杂质因不能成为衍生物而被除去。

(2) 顶空方法　从食品中分离挥发性化合物最简单的方法之一是采用顶空蒸气直接进样

分析，但这个方法的灵敏度达不到痕量分析的要求。因此往往需要采用顶空浓缩技术（经常称为动态顶空或清洗-捕集法）。此法是先让大体积的顶空蒸气通过冷捕集器，或者采用相对复杂的萃取或吸附捕集器。冷捕集器可收集顶空蒸气中所有的组分和水分，即食品芳香味的水溶性馏出物。而吸附捕集器不吸附水，具有分离挥发性组分的能力（捕集器的材料对水几乎没有吸附）。

(3) 蒸馏方法　蒸馏工艺可从食品中分离出挥发性化合物，并用于气相色谱分析。但从食品中蒸馏出的挥发性组分的浓度往往非常低，必须采用有机溶剂萃取馏出组分并进行浓缩。现在最普遍使用的是改进的 Nickerson-Likens 蒸馏法。此法方便且效率较高，但所用的萃取溶剂、消泡剂、蒸汽、温度等各因素会引起化学反应。

(4) 溶剂萃取　溶剂萃取法是从食品中提取挥发物的常用方法。典型的溶剂萃取涉及有机溶剂的使用（除了糖、氨基酸或一些其他的水溶性组分外）。采用有机溶剂的萃取方法也仅仅限于从无脂食品（如面包、水果、蔬菜、酒精类饮料等）中分离挥发物，或者必须使用另外的方法从分离的挥发物中萃取出脂肪，否则将干扰后面的浓缩及 GC 分析。如果能够进行多次萃取并在萃取过程中充分摇晃萃取物，分批萃取也能够达到很高的效率。

(5) 固相萃取　固相萃取法与传统的液-液萃取法相比，具有明显的优势：①需要的溶剂更少，速度更快；②具有更高的精密度和准确度；③只需最少量的溶剂蒸发就可进行进一步的分析（如气相色谱分析）；④已经完全自动化。

固相微萃取法（SPME）是固相萃取法最新改进的方法，具有简便、无需溶剂、高灵敏度和高精确度的优点，其关键影响因素为纤维丝的寿命，如果其损坏后，必须及时更换纤维丝，否则就会产生新旧纤维丝之间存在的重现性问题，从而影响分析结果。

(6) 直接进样　理论上可采用将食品直接进行色谱分离的方法来对某些食品进行分析。然而直接进样会带来一些问题，如食品中的非挥发性物质的热降解会造成 GC 柱的污染及破坏，食品样品中的水分会引起分离效率下降，非挥发性物质对柱子和汽化室造成的污染，此外，食品中挥发物的缓慢蒸发也会使柱效下降。

(7) 样品衍生化进样　用 GC 进行测定的化合物在 GC 使用的分离条件下必须是热稳定的。而对于那些热不稳定、挥发性太低的（如糖、氨基酸），或者因极性太强（如酚和酸）分离较差的化合物，在 GC 分析前就必须进行衍生化是非常必要的。

7.2.2.2　仪器与柱子

GC 的主要部件是气源、调节阀、汽化室、色谱柱、检测器、电子控制和记录仪/数据处理系统。组分能否分开，关键在于色谱柱；分离后组分能否鉴定出来则在于检测器，所以分离系统和检测系统是仪器的核心。

(1) 载气供应系统　气相色谱至少需要一种载气，而检测器则可能需要多种载气（如氢火焰离子化检测器需氢气和空气）。所用的气体必须是高纯度的。所有的气体流路（管路）必须是清洁的。同时应配备气体净化器，以除去气体中的水分和杂质。

(2) 汽化室　汽化室是使样品进行气化的区域，由注射器（人工或自动）来完成进样。汽化室配有一块软隔膜，可让注射器针头穿透并进样，同时又可保持其气密性。样品在汽化室中蒸发后通过柱子得以分离。其蒸发过程能够瞬间发生汽化（标准汽化室），或者缓慢地进行（程序升温汽化室或柱头进样装置）。具体的条件选择取决于分析样品。

针对不同的样品和仪器要求，在此有几种不同的汽化室可供选择，其中包括标准加热部件、程序升温和柱头进样装置。在分流进样模式下，样品可以用载气稀释并分流（1∶50～1∶100），即只有一定比例的分析物进入了柱内。这是由于毛细管柱的容量有限，只能减少进样体积，以得到有效的色谱分离。

对于程序升温汽化室，首先将样品导入环境温度中，然后程序升温至某一所需温度。而柱头进样技术实际上是样品直接进入GC柱温或室温下的柱子中，至于采用哪种技术主要取决于那些对温度较为敏感的待分析组分。

进样方式分为手动进样和自动进样。手动进样是GC分析中造成精密度误差较大的一个最主要的因素。现在越来越多地采用自动进样，这不仅大大提高了分析精密度，也节省了工作时间。

(3) 色谱柱温室　色谱柱温室控制柱子的温度，当采用恒温条件进行分析时，化合物的洗脱时间和分离度均主要取决于温度。虽然更高的温度可使得样品洗脱更快，但往往会使得分离度下降。程序升温的进样常常可在较低的柱室温度下进行，然后再程序升温至某一温度，程序升温更适合于复杂样品及宽沸程样品的分离，因此使用更为普遍。

(4) 色谱柱　GC柱包括填充柱和毛细管柱。虽然早期大多采用填充柱，但毛细管柱在实际运用时的优势要明显得多。因此，目前GC大多均采用毛细管柱。

毛细管柱为中空熔融石英管，柱壁非常薄，十分容易弯曲。柱外壁涂有高聚物材料，用以增加强度。一般分为微径柱（内径0.1mm）、普通柱（内径0.2～0.32mm）或者大口径柱（内径0.53mm）。柱长在15～100m左右，固定液以化学键合形式固定在柱上，厚度为0.1～5μm左右。

(5) 固定相　色谱柱所用的固定相是分离的关键因素，随着GC发展到采用毛细管柱以后，柱效取代了固定相的选择性而成为影响分离效率的重要因素（即使所用固定相并没有很好地符合分离要求，其高柱效也能够使样品得以很好地分离）。最耐用和有效的固定相是那些以多聚硅醇基团（—Si—O—Si—）为基质的硅酮类固定液。

(6) 检测器　有许多检测器可用于GC分析中。每种检测器在灵敏度或选择性等方面都各有其优点。最常用的检测器有氢火焰离子化检测器（flame ionization detector，FID）、热导检测器（thermal conductivity detector，TCD）、电子捕获检测器（electron capture detector，ECD）、火焰光度检测器（flame photometric detector，FPD），这些检测器的特性在表7-2中作了简要总结。

表7-2　气相色谱检测器的特性

性能	TCD	FID	ECD	FPD	PID
选择性	通用检测器，几乎可检测所有物质包括H_2O	大部分含C、H有机化合物	含卤素、N或共轭双键化合物	含S或P化合物	取决于光源离子化的能量
灵敏度	大约为400pg；灵敏度较低	大部分有机化合非常好	极好	极好：含S化合物，2pg；含P化合物，0.9pg	1～10pg，依据化合物和光源而定。极好
线性范围	10^4，反应易变成非线性	10^6～10^7 极好	10^4 较差	含P化合物为10^4；含S化合物为10^3	10^7 极好

(7) 色谱联用技术

GC色谱联用技术是指GC与其他定性分析技术的结合。例如，GC-AED（原子发射检测器）、GC-FTIR（傅里叶红外光谱仪）和GC-MS（质谱仪）。当GC与这些技术建立联用后，就具有了强大的分析能力。GC提供分离手段，而与之联用的技术则提供了检测器。GC-MS在挥发性化合物的鉴定方面（见第8章节）早就被认为是最有价值的工具。然而MS在此是作为GC的一个特殊的检测器，有选择性地对相应目标分析物产生的离子碎片进行聚焦。在GC-FTIR中也同样如此，FTIR也是作为GC的检测器使用。

在目前的新型的组合GC-AED技术中，GC柱的流出物进入微波产生的氦等离子体，激发了分析物中的原子，使原子放射出具有自身特征波长的光，并采用与液相色谱相似的二极管阵列检测器监控，就得到了一种非常灵敏和特异性的元素检测器。

7.2.3 总结

GC特别适合于挥发性及热稳定性的化合物的分离检测，具有极强的分离能力，并配备了灵敏度高和选择性好的检测器，在食品生产和科研工作中得到了广泛应用。了解GC要素的特性和基本色谱理论，对妥善处理分离度、柱容量、分析速度和灵敏度是十分必要的。另外，GC作为分离技术与AED、FTIR和MS等结合，使得GC成为更有力的工具，这样的联用技术很可能会继续得到改进和发展。此外，GC在分离度和灵敏度等方面都几乎已经达到了理论极限，因此，很难再有显著的变化。

7.3 高效液相色谱

7.3.1 原理

7.3.1.1 概述

高效液相色谱（high performance liquid chromatography，HPLC）即高压液相色谱(high pressure liquid chromatography)，反映了由高操作压代替了原先的低柱压。HPLC比传统低压柱液相色谱的优越之处如下：

① 速度快（许多分析可以在30min或更短的时间内完成）；

② 分离度改善（相近组分可以很好地分离）以及更高的灵敏度（多种检测器可供使用）；

③ 可反复使用的柱子的应用（尽管购买时价格很贵，但柱子能用很多次）；

④ 对离子型和高分子低挥发性物质的检测非常理想；

⑤ 样品回收方便。

任何能溶于流动相溶液的化合物都可用HPLC来进行分离。当采用液相色谱时，可对待分析样品进行衍生化处理以提高对分析物质的检测能力。HPLC除了当作一门分析技术使用外，还可以制备从毫克级至克级规模的高纯度化合物。

HPLC用于食品原料分析开始于20世纪60年代，最早用于分离糖类化合物，但HPLC很快在其他食品领域也得到了广泛的应用，包括氨基酸、维生素、有机酸、脂类、果蔬中的杀虫剂残留和毒素的分析。现在HPLC则更广泛地应用于与食品相关的分析领域。

7.3.1.2 HPLC的分离模式

所有液相色谱分离包括吸附、分配、离子交换、排阻和亲和色谱的基本物化原理前面已经进行了介绍。由于键合相在HPLC上的成功应用，所以HPLC所用的分离模式的种类要多于经典液相色谱，目前，反相HPLC已成为现代柱色谱中应用最广泛的一种分离模式。

(1) 正相色谱　在正相HPLC中，固定相是极性吸附剂，如裸露的硅胶采用化学修饰方法偶联上的诸如醇、羟基、氰基或氨基等极性非离子官能团与裸露的硅胶相比有下列优点：溶质-固定相相互作用更温和，表面更均匀，其结果是分离得到的峰形更好。

正相HPLC的流动相是由非极性溶剂组成，如正己烷，可通过加入一些极性更大的改性剂，如二氯甲烷，以增加溶剂洗脱强度和选择性。必须认识到特定的溶剂的洗脱强度仅与色谱分离模式有关，例如，庚烷在正相色谱中是一个弱的溶剂，而在反相色谱中却是一种非常强的溶剂。

(2) 反相色谱　超过70%的HPLC分离是在反相色谱上进行的。反相色谱中最常用的固定相是化学键合相，通过烃基氯硅烷与硅胶表面的硅醇基团反应制得的十八烷基硅烷(ODS)键合相是最常用的反相填充材料。

许多以硅胶为基质的反相色谱柱都可直接购买，下列几种情况可导致其色谱行为的不同：

① 键合至硅胶基质上的有机基团的种类，如C_{18}与苯基；

② 有机链的长度，如C_8与C_{18}以及单位体积填充料表面有机链的数目；

③ 载体颗粒的大小与形状；

④ 游离硅醇基团的比例。

高分子填充料大大降低了因硅醇基团残留而引起的问题，提高了填充材料对pH的稳定性，并提供了更多的选择性参数。反相色谱HPLC通常使用甲醇、乙腈或者是四氢呋喃和水的混合液作为它的极性流动相。目前，反相HPLC已被广泛应用，在此，只讨论一些重要的与食品有关的应用。反相色谱已经成为分析各种食物蛋白质最常用的HPLC模式，采用这种方法既可对蛋白质进行分离，也可以对其进行定性分析。另外反相HPLC还可以对水溶性和脂溶性维生素（第16章节）进行分析。离子对反相色谱可用于解决碳水化合物在C_{18}键合相上的分离。配有包括RI、UV、光散射和LC-MS等各种检测手段的反相HPLC已经应用于脂类的分析。抗氧化剂如二叔丁基对甲酚（BHT）、2,3-丁基-4-羟基茴香醚(BHA)，经反相色谱分离后，可用UV和荧光同时进行检测分析。

离子交换HPLC常常采用功能性有机树脂作为填充材料，称为磺酸类或胺类（苯乙烯-二乙烯苯）聚合体，与交联度小于8%的微孔树脂相比，大孔树脂由于其更大的刚性和永久性的多孔结构更适用于HPLC柱。另外，也可采用薄壳型填料，但缺点是单位重量填料上的离子交换基团的数目有限。

以硅胶为基质的键合相离子交换剂，由于化学键合相提供的功能基团聚集在表面，因此离子交换速度快、分离效率高。然而，当使用其他形式以硅胶为基质的填料时，流动相的pH必须加以控制。

离子交换HPLC的流动相通常是水溶性缓冲液，通过调节流动相的离子强度或pH，就可控制溶质的保留时间，离子强度增加使得流动相组分与溶质竞争固定相的结合位点的能力增强，使溶质的保留时间下降。

离子交换HPLC从简单无机离子的检测、碳水化合物和氨基酸的分析到蛋白质的制备和纯化，都得到了广泛的应用。另外，离子交换一直是蛋白质甚至多肽分离的最有效的方法。

(3) 排阻色谱　排阻色谱仅靠溶质分子的大小来分离，这种色谱模式实际有效的分离体积有限。因此，所谓“高性能”HPLC通常只是指具有2000～20000理论塔板数而已，对排阻色谱没有太大的价值。而使用小颗粒填充材料的优势在于速度快，若采用5～13μm的颗粒，其分离时间≤60min，与此相比，若采用30～150μm的颗粒的经典柱子，则分离时间可长达24h之久。

排阻色谱流动相的选择主要取决于样品溶解度、柱相容性和溶质-固定相之间相互作用等因素。水性缓冲液用于生物大分子，如蛋白质和核酸，这样既可保持生物活性，又可防止发生相互间的吸附作用。若在流动相中加入四氢呋喃或二甲基酰胺，则可在大分子样品的排阻色谱中起到确保样品溶解的作用。

（4）亲和色谱 亲和色谱是根据待纯化分子能够与另一种分子形成可逆的特异性相互作用，而后者又可固定在色谱固定相表面的原理来进行分离。亲和色谱可用于纯化许多糖蛋白。金属螯合亲和色谱不涉及生物选择性，其配位体是由固定化的亚氨二乙酸组成，可与Cu^{2+}或Zn^{2+}等多种金属离子结合。一些蛋白质与这些金属离子间的配位作用是分离的基础。

7.3.2 仪器与色谱柱

基本的HPLC系统的示意图如图7-1所示。以下将简要介绍这个系统的主要部件——泵、进样装置、柱子、检测器以及构成这些部件的原材料，其中原材料也非常重要，因为它会影响系统的性能和使用寿命。

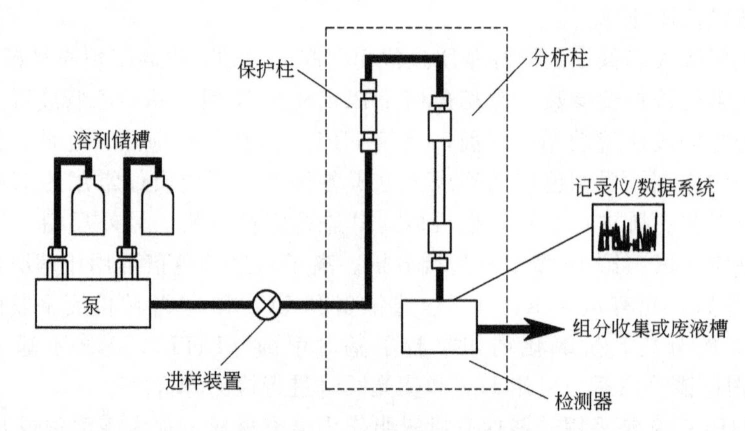

图7-1 高效液相色谱示意图
虚框内的柱和检测器可恒温调节，以便在高温下操作

7.3.2.1 泵

泵是HPLC的动力装置，它可使流动相在准确而又精密的条件下通过系统，流速通常为1mL/min。目前主要使用的两种泵主要是恒压泵和恒流泵。HPLC的梯度洗脱系统可以使流动相在进入高压泵前低压混合，或采用两个或更多的相互独立的可编程泵高压混合。

由于无机酸和卤素离子可侵蚀不锈钢HPLC泵原件，因此，如果系统使用这些物质时，应该及时用水进行彻底冲洗。泵的运动部件如单向阀和活塞，对泵入的液体中的灰尘和颗粒物质都非常敏感，因此流动相在使用前先经0.45μm或0.22μm孔径的滤膜进行微滤。同时也可以采用真空/超声波或者氦气鼓泡对HPLC洗脱液进行脱气，以防止因气泡混在泵或检测器中而引起有关问题。

7.3.2.2 进样装置

进样装置的作用是把样品注入动态的流动相，从而引入柱子中。HPLC系统的进样阀使进样与洗脱系统的高压隔离开来，这样的进样装置一般不会发生故障，并提供了较好的精度，使测样更准确。

一般HPLC分析常用六通进样阀（以美国Rheodyne公司的7725和7725i型最常见）。由于阀接头和连接管死体积的存在，柱效率低于隔膜进样（约下降5%～10%左右），但耐高压（35～40MPa），进样量正确，重复性好（0.5%），操作方便。近年来，自动进样得到了越来越广泛的应用，其适用于大量样品的常规分析。

7.3.2.3 柱子

一根HPLC柱子可以认为是组分分离的最核心的部件。由于柱子的外部组件和内部填料都非常重要，因此，将这两个问题分别进行介绍。

(1) 柱组件　HPLC柱通常是由不锈钢制成的，其两端可分别连接系统进样装置和检测器（图7-1)。色谱柱也有采用玻璃、熔融石英、钛和PEEK（polyether ether ketone）树脂制成的。从5cm×50cm（或更大）的制备柱到壁涂毛细管柱，多种类型和尺寸的柱子都可直接购买。

(2) 预柱和保护柱　在HPLC分析柱前的辅助柱称为预柱，是对流动相及泵头产生的颗粒杂质进行过滤，成分主要是Si填料，作用是预饱和流动相，可减少酸碱性条件下分析柱的键合相流失。在酸性条件下，预柱一般用C_{18}和C_8填料，以此来保护同类型的分析柱键合相流失。而在碱性条件下，预柱用Si填料，预饱和流动相来保护分析柱上Si—O—Si键的断裂。

用来保护分析柱的短柱（≤5cm）称为保护柱，它可保护分析柱不受强吸附样品组分的污染。柱材料通常为各种有键合相的填料，在分析柱前，为不影响实验结果，一般较短，并且与分析柱的填料和内径要一样。

因此，预柱是保护分析柱减少流动相的影响；保护柱是保护分析柱减少样品的影响。

(3) 分析柱　色谱柱按用途可分为分析型和制备型两类，尺寸规格也不同：①常规分析柱（常量柱），内径2～5mm（常用4.6mm，国内有4mm和5mm），柱长10～30cm；②窄径柱［narrow bore，又称细管径柱、半微柱（semi-microcolumn)］，内径1～2mm，柱长10～20cm；③毛细管柱［又称微柱（microcolumn)］，内径0.2～0.5mm；④半制备柱，内径>5mm；⑤实验室制备柱，内径20～40mm，柱长10～30cm；⑥生产制备柱内径可达几十厘米。柱内径一般是根据柱长、填料粒径和折合流速来确定，目的是为了避免管壁效应。

最近几年更小内径的柱子的使用正在增加，其优点如下：

① 减少了流动相和固定相的使用量以及峰扩散（这样可以增加峰浓度和检测灵敏度)；

② 采用程序升温增加了分离度；

③ 减少平衡时间；

④ 能使HPLC与质谱仪（MS）联用。

(4) HPLC柱填料　种类丰富的填料的发展为HPLC的广泛应用打下了坚实的基础。在经典的液液色谱中，填料只起支持作用，而固定液停留在固定相的孔径中。在排阻色谱中，由于分离是完全基于分子量大小不同而实现的，因此，防止溶质与填料之间发生相互作用十分重要。在包括离子交换和亲和色谱等的吸附色谱中，柱填料同时起到了载体和固定相的作用。同时窄的颗粒直径范围、使用性能优良、有足够的机械强度耐受在装填和使用时所产生的压力、良好的化学稳定性对于HPLC柱填料也是至关重要的。

高效液相色谱柱填料的种类如下所述。

① 硅胶基质填料

a. 正相色谱。正相色谱用的固定相通常为硅胶（silica）以及其他具有极性官能团，如胺基团（NH_2，APS）和氰基团（CN，CPS）的键合相填料。由于硅胶表面的硅羟基（SiOH）或其他极性基团极性较强，因此，分离的次序是依据样品中各组分的极性大小，即极性较弱的组分最先被冲洗出色谱柱。正相色谱使用的流动相极性相对比固定相低，如正己烷（hexane)、氯仿（chloroform)、二氯甲烷（methylene chloride）等。

b. 反向色谱。反向色谱用的填料常是以硅胶为基质，表面键合有极性相对较弱官能团的键合相。反向色谱中通常使用水、缓冲液与甲醇、乙腈等极性较强的流动相。样品流出色谱柱的顺序是极性较强的组分最先被冲洗出，而极性弱的组分会在色谱柱上有更强的保留。常用的反向填料有 C_{18}(ODS)、C_8(MOS)、C_4(butyl)、C_6H_5(phenyl) 等。

② 聚合物填料　聚合物填料多为聚苯乙烯-二乙烯基苯或聚甲基丙烯酸酯等，其重要优点是在 pH 值为 1～14 均可使用。相对于硅胶基质的 C_{18} 填料，这类填料具有更强的疏水性；大孔的聚合物对蛋白质等样品的分离非常有效。现有的聚合物填料的缺点是相对硅胶基质填料，色谱柱柱效较低。

③ 其他无机填料　其他 HPLC 的无机填料色谱柱也已经商品化。由于其特殊的性质，一般仅限于特殊的用途，如，石墨化碳正逐渐成为反向色谱柱填料。该柱填料一般比烷基键合相硅胶或多孔聚合物填料的保留能力更强。石墨化碳可用于分离一些几何异构体，由于在 HPLC 流动相中不会被溶解，这类柱可在任何 pH 与温度下使用。氧化铝也可以用于 HPLC。氧化铝微粒刚性强，可制成稳定的色谱柱柱床，其优点是可以在 pH 高达 12 的流动相中使用。但由于氧化铝与碱性化合物的作用也很强，其应用范围受到一定限制。

7.3.2.4　检测器

检测器是把 HPLC 柱洗脱液中组分浓度的变化转换成电信号的装置，溶质的光化学、电化学或其他性质可通过各种仪器进行测定，每种检测方法都有其优缺点，具体选择哪种方法，要根据检测的条件和要达到的目的而定。目前使用最广泛的 HPLC 检测器主要是紫外可见光（UV-Vis)、荧光、示差折光、电化学分析检测器（见第 6 章的 UV-Vis 和荧光分光光度计的详细讨论)，其他检测器，如光散射或光度计也能用于对 HPLC 洗脱液中分析组分的检测。在一个与食品相关的应用中，由二极管阵列与荧光、电化学检测器组合成的多检测器的 HPLC 系统可监测多种不同类型的美拉德反应产物（如羟甲基糖醛）和它的反应动力学。

(1) 紫外可见光检测器　紫外可见光检测器是 HPLC 中最常用的分析检测器，其应用范围较为广泛，可检测含发色基团的化合物（包括酮、共轭芳香族化合物及一些无机的离子与复合物)，检测器的灵敏度和响应值取决于分析组分的发色基团。

目前主要有三种类型的紫外可见光检测器：固定波长型、可变波长型和二极管阵列式，而 HPLC 最流行采用的检测器是可变波长检测器，使用氚灯和钨灯分别作为发射紫外和可见光的光源，通过转动单色器即可改变操作波长。

二极管阵列检测器能够比单波长检测器提供更多的有关样品组分的信息。这种仪器所有的光源都来自氘灯，并发射至位于硅片上阵列的发光二极管形成光谱。利用发光二极管阵列检测器确认混合物中的组分，并分析其纯度（在峰前沿和尾部之间吸收光谱的不同表示存在没有分离的杂质)。以及常规分析工作中需了解更多组分峰信息而言是非常有用的。

(2) 荧光检测器　一些有机化合物在紫外可见光照射下，吸收了某种波长的光之后会发射出比原来所吸收的光能量更低的一种光，这就是荧光，通过测定荧光的强弱来了解有机化合物的信息即为荧光检测法。荧光检测法兼具选择性和高灵敏性的优点，检测相同的化合物时，可提供比吸光光度法低 100～1000 倍的检测限。由于荧光检测器是痕量分析的非常理想的选择，所以，该法已经广泛用于食品和营养强化剂中各种维生素的测定、储存的谷物产品中黄曲霉毒素检测，以及废水中多环芳香族碳氢化合物的检测。

(3) 示差折光检测器　示差折光检测器（RI）是一种通用型检测方法，是通过检测溶解在流动相中的分析组分所引起的折光系数的变化来测量分析组分的浓度。但 RI 由于测定的是整个洗脱液，因此，其灵敏度要低于其他特异性方法，其峰形可以是正的也可以是负的，具体取决于分析组分与洗脱液的折光系数的相对大小。RI 广泛用于那些不含紫外吸收发色基团的分析组分的检测，如碳水化合物和脂类。

(4) 电化学检测器 用于 HPLC 检测的两个电分析方法是基于分析组分的氧化-还原反应性质和洗脱液的电导率的变化，具有较高的选择性（不发生反应的化合物没有响应）和灵敏度，往往比紫外检测法要高 10^4 倍。电导检测法主要用于从弱离子交换柱上洗脱下来的无机阴、阳离子和有机酸的测定。它的主要应用是作为离子交换色谱的检测器。

(5) 其他 HPLC 检测器 近年来，光散射检测器已为大家所熟知，其流动相被喷入热空气流中，蒸发掉挥发性的溶剂，只留下雾状的非挥发性分析组分，这些液滴或颗粒因为发出散射光而被检测到。这种方法已作为示差折光检测法的替代方法而用于脂肪、脂类和碳水化合物的检测。同时，光散射检测器对排阻色谱分离检测高分子物质非常有用。黏度检测器是另一种特殊的检测器，也可用于排阻色谱的高分子物的分离检测，辐射检测器广泛用于经放射标志的药物动力学和代谢的研究中。

(6) 联用分析技术 为了获得更多的有关分析组分的信息，HPLC 的联用分析技术发挥出了重要作用。如红外仪（IR）、核磁共振仪（NMR），或质谱仪（MS）（分别见第 6 和 8 章节），这种方法称之为联用技术。随着现代仪器的发展，液相色谱与质谱的联用技术已经得到了飞速发展，被广泛应用于各种领域。

7.3.3 样品制备和数据评估

HPLC 方法的成败最终取决于样品制备是否可行。萃取效率、分析稳定性等可变量和化学或酶法预处理的连贯性必须在每个样品制备步骤中都加以考虑，当分析微量成分如维生素 B_6 化合物或叶酸时尤为重要，随着机器人技术的发展，样品制备将变得更加自动化，现在它们已经能够自行进行萃取、衍生化、准备溶液、使用固定相组件以及蒸发和离心等工作。

这些从 HPLC 分析中得到的数据必须从几个方面进行评估，正如前文所述，未知样品和标样的保留时间并不能证明这两个化合物是同一种物质，还需要用其他技术进一步确定，例如：

① 样品峰在加入一些标样后，仅仅是峰高有所增加，保留时间、峰宽和峰形都应当保持不变。

② 二极管阵列检测器能提供指定峰的吸收光谱，虽然同样的光谱不能证实样品与标样峰是相同的物质，但不同的光谱却可以证明它们是不同的化合物。

③ 在缺乏光谱扫描能力的情况下，样品与标样的色谱图每个都用两种不同波长进行检测。在这些波长下，如果样品与标样是同一物质，两者的峰面积之比应当是相同的。

此外，HPLC 定量分析的有效性需要定期进行确认，包括仪器所用检测器和分析组分的回收率。

小结

气相色谱目前在食品工业和科研领域都得到了广泛应用。气相色谱法具有极强的分离能力，并且配套有高灵敏度和高选择性的检测器，特别适合于挥发性、热稳定性化合物的分离。随着气相色谱技术的不断发展，气相色谱在分离度和灵敏度两方面已经达到了理论极限。与气相色谱相比，具有较强分析能力的高效液相色谱技术在食品工业中的应用日益广泛。

高效液相色谱是具有广泛用途和较强分析能力的色谱技术。种类繁多的柱填充材料为

HPLC 的广泛应用发挥了极大的作用。以硅胶为基质的键合相在 HPLC 中已经成功扩大至正相色谱和反相色谱分离模式中。采用离子交换、排阻和亲和色谱也可达到较好的分离效果。HPLC 广泛用于小分子和离子的分析，如糖类、维生素和氨基酸，并用于大分子的分离纯化，如蛋白质、核酸和多糖。而和 AED、FTIR、NMR 和 MS 等其他检测技术的联用，则是色谱技术最重要的发展方向之一。

参 考 文 献

[1] Bidingemeyer B A. 1992. Practical HPLC Methodology and Applications. New York: John Wiley & Sons, 1992.

[2] Chang S K, Holm E, Schwarz J, Rayas-Duarte P. Food (Applications Review). Analytical Chemistry, 1995, 67: 127R-153R.

[3] Matissek R, Wittkowski R. High Performance Liquid Chromatogphy in Food Control and Research. Technomic Publishing, Lancaster, PA, 1993.

[4] Nollet L M L. Food Analysis by HPLC. New York: Marcel Dekker, 1992.

[5] Krstulovic A M, Brown P R. Reversed-Phase High-Performance Liquid Chromatography. New York: Johnwiley & Sons, 1982.

[6] Heftmann E. Chromatography. 5th ed. Fundamentals and Applictions of Chromatography and Related Differential Migration Methods. Part A: Fundamentals and Techniques. Part B: Applications. Journal of Chromatography Library series Vols. 51A and 51B. Elsevier, Amsterdam, 1992.

[7] Ishii D. Introduction to Microscale High-Performance Liquid Chromatogography. New York: VCH Publishers, 1988.

[8] Smith R M. Gas and Liquid Chromtography in Anailtical Chemistry. John Wiley & Sons, Chichester, England, 1988.

[9] Gregory J F, Sartain D B. Improved chromatographic determination of free and glycosylated forms of vitamin B6 in foods. Journal of Agricultural and Food Chemistry 1991, 39: 899-905.

[10] Pfeiffer C, Rogers L M, Gregory J F. Ddetermination of folatr in cereal-grain food products using trienzyme extraction and combined affinity and reverse-phase liquid chromatography. Journal of Agricultural and Food Chemistry, 1997, 45: 407-413.

第 8 章　质　　谱

8.1　概论

质谱法是通过电场或磁场的作用将离子化的被测物质按质荷比分离而得到质谱，测量各种离子谱峰的强度而实现分析目的的一种分析方法。根据样品的质谱和相关信息，可以进行样品的定性（包括分子质量和相关结构信息）和定量分析。

质谱仪种类非常多，其工作原理和应用范围也有很大的不同。从应用角度，质谱仪可以分为有机色谱仪、无机色谱仪、同位素质谱仪和气体分析质谱仪（主要有呼气质谱仪和质谱检漏仪等）。在以上各类质谱仪中，数量最多、用途最广的是有机色谱仪。主要是气相色谱-质谱联用仪（GC-MS）、液相色谱-质谱联用仪（LC-MS）、基质辅助激光解吸飞行时间质谱仪(MALDI-TOFMS）以及傅里叶变换质谱仪（FT-MS)。本章主要介绍有机色谱仪及其分析方法。

8.2　质谱法基本原理

质谱的基本原理是将离子化的待测分子置于电场或磁场（质量分析器）中利用离子质荷比（m/z）进行分离，到达收集器后产生信号，其强度与到达的离子数成正比，所记录的信号即构成质谱。在用质谱技术检测得到结构信息以前必须包括一个额外的离子裂解阶段，通过离子的产生、分离、裂解和检测就得到了可用于解析其分子质量或结构信息的质谱图，这一过程的专一性使质谱法既可用于未知物的定量，又可用于鉴别定性。

质谱仪都必须有电离装置把样品电离为离子，利用质量分析装置把不同质荷比的离子分开，经检测器检测之后可以得到样品的质谱图。不管是哪种类型的质谱仪，其基本组成是相同的，都包括进样系统、离子源、质量分析器、检测器和控制与数据处理系统（图 8-1)。一般情况下，进样系统将待测物在不破坏系统真空的情况下导入离子源，离子化后由质量分析器分离再检测；控制与数据处理系统对仪器进行控制、采集和处理数据，并可将质谱图与数据库中的谱图进行比较。本节主要介绍有机质谱仪的基本结构和工作原理。

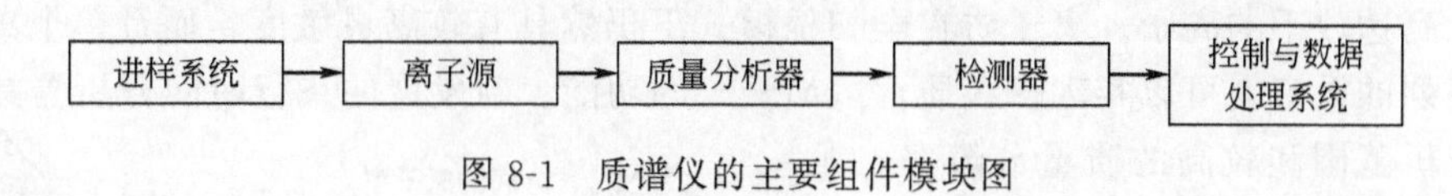

图 8-1　质谱仪的主要组件模块图

8.2.1　进样系统

质谱操作的第一步是需要把样品导入离子源，对气体或挥发性液体等纯的化合物来说，可直接将样品导入离子源室，而不需专用辅助设备或器件，这类似于气相色谱中的样品进样，这种把样品直接导入离子源室的静态法就称为直接进样法。对于挥发性很小的固体样品，样品要先放在探针顶端的小杯内或不锈钢杆上，将探针通过样品加入口放入离子源，然后加热离子源直到固体样品挥发，这样就像直接进样法一样可得到低挥发性固体物质的质谱，这种方法称为直接插入探针法。

直接进样法和直接插入探针法都适用于纯样品，但对一些组成较复杂的混合物来说，两种分析方法的应用都受到很大的限制。当样品为混合物时，通常采用动态平衡法进样。此法中样品先被分离成一个个单一组分，然后再用质谱仪分析。最典型的是气相色谱或高效液相色谱通过接口与质谱连接。接口的作用是去除多余的气相色谱载气或液相色谱中的流动相以防破坏质谱仪的真空度。

8.2.2 离子源

在很多情况下进样和离子化同时进行。离子源的作用是使试样中的原子、分子电离成离子。离子源的性能决定了离子化效率，很大程度上决定了质谱仪的灵敏度。在质谱法中应用的离子源种类很多。表 8-1 列出了质谱法中常见的电离源，主要包括电子轰击电离（EI）、化学电离（CI）、快原子轰击（FAB）、场电离（FI）和场解吸（FD）、大气压电离源（API）、基质辅助激光解吸离子化（MALDI）和电感耦合等离子体离子化（ICP）。其离子化方式主要有两种：一种是样品在离子源中以气体的形式被离子化，称为气相电离源；另一种为从固体表面或溶液中溅射出带电离子，称为解吸电离源。气相电离源一般是分析沸点小于 500℃、分子质量小于 1000Da、对热稳定的化合物；解吸电离源的最大优点是能用于测定非挥发、热不稳定、相对分子质量大到 10^5 Da 的试样。

表 8-1 质谱法中的常见电离源

基本类型	名称和英文缩写	离子化方式
气相	电子轰击(EI)	高能电子
	化学电离(CI)	反应气体
	场电离(FI)	高电位电极
解吸	场解吸(FD)	高电位电极
	快原子轰击(FAB)	高能原子束
	基质辅助激光解吸电离(MALDI)	激光光束
	二次离子质谱(SIMS)	高能离子束

8.2.3 质量分析器

质量分析器是质谱仪的关键部件，它根据 m/z 的不同精确分离各碎片。有 5 种常见的质量分析器：磁质量分析器、四极杆、离子阱、飞行时间（TOF）和傅里叶变换离子回旋加速器（FT-ICR），这些基本类型的质量分析器的组合极大地提高了常规质量分析器的性能。后来，四极杆质谱仪日渐普及。近年来随着离子阱质谱仪在仪器费用和适用性方面的改善，多级质谱应用逐渐普遍。

四极杆分析器对选择离子分析具有较高的灵敏度。目前，离子阱分析器已发展到可以分析质荷比高达数千的离子。离子阱在全扫描模式下仍然具有较高灵敏度，而且单个离子阱通过时间序列的设定就可以实现多级质谱（MS^n）的功能。新发展的飞行时间分析器具有较大的质量分析范围和较高的质量分辨率，尤其适合蛋白质等生物大分子的分析。

8.2.3.1 磁质量分析器

磁质量分析器是采用磁场并根据各碎片的 m/z 来分析各离子。如图 8-2 所示。在仪器离子源区产生的离子通过磁铁时，在弯曲的管路中被加速，根据磁场强度及离子速度，各离子沿着各自确定的弯曲路径飞向检测器，只有那些具有合适的弯曲

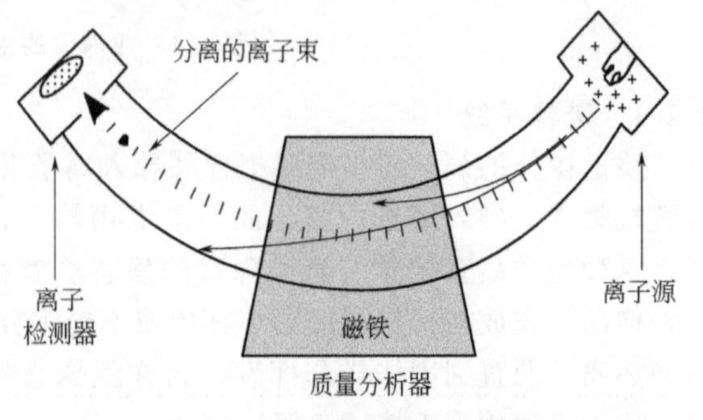

图 8-2 磁质量分析器示意图

半径的离子，才能保证沿着分析器的管路中心到达检测器开口处，而其他碰到管壁的离子则被抽出不能到达检测器。

以上磁质量分析器为单聚焦分析器，缺点是分辨率低，只适合于离子能量分散较小的离子源，如电子轰击电离源和化学电离源。为了解决离子能量分散的问题，提高分辨率，可在磁场前面加一个静电分析器，就能够将具有不同初始能量的带有相同质荷比（m/z）的离子分开，这就是双聚焦分析器，能同时实现方向聚焦和能量聚焦。双聚焦分析器的分辨率可达150kDa，相对灵敏度可达 10^{-10}，能准确地测量原子的质量，广泛应用于有机质谱仪中。

8.2.3.2　四极杆

四极杆质量分析器（图8-3）是用四极杆来产生两个相等却不同相的电位，一个是交流电流（AC），施加电压的频率在无线电频率（RF）范围内，另一个是直流电流（DC），可改变电位差，以便在两个相对电极之间产生一个振荡电场，以使它们具有相等而电性相反的电荷。对于给定的直流和射频电压，特定质荷比的离子在轴向稳定运动，其他质荷比的离子则与电极碰撞而导致湮灭。将DC和RF以固定的斜率变化，可以实现质谱扫描功能。

四极杆分析器对选择离子分析具有较高的灵敏度。其质谱扫描速率远高于磁质谱仪器。四极质谱仪利用四极杆代替了笨重的电磁铁，故具有体积小、重量轻等优点，且操作方便。

8.2.3.3　离子阱

离子阱实质上就是三维的四极杆质量分析器，它捕获离子并根据其 m/z 放出这些捕获的离子，这些离子一旦被捕获，就会得到多级质谱，使质谱分辨率得以提高，从而提高了灵敏度。离子阱与四极杆质量分析器之间的主要差异就在于：离子阱中特定离子被捕获时，其他离子被排出并检测。而在四极杆质量分析器中，特定离子到达检测器而其他离子则射到电极上而被真空泵抽走。

如图8-4所示为离子阱质量分析器的内部结构示意图。它由夹在多孔输入端、尾罩电极和多孔输出端、尾罩电极之间的环形电极所组成。当交流电压（RF）和可变波幅加于环形电极时，在质量分析器的腔内就产生了三维的四极电场。

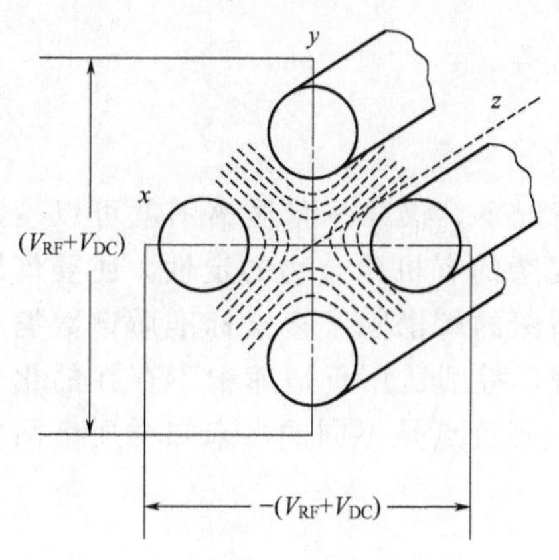

图8-3　四极杆质量分析器示意图

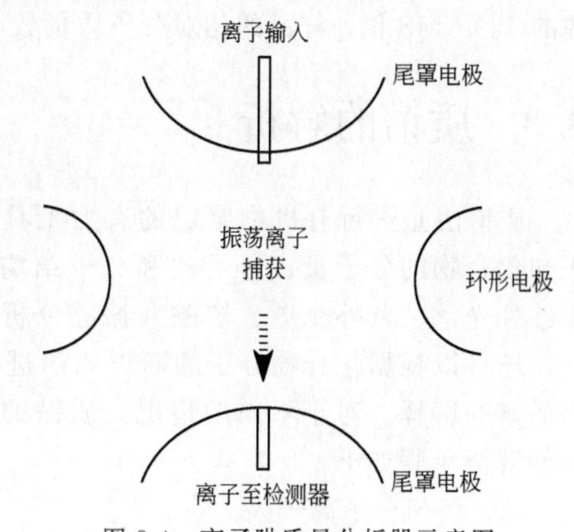

图8-4　离子阱质量分析器示意图

离子阱的特点是结构小巧，质量轻，灵敏度高，而且具有多级质谱功能。它可以用于GC-MS，也可以用于LC-MS。

8.2.3.4 飞行时间

飞行时间质量分析器的主要部分是一个离子漂移管。如图8-5所示是这种分析器的原理图。离子在加速电压V作用下得到动能，则有：

$$1/2mv^2=eV \quad 或 \quad v=(2eV/m)^{1/2} \tag{8-1}$$

式中，m表示离子的质量；e表示离子的电荷量；V表示离子加速电压。

离子以速度v进入自由空间（漂移区），假定离子在漂移区飞行的时间为T，漂移区长度为L，则：

$$T=L(m/2eV)^{1/2} \tag{8-2}$$

由公式(8-2)可以看出，离子在漂移管中飞行的时间与离子质量的平方根成正比。也即，对于能量相同的离子，离子的质量越大，达到接收器所用的时间越长，质量越小，所用时间越短，这样就可以把不同质量的离子分开。适当增加漂移管的长度可以增加分辨率。

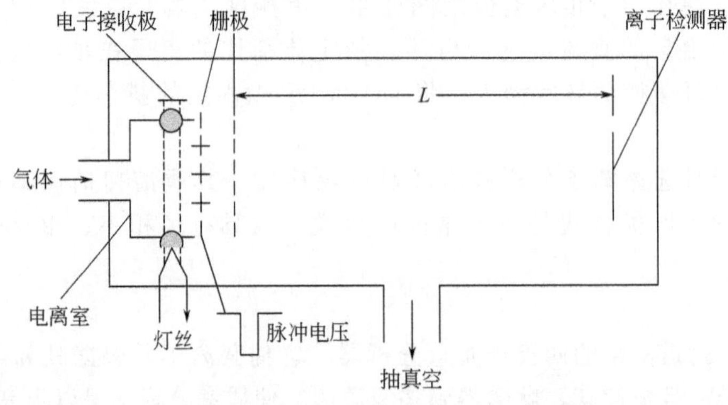

图8-5 飞行时间质量分析器示意图

从分辨率、重现性和质量鉴定来说，飞行时间分析器不及上述分析器，但是飞行时间分析器也有其自身的优点：①该型质量分析器既不需磁场，也不需电场，只需直线漂移空间。因此，仪器的机械结构较简单。②扫描速度快，可在10^{-6}～10^{-5}s时间内观察、记录整段质谱，使此类分析器可用于研究快速反应以及与气相色谱联用。③不存在聚焦狭缝，因此灵敏度很高。④对离子质量检测没有上限，因此可用于大质量离子的分析。以激光作解吸电离源的TOF-MS仪，样品的相对分子质量数可测到十万。

8.3 质谱的解析

质谱法是进行有机物鉴定的有力工具。在很多情况下，仅靠一张质谱图就可以确定未知化合物的分子量、分子式和分子结构，但对于复杂的有机化合物的定性，还要借助于红外光谱、紫外光谱、核磁共振等分析方法。质谱图的解谱除了搜索标准质谱数据库外，还可以根据化合物分子的断裂规律进行人工解谱，特别适用于谱库中不存在的化合物质谱的解释。对于不同的情况，质谱的解析方法和侧重点是不同的。未知样质谱图的一般解析步骤如下。

(1) 解析分子离子区

① 标出各峰的质荷比数，尤其注意高质荷比区的峰。

② 识别分子离子峰。注意在质谱中最高质荷比的离子峰不一定是分子离子峰，这是由于存在同位素等原因，可能出现M+1、M+2峰；另一方面，若分子离子不稳定，有时甚

至不出现分子离子峰。因此，在识别离子峰时，还需采用下述方法进一步确认：

a. 分子离子峰必须符合N规则。

b. 分子离子峰与邻近峰的质量差是否合理。

c. 设法提高分子离子峰的强度，注意区别分子离子峰和同位素峰，增加分子离子峰与邻近峰的质量差。通常降低电子轰击源的电压至12eV左右。

d. 对于那些非挥发或热不稳定的化合物应采用软电离技术（化学电离、场解析电离、快原子轰击等），以增加分子离子峰的强度或得到准分子离子峰。

③ 分析同位素峰簇的相对强度比及峰与峰间的Dm值，判断化合物是否含有Cl、Br、S、Si等元素及F、P、I等无同位素的元素。

④ 推导分子式，计算不饱和度。由高分辨质谱仪测得的精确分子量或由同位素峰簇的相对强度计算分子式。若二者均难以实现时，则由分子离子峰丢失的碎片及主要碎片离子推导，或与其他方法配合。

⑤ 由分子离子峰的相对强度了解分子结构的信息。分子离子峰的相对强度由分子的结构所决定，结构稳定性大，相对强度就大。

（2）解析碎片离子

① 由特征离子峰及丢失的中性碎片推导结构信息。例如：若质谱图中出现系列C_nH_{2n+1}峰，则化合物可能含长链烷基。若质谱图中基峰或强峰出现在质荷比的中部，而其他碎片离子峰少，则化合物可能由两部分结构较稳定，其间由容易断裂的弱键相连。

② 综合分析以上得到的全部信息，结合分子式及不饱和度，提出化合物的可能结构。

③ 分析所推导的可能结构的裂解机理，看其是否与质谱图相符，确定其结构，并进一步解释质谱，或与标准谱图比较，或与其他谱（^{1}H NMR、^{13}C NMR、IR）配合，确证结构。

8.4 气相色谱-质谱联用

质谱法具有灵敏度高、定性能力强等特点，而气相色谱法则具有分离效率高、定量分析简便的特点。因此若将这两种方法联合使用，则可以相互取长补短。气相色谱仪是质谱法的理想“进样器”，试样经色谱分离后以纯品进入质谱仪，则可充分发挥质谱法的特长；质谱仪是气相色谱法的理想“检测器”，气相色谱法所用的检测器如氢火焰离子化检测器、热导池检测器、电子捕获检测器等都有局限性，而质谱仪能检测出几乎全部化合物，而且灵敏度又高。GC-MS的质谱部分可以是磁式质谱仪、四极质谱仪，也可以是飞行时间质谱仪和离子阱。目前使用最多的是四极质谱仪。离子源主要是EI源和CI源。

实现GC-MS联用的关键是接口装置，因为色谱柱出口通常处于常压，而质谱仪则要求在高真空下工作，所以将这两者联用时需要有一接口装置起到传输试样、匹配两者工作气压的作用。色谱流出物必须经过GC-MS的接口装置进行降压后，才能进入质谱仪的离子化室，以满足离子化室的要求。两者之间的连接方式有直接连接、分流连接和分子分离器连接：直接连接只能用于毛细管气相色谱仪和化学离子化质谱仪的联用，而分流连接器在色谱柱的出口处，对试样气体利用率低，故大多数的联用仪器采用分子分离器。分子分离器是使进入质谱仪气流中的样品气体富集的装置，同时维持离子源的真空度。常用的分子分离器有扩散分离器、半透膜分离器和喷射分离器等类型。

如图8-6所示是一台喷射-分离式接口的示意图。当载气和组分通过接口时，大量的气

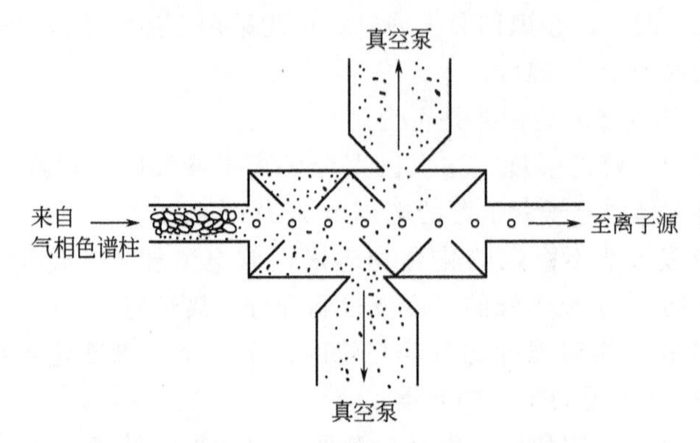

图 8-6 气相色谱-质谱的喷射-分离式接口

小点代表载气，小圆圈代表从色谱柱中流出的组分

体分子被真空泵抽掉，而所需的组分则沿直线飞向离子源。

由于毛细管色谱柱的使用，使得接口变得越来越简单，许多装置仅包含了载气和组分的加热区，然后样品就直接进入质谱离子源。毛细管要求的气体流速很小，所以可以直接连接。作为 GC-MS 联用仪的附件，还可以有直接进样杆和 FAB 源等，但 FAB 源只能用于磁式双聚焦质谱仪。直接进样杆主要是分析高沸点的纯样品，不经过 GC 进样，而是直接送到离子源，加热汽化后，由 EI 电离。目前，GC-MS 的数据系统主要有 NIST 库、Willey、农药库和毒品库等。

8.5 液相色谱-质谱联用

LC-MS 联用主要由高效液相色谱、接口装置（同时也是电离源）和质谱仪组成。对于高极性、热不稳定、难挥发的大分子有机化合物，使用 GC-MS 有困难，液相色谱的应用不受沸点的限制，并能对热稳定性差的试样进行分离分析。对于 LC-MS 联用来说，它不仅必须满足气相色谱-质谱的相关综合要求，还须有一种方法来去除多余的溶剂，同时把液体的洗脱组分转变为气相，使之满足质谱分析的要求。较为困难的是大多数高效液相色谱的组分是非挥发性的或热分解性的，这使得由液相转化为气相的任务更具挑战性，尤其是要保证组分的完整性。故 LC-MS 联用的关键技术是如何有效地除去液相色谱流动相而不损失样品组分。一种最基本的液-质联用接口是采用加热再溶解，接着在减压区快速膨胀这种蒸气。于是，用于挥发溶剂的热能被完全用于再溶解过程而不会对液相色谱洗脱组分中热敏物质的分解产生影响。有很多种不同类型的接口，但只有几种已经实用化，最常用的三种连接方式是热喷雾（TSP）法、电喷雾（ESI）法和大气压化学电离（APCI）法。

TSP 接口的一个显著特点是高效液相色谱的洗脱组分从样品室中喷出时通常伴有几种挥发性的缓冲溶剂。在任何情况下，组分并不深度裂解，因而只产生一张非常简洁的质谱图。ESI 法是迄今最为温和的电离方法，灵敏度高达 10^{-15}g 级，谱图主要给出与准分子离子有关的信息，产生大量多电荷离子，故可用以测定蛋白质和多肽等生化大分子化合物的分子质量，最大分子质量可测到 200kDa。APCI 接口适用于那些极性小而又有一定挥发性的组分，只适用小于 2kDa 的试样分子，由于不能产生多电荷离子，因此不宜用于分析大生化分子和高聚物。有些分析物由于结构和极性方面的原因，用 ESI 不能产生足够强的离子，可以采用 APCI 以增加离子产率，可认为 APCI 是 ESI 的补充。

8.6 应用

由于质谱分析具有灵敏度高、样品用量少、分析速度快、分离和鉴定同时进行等优点，使其在食品科学领域的应用也越来越得到肯定，这方面的详尽介绍可参见 John Gilbert 的著作中有关食品成分或食品的分析细节。

考虑 GC-MS 或 LC-MS 在食品体系中的应用时，如果某种组分可用气相色谱或液相色谱法分离，那么就有可能采用质谱仪。很多年来，质谱仪往往仅用作定性手段，用来检测流出峰的纯度或进行化合物鉴定。现在用单元体积较小的质谱仪作为通用型检测器已得到了广泛的认可。例如，脂肪酸可直接用高效液相色谱仪测定，但除非浓度很高，否则紫外和示差折光检测器都不能将它们一一分辨出来，而 LC-MS 联用仪则可用来测定流出物中的痕量组分。对于食品中有害物质的分析，由于目标物含量微小，基体复杂，难以有效地分离和测定，用常规的化学分析方法和简单的分析方法往往无法实现或难以得到满意的结果。高效液相色谱-质谱（HPLC-MS）联用技术结合了色谱强大的分离功能和质谱准确的鉴别功能，并且可实现多种化合物的同时测定，在食品安全分析中有广泛的应用，主要包括食品中农药残留、兽药残留、违规食品添加剂、污染物、微量元素等的测定。如食品中农药残留的检测，固相微萃取-气相色谱-质谱（SPME/GC/MS）联用技术适用于挥发和半挥发有机杀虫剂、除草剂等农药的残留分析，主要包括有机氯类、有机磷类、有机氮类、氨基甲酸酯类等化合物。

参 考 文 献

[1] Davis R，Frearson M. Mass Spectrometry. John Wiley and Sons，New York，1987.
[2] Gilbert J. Applications of Mass Spectrometry in Food Science. Elsevier，New York，1987.
[3] S. Suzanne Nielsen 著. 食品分析. 杨严俊等译. 北京：中国轻工业出版社，2002.
[4] 邹红海，伊冬梅. 仪器分析. 宁夏：宁夏出版社，2007.
[5] 何金兰，杨克让，李小戈. 仪器分析原理. 北京：科学出版社，2002.
[6] 朱明华，胡坪. 仪器分析. 北京：高等教育出版社，2008.

第9章　免疫分析法

9.1　概述

免疫分析法的提出及发展是20世纪以来生物分析化学领域所取得的最伟大的成就之一。其主要是利用抗体能够与相应抗原及半抗原发生自发的高度特异性结合这一性质，以特定抗体（或抗原）作为选择性试剂来对相应待测抗原（或抗体）进行分析测定。在食品安全检测中，免疫分析法的应用主要包括放射免疫分析技术（RIA）、酶免疫分析技术（EIA）、荧光免疫分析技术（FIA）、免疫传感器技术（immunosensor）、膜载体免疫分析技术和一些新型的免疫分析方法。20世纪20年代中期，Milstein和Kohler发明了可分泌单克隆抗体的杂交瘤技术。由此，免疫分析法进入了多克隆抗体阶段。

9.2　原理与方法

9.2.1　免疫分析法及原理

9.2.1.1　放射免疫分析法

放射免疫分析法（RIA）是将放射性核素示踪的高灵敏度与抗原-抗体反应的高度特异性结合起来的一种超微量分析方法。RIA的灵敏度很大程度上取决于能够引入到放射性标记抗原上的放射性的大小。当^{125}I被作为放射性标记时，可检测到低至1ng的水平。

放射性免疫分析法可检测病毒、细菌、寄生虫、肿瘤以及小分子药物等。虽然RIA具有准确灵敏、特异性强、仪器试剂价格低廉、技术成熟等优点，但由于放射性免疫技术有一定的危险性，目前在农、兽药检测中应用较少。

9.2.1.2　荧光免疫分析法

荧光免疫分析法（FIA）是以荧光素标记抗体（或抗原），利用被检物质在反应体系中特异结合位点荧光的强弱，由荧光显微镜、流式细胞分析仪和自动化电子成像计算机进行定性、定量分析的技术。通常用荧光素标记抗体，称为荧光抗体技术；其次是用荧光素标记抗原，称为荧光抗原技术。荧光素是具有共轭双键体系结构的化合物，当接收紫外光等照射时，由低能量级的基态向高能级跃迁，形成电子能量较高的激发态。当电子从激发态恢复至基态时，发出荧光。FIA有三种类型，即非分离荧光免疫分析法、极化荧光免疫分析法和淬灭荧光免疫分析法。

9.2.1.3　免疫传感器

免疫传感器（immunosensor）是生物传感器的一种，是将高灵敏的传感器技术与特异性免疫反应相结合的一种新方法，用于检测和监控抗原-抗体反应。由于免疫传感器具有能将输出结果数字化的精密换能器，不但可以实现定量检测，并且具有分析时间短、设备微型化、灵敏度高、检测下限低、特异性强以及易于实现自动化检测等优点，因此免疫传感器目前在食品中农、兽药残留以及毒素的检测中均有很好的应用。

9.2.1.4 膜载体免疫分析快速检测技术

膜载体免疫分析技术（即试纸条快速检测技术）属于定性检测技术。试纸条技术与试剂盒相类似，具有更加易于携带、检测更加迅速等优势。其特点是以微孔膜作为固相载体，常用的固相载体膜为硝酸纤维素膜、尼龙膜等。试纸条技术主要包括酶标记免疫检测技术（immunoenzyme labelling technique）和胶体金标记免疫检测技术：酶标记免疫检测技术是以酶为示踪标记物，而胶体金标记免疫检测技术是以胶体金作为示踪标记物，用于抗原-抗体反应的一种新型免疫标记技术。

9.2.1.5 免疫亲和柱技术

免疫亲和（immunoaffinity）是利用生物分子间专一的亲和力而进行分离的一种色谱技术。其原理是以偶联亲和配基的亲和吸附介质为固定相，亲和吸附目标产物，对目标产物进行分离纯化的液相色谱法。亲和色谱已经广泛应用于生物分子的分离和纯化，如结合蛋白、酶、抑制剂、抗原、抗体、激素、激素受体、糖蛋白、核酸及多糖类等，也可以用于分离细胞、细胞器、病毒等。

9.2.1.6 酶联免疫分析法

酶联免疫分析法（ELISA）是一种最早由 Engvall 和 Perlmann 与 Van Weeman 和 Schuurs 同时建立，并用于医学研究的分析方法。ELISA 是把抗原-抗体免疫反应的特异性和酶的高效催化作用有机地结合起来的一种检测技术，它既可测抗原，也可测抗体。ELISA 先用固相载体吸附抗体（抗原），然后加待测抗原（抗体），再与相应的酶标记抗体（抗原）进行抗原-抗体的特异免疫反应，生成抗体（抗原）-待测抗原（抗体）-酶标记抗体（抗原）的复合物，最后再与该酶的底物发生反应生成有色产物。待测抗原（抗体）的量与有色产物的生成量成正比，因此可用吸光度值计算抗原（抗体）的量，ELISA 法既可进行定性测定，也可进行定量测定。在上述反应中，酶促反应只进行一次，而抗原-抗体的免疫反应可进行一次或数次。

ELISA 常用的测定方法有三类：①间接法测抗体　将特异性抗原包被在固相载体上，形成固相抗原，加入待检样品（含相应抗体），其中抗体与固相抗原形成抗原-抗体复合物，再加入酶标记的抗抗体（又称二抗）与上述复合物结合，此时加入底物，复合物上的酶则催化底物而显色。②双抗体夹心法测抗原　将已知的特异性抗体包被在固相载体上，形成固相抗体，加入待检样品（含相应抗原），其中抗原与固相抗体结合成复合物，再加入特异性的酶标抗体，使之与已形成的抗原-抗体复合物结合，当加入底物时，酶则催化底物而显色，根据颜色的有无和深浅对待测抗原进行定性和定量分析。③竞争法测抗原　将特异抗体与固相载体结合，形成固相抗体，加入待测样品（含相应抗原）和相应的一定量的酶标抗原，样品中的抗原和酶标抗原竞争性地与固相抗体结合，待测样品中抗原含量越高，则与固相抗体结合得越多，进而酶标抗原与固相抗体结合的机会就越少，甚至没有机会结合，这样加入底物后就不显色或显色很浅，显色深者为阴性。竞争法按实验操作步骤的不同又可分成直接竞争法和间接竞争法。

前两种方法主要用于测定抗体和大分子抗原，适用于临床诊断，而竞争法则用于测定小分子抗原，因而尤其适用于食品安全检测。研究者可根据自身的条件和实际要求，灵活设计适当的 ELISA 法。

9.2.1.7 其他新型免疫分析方法

新型免疫分析方法主要包括分子印迹检测技术、流动注射免疫分析法、免疫-PCR 分析技术等。

分子印迹检测技术（molecularly imprinting technology，MIT），又称分子模板技术（molecular template technique），是利用高分子聚合技术获得在空间结构和位点方面与某一目标分子（模板分子）相匹配的聚合物，该聚合物具有特异的分子识别能力，具有高选择性，被誉为“塑料抗体”。

流动注射免疫分析法（flow injection immunoassay analysis，FIIA）是将快速、自动化程度高、重现性好的流动注射分析与特异性强、灵敏度高的免疫分析有机结合起来的一种分析方法。这种分析方法具有分析时间短、需要样品量小和操作简便等特点。流动注射免疫分析主要包括：流动注射化学发光检测、流动注射分光光度检测和流动注射电化学检测。

免疫 PCR 方法（immuno polymerase chain reaction，immuno-PCR）是 T. Sano，C. L. Smith 和 C. R. Cantor 等于 1992 年将免疫学反应和 PCR 技术相结合而创建的一种新型检测技术，具有抗原-抗体反应的特异性和 PCR 扩增技术的高效性。它运用 PCR 强大的扩增能力来放大抗原-抗体特异性反应的信号，使实验中只需数百个抗原分子即可实现检测，甚至在理论上可检测到一至数个抗原分子。目前主要用于检测肿瘤标志物、细胞因子、神经内分泌活性多肽、病毒抗原、细菌、酶、支原体、衣原体等微量抗原。

9.3 应用实例

酶联免疫吸附分析法主要用来测定饲料和食品中的毒素及药物残留，具体测定方法见附录国标。

以下是 GB/T 21319—2007 动物源食品中阿维菌素类药物残留的测定——酶联免疫吸附分析法。

9.3.1 应用范围

本标准规定了动物源食品中阿维菌素类药物残留量的酶联免疫吸附测定。适用于牛肉和牛肝中阿维菌素、伊维菌素和埃普利诺菌素残留量的测定。方法检测限较低，阿维菌素类药物在牛肝组织和牛肉组织中的检测限均为 2μg/kg。

9.3.2 测定原理

采用间接竞争 ELISA 方法，在微孔条上包被偶联抗原，试样中残留的阿维菌素类药物与酶标板上的偶联抗原竞争阿维菌素抗体，加入酶标记的抗体后，显色剂显色，终止液终止反应。用酶标仪在 450nm 处测定吸光度，吸光值与阿维菌素类药物残留量成负相关，与标准曲线比较即可得出阿维菌素类药物残留含量。

9.3.3 试剂及仪器

详见附录 GB。

9.3.4 试样的制备与保存

取新鲜或解冻的动物组织，剪碎，10000r/min 匀浆 1min。－20℃下保存。

9.3.5 试样的测定

9.3.5.1 提取

称取牛肉、牛肝试样 3.0g±0.05g 于 50mL 聚苯乙烯离心管中，加 9mL 乙腈、3mL 正己烷，置于振荡器上振荡 10min，加 3g 无水硫酸钠，再振荡 10min，3000r/min 以上，15℃离心 10min，除去上层正己烷，取下层 4.0mL 提取液备用。

称取 3g 无水硫酸钠平铺在碱性氧化铝柱 Sep-PaKVac 上，加 10mL 乙腈洗柱，再加 4.0mL 提取液，开始收集滤液，待提取液流干后，再加入 4mL 乙腈清洗柱子，合并洗液和滤液至10mL干净的玻璃试管中，于50～60℃水浴氮气流下吹干。

取1.0mL缓冲液工作液溶解干燥的残留物，涡动1min，超声10min，涡动1min。取溶解后的样品液100μL加入100μL缓冲液工作液，充分混合，取20μL用于分析。

9.3.5.2　测定

使用前将试剂盒在室温（19～25℃）下放置1～2h。

① 将标样和试样（至少按双平行实验计算）所有数量的孔条插入微孔架，记录标准和试样的位置。

② 加20μL系列标准溶液、处理好的试样溶液到各自的微孔中。标准和试样至少做两个平行试验。

③ 加抗体工作液80μL到每一个微孔中，充分混合，于37℃恒温箱中孵育30min。

④ 倒出孔中液体，将微孔架倒置在吸水纸上拍打以保证完全除去孔中的液体。用250μL洗涤液工作液充入孔中，再次倒掉微孔中液体，再重复操作两遍以上（或用洗板机洗涤）。

⑤ 加100μL过氧化物酶标记物，37℃恒温箱中孵育30min。

⑥ 倒出孔中液体，将微孔架倒置在吸水纸上拍打以保证完全除去孔中的液体。用250μL洗涤液工作液充入孔中，再次倒掉微孔中液体，再重复操作两遍以上（或用洗板机洗涤）。

⑦ 加50μL底物显色液A液和50μL底物显色液B液，混合并在37℃恒温箱避光显色15～30min。

⑧ 加50μL反应终止液，轻轻振荡混匀，用酶标仪在450nm处测量吸光度值。

9.3.6　结果计算

用所获得的标准溶液和试样溶液吸光度值与空白溶液吸光度值的比值进行计算，见式(9-1)。

$$A_r\% = \frac{B}{B_0} \times 100 \tag{9-1}$$

式中　A_r——相对吸光度值，%；

B——标准（试样）溶液的吸光度值；

B_0——空白（浓度为0的标准溶液）溶液的吸光度值。

将计算的相对吸光度值（%）对应阿维菌素（μg/L）的自然对数作半对数坐标系统曲线图，对应的试样浓度可从校正曲线算出，见式(9-2)：

$$X = \frac{A \times f}{m \times 1000} \tag{9-2}$$

式中　X——试样中阿维菌素类的含量，μg/kg；

A——试样的相对吸光度值（%）对应的阿维菌素类含量，μg/L；

f——试样稀释倍数；

m——试样的取样量，g。

计算结果表示到小数点后两位。阳性结果应用确证法确证。

本方法的批内变异系数≤30%，批间变异系数≤45%。

9.3.7　注意事项

(1) 每次实验时应尽量使用新配制的洗涤液，如果测试盒孔数较多，需要分几次使用，就要少配洗涤液，以免以后测试时浓缩洗涤液不够用。

（2）所有试剂使用前都要摇匀。加样时要准确，直接加到小孔底部，不可有气泡，不要加到孔壁上。整个加样过程要快，保证前后反应时间一致。加样后要轻轻振摇整板，使反应液混匀。

（3）加入底物液和显色液后，结合的酶标记物使无色的底物产生蓝色，加入终止液后颜色由蓝色转变为黄色。因为标准品是按浓度从低到高加入的，所以颜色变化是呈梯度的，浓度越低的颜色越深，浓度越高的颜色越浅，从颜色上可以初步帮助我们判定操作是否准确。

（4）在加入终止液后要在最短的时间内测定，因为吸光度会随着时间的延长在各种因素的影响下发生变化，影响测试结果的准确度。

（5）在测试结果中会发生样品的吸光度值大于零浓度标准溶液的情况，这是因为在样品处理过程中加入的不同浓度的甲醇水的影响，只要用样品稀释液对样液进行适当稀释就可以解决这一问题。

（6）虽然标准溶液的浓度很低，但是严格规范的实验操作不可忽视，在实验中要戴口罩和一次性手套，避免所有试剂接触皮肤，凡接触到标样的器皿都要用相应浓度的次氯酸钠浸泡后再清洗备用，并要尽量少用器皿，减少污染。

小结

传统的微生物和化学分析法在时间和费用上花费较多，而且所需的设备一般都比较昂贵。相对于以上两种方法，免疫分析法具有灵敏度高、特异性强、分析速度快和成本低等优点，同时免疫分析法可对大量的样品进行常规分析，它们能够用于样品的定性筛选，也能够对样品进行定量测定以确定样品中待测组分的含量。免疫分析法在物质检测中的应用越来越广泛，尤其是酶联免疫分析方法，不仅灵敏度高、干扰小、安全性高、污染少、检测通量大，且操作简便快捷，在食品分析和质量监测中的应用越来越多。

参考文献

[1] Berruex Laure G，Freitag Ruth，Tennikova，Tatiana B. Comparison of antibody binding to immobilized group specific affinity ligands in high performance monolith affinity chromatography [J]. Journal of Pharmaceutical and Biomedical Analysis，2000，24 (1)：95-104.

[2] Burnouf，Thierry，Radosevich，Mirjana. Affinity chromatography in the industrial purification of plasma proteins for therapeutic use [J]. Journal of Biochemical and Biophysical Methods，2001，49 (1-3)：575-586.

[3] 严希康. 生化分离工程 [M]. 北京：化学工业出版社，2001.

[4] 师治贤，王俊德. 生物大分子的液相色谱分离和制备 [M]. 北京：科学出版社，1999.

附录

GB/T 17480—2008 酶联免疫吸附法测定饲料中黄曲霉毒素 B_1

GB/T 5009.222—2008 红曲类产品中桔青霉素的测定

GB/T 5009.24—2003 食品中黄曲霉毒素 M_1 与 B_1 的测定

GB/T 5009.23—2006 食品中黄曲霉毒素 B_1、B_2、G_1、G_2 的测定

GB/T 22429—2008 食品中沙门氏菌、肠出血性大肠埃希氏菌 O157 及单核细胞增生李斯特氏菌的快速筛选检验——酶联免疫法

GB/T 21319—2007 酶联免疫吸附法测定动物源食品中阿维菌素类药物残留

GB/T 21330—2007 酶联免疫法测定动物源性食品中链霉素残留量

第 10 章 pH 值和可滴定酸度

10.1 概论

食品中的酸味物质，主要是溶于水的一些有机酸和无机酸。在果蔬及其制品中，以苹果酸、柠檬酸、酒石酸、琥珀酸和醋酸为主；在肉、鱼类食品中则以乳酸为主。此外，还有一些无机酸，像盐酸、磷酸等。这些酸味物质，有的是食品中的天然成分，像葡萄中的酒石酸、苹果中的苹果酸；有的是人为加入，例如配制型饮料中加入的柠檬酸；还有的是在发酵中产生的，例如酸牛奶中的乳酸。

10.1.1 酸度的概念

在食品分析中有三种相关的酸度概念，通常用总酸度（滴定酸度）、有效酸度、挥发酸度来表示。

（1）总酸度　指食品中所有酸性成分的总量。包括在测定前已离解成 H^+ 的酸的浓度（游离态），也包括未离解的酸的浓度（结合态、酸式盐）。其大小可借助标准碱液滴定来确定，故又称“可滴定酸度”。总酸度比 pH 值更能真实反映食品的风味。

（2）有效酸度　指被测溶液中 H^+ 的浓度。反映的是已离解成 H^+ 的酸的浓度，常用 pH 值表示。其大小由 pH 计测定。人的味觉只对 H^+ 有感觉。

（3）挥发酸　指食品中易挥发的有机酸，如甲酸、乙酸（醋酸）、丁酸等低碳链的直链脂肪酸，可以通过蒸馏法分离，再借助标准碱液来滴定。挥发酸包含游离酸和结合酸两部分。

（4）牛奶的酸度　外表酸度，即固有酸度，指磷酸与干酪素的酸性反应，在新鲜的牛奶中约占 0.15%，另外还有 CO_2、柠檬酸、酪蛋白、白蛋白等。真实酸度，即发酵酸度，指乳酸菌作用于乳糖产生乳酸所引起的牛奶酸度增加。

习惯上如果牛奶中酸度超过 0.15%～0.20%，$pH \leqslant 6.6$ 即视为有乳酸存在。把酸度小于 0.2%的牛奶称为新鲜牛奶；把大于 0.2%的牛奶称为不新鲜牛奶。当酸度达到 0.3%时，饮用时有一定酸味，当牛奶结块时，酸度约为 0.6%。

10.1.2 食品中酸度测定的意义

（1）可判断食品的新鲜程度　不同种类的水果和蔬菜，酸的含量因成熟度、生长条件而异，一般成熟度越高，酸的含量越低。因此，通过对酸度的测定可判断原料的成熟程度。例如，牛奶中的乳酸含量过高，说明牛奶已经腐败变质；水果制品中有游离的半乳糖醛酸，说明受到霉烂水果的污染。

（2）利用食品中有机酸的含量和糖含量之比，可判断某些果蔬的成熟度　在果蔬中，因其成熟度及生长条件不同而异，一般随着成熟度的提高，有机酸含量下降，糖的含量增加，糖酸比增大，具有良好的口感，故通过对酸度的测定可判断原料的成熟度，对于果蔬收获及加工工艺有重大意义。

（3）食品中有机酸的种类和含量反映了食品的质量指标　食品中有机酸的含量，直接影响食品的风味、色泽、稳定性和品质的高低。同时酸的测定对微生物发酵过程具有一定的指导意义。如：酒和酒精生产中，对发酵液、酒曲等的酸度都有一定的要求。中国传统发酵制品中的酱油、食醋等中的酸也是产品的重要的质量指标之一。

如番茄在成熟过程中，总酸度从0.94%降至0.64%；成熟的葡萄含有大量酒石酸，如葡萄所含的苹果酸高于酒石酸时，说明葡萄还未成熟。

挥发酸的含量也是某些制品质量好坏的指标，如果水果发酵制品中含有0.1%以上的醋酸，说明制品腐败；有效酸度也是判断食品质量的指标，如新鲜肉的pH值为5.7～6.2，如果测得pH>6.7，说明肉已腐败变质。

10.1.3 食品中的酸度

大多数食品具有复杂的组成成分和化学性质，例如它们含有三羧酸循环的各种中间产物(以及它们的衍生物)、脂肪酸、氨基酸，从理论上讲所有这些物质对可滴定酸度都有影响，常规滴定不能区别单个酸的含量。因此，酸度滴定通常是以占优势的酸为基准，以表示大多数食品的可滴定酸度。

在某些条件下，如果存在两种高浓度的酸，占主导地位的酸会随着水果的生长期而改变。在葡萄中，成熟前占主导地位的常是苹果酸，而在成熟后占优势的是酒石酸。表10-1和表10-2为果蔬中一些有机酸的种类。一些果蔬及某些食品中的pH见表10-3和表10-4。

表10-1 蔬菜中主要的有机酸种类

蔬菜	主要的有机酸	蔬菜	主要的有机酸
菠菜	草酸、苹果酸、柠檬酸	甜菜叶	草酸、柠檬酸、苹果酸
甘蓝	柠檬酸、苹果酸、琥珀酸	莴苣	苹果酸、柠檬酸、草酸
笋	草酸、酒石酸、乳酸、柠檬酸	甘薯	草酸
芦笋	柠檬酸、苹果酸、酒石酸	蓼	甲酸、乙酸、戊酸

表10-2 果蔬中主要的酸以及酸度和糖度

果蔬	主要的酸	酸度/%	糖度/%
苹果	苹果酸	0.27～1.02	9.12～13.5
香蕉	苹果酸/柠檬酸(3∶1)	0.25	16.5～19.5
樱桃	苹果酸	0.47～1.86	13.4～18.0
葡萄	酒石酸/苹果酸(3∶2)	0.84～1.16	13.3～14.4
柠檬	柠檬酸	4.2～8.33	7.1～11.9
橘子	柠檬酸	0.68～1.20	9～14
桃子	柠檬酸	1～2	11.8～12.3
梨	苹果酸/柠檬酸	0.34～0.45	11～12.3
菠萝	柠檬酸	0.78～0.84	12.3～16.8
草莓	柠檬酸	0.95～1.18	8～10.1
番茄	柠檬酸	0.2～0.6	4

表10-3 一些果蔬的pH

名称	pH	名称	pH
苹果	3.0～5.0	甜樱桃	3.2～3.95
梨	3.2～3.95	草莓	3.8～4.4
杏	3.4～4.0	柠檬	2.2～3.5
桃	3.2～3.9	菠菜	5.7
辣椒(青)	5.4	胡萝卜	5.0
南瓜	5.0	甘蓝	5.2
葡萄	2.55～4.5	西瓜	6.0～6.4
番茄	4.1～4.8	豌豆	6.1

表10-4　一些食品的pH

名称	pH	名称	pH
牛肉	5.1～6.2	羊肉	5.4～6.7
猪肉	5.3～6.9	鸡肉	6.2～6.4
鱼肉	6.6～6.8	牡蛎肉	4.8～6.3
小虾肉	6.0～7.0	蟹肉	7.0
蛤肉	6.5	牛乳	6.5～7.0
鲜蛋	8.2～8.4	鲜蛋白	7.8～8.8
鲜蛋黄	6.0～6.3	面粉	6.0～6.5

在食品中酸的浓度范围很广，食物中的呈味物质的酸浓度也可能低于检测限。食品的风味和质量不仅仅由酸度决定。酸度可用糖来降低，所以用糖度/酸度的比率（通常称糖酸比）通常比单独用糖或酸作为指标更好。例如，随着果实的成熟其酸度降低而糖度增加，糖酸比就可作为果实成熟的指标。表10-2给出了多种果蔬成熟时酸和糖的一般含量。柠檬酸和苹果酸是水果和大多数蔬菜中普遍存在的酸。然而，乳制品中最重要的酸是乳酸，乳制品的酸度滴定常用于在生产中监测奶酪和酸乳酪生产中的乳酸发酵进程。

10.2　食品中酸度的测定方法

食品中的酸不仅作为酸味成分对其风味产生重要影响，而且在食品加工、贮藏及品质控制和质量管理方面有重要作用，因此，研究食品中酸度的测定方法具有重要意义。常见方法如下所述：

食品中酸度的测定方法：

1. 总酸度：滴定法、pH计法（电位滴定法）
2. pH：pH试纸法、标准色管比色法、pH计法（电位法）、化学法
3. 挥发酸
   - 直接法：水蒸气蒸馏法、溶剂萃取法
   - 间接法：除去挥发酸后滴定不挥发酸

此外还有荧光法、薄层色谱法、气相色谱法、酶法等方法。虽用于有机酸的分析，但一般要进行预分离、衍生化等繁琐的前处理，而且能达到同时分离的有机酸种类较少。因此，这些方法往往只适用于某些特殊样品或不常见有机酸的分析。

10.3　总酸度的测定（滴定法）

在国家标准中使用滴定法测量酸度的有GB/T 12293—1990《水果蔬菜制品可滴定酸度的测定》，GB/T 22427.9—2008《淀粉及其衍生物酸度测定》，GB/T 15689—2008《植物油料　油的酸度测定》，GB/T 5413.34—2010《乳粉　滴定酸度的测定》等。

由于篇幅所限，介绍的测定方法参照GB/T 12293—1990《水果蔬菜制品可滴定酸度的测定》和国际标准：ISO 750—1981。本标准规定了果蔬制品可滴定酸度的两种测定方法，即电位滴定法和指示剂滴定法。本标准适用于测定果蔬制品及新鲜果蔬的可滴定酸度。电位滴定法为仲裁法。指示剂滴定法为常规法。指示剂滴定法不适用于浸出液颜色较深的试样。

10.3.1　原理

食品中的有机酸（弱酸）用标准碱液滴定时，被中和生成盐类。用酚酞作指示剂，当滴定到终点（pH＝8.1，指示剂显红色）时，根据消耗的标准碱液体积，计算出样品总酸的含量。其反应式如下：

$$RCOOH + NaOH \longrightarrow RCOONa + H_2O$$

10.3.2 样品的处理与制备

（1）仪器　见GB/T 12293—1990《水果蔬菜制品可滴定酸度的测定》。

（2）样品制备　本试验用水应是不含二氧化碳的或中性蒸馏水，在使用前将蒸馏水煮沸、放冷，或加入酚酞指示剂用0.1mol/L氢氧化钠溶液中和至出现微红色。

① 液体制品（如果汁、罐藏水果糖液、腌渍液、发酵液等）　将试样充分摇匀，用移液管吸取50mL，放入250mL容量瓶中，加水稀释至刻度，摇匀待测。如溶液浑浊可通过滤纸过滤。液体试样也可称取50g，准确至0.01g。

② 酱体制品（如果酱、菜泥、果冻等）　将试样搅匀，分取一部分放入高速组织捣碎机内捣碎，称取捣匀的试样10～20g，准确至0.01g，用80～90℃热水洗入250mL容量瓶，并加热水约至200mL，放置30min，冷却至室温，加水稀释至刻度，摇匀，通过滤纸过滤。

③ 新鲜果蔬、整果或切块罐藏、冷冻制品　剔除试样的非可食部分（冷冻制品预先在加盖的容器中解冻），用四分法分取可食部分切碎混匀，称取250g，准确至0.1g，放入高速组织捣碎机内，加入等量水，捣碎1～2min。每2g匀浆折算为1g试样，称取匀浆50～100g，准确至0.1g，用100mL水洗入250mL容器瓶，置75～80℃水浴上加热30min，其间摇动数次，取出冷却，加水至刻度，摇匀过滤。

④ 干制品　取试样的可食部分切碎混匀，称取50g，准确至0.1g，放入高速组织捣碎机内，加入450g水，捣碎2～3min。每10g匀浆折算为1g试样，称取试样匀浆50～100g，准确到0.1g，按③水浴浸提，定容过滤。

10.3.3 测定步骤

（1）电位滴定法

① 用pH4.01和9.18标准缓冲液按仪器说明书校正酸度计。

② 根据预测酸度，用移液管吸取50mL或100mL试样浸出液，放入适当大小的烧杯中，使氢氧化钠标准溶液的滴定体积不小于5mL。

③ 将盛样液的烧杯置于磁力搅拌器上，放入磁力搅拌子，插入玻璃电极和甘汞电极，滴定管尖端插入样液内0.5～1cm，在不断搅拌下用氢氧化钠溶液迅速滴定至pH6，而后减慢滴定速度。当接近pH7.5时，每次加入0.1～0.2mL，并于每次加入后记录pH读数和氢氧化钠溶液的总体积，继续滴定至少pH8.3，在pH8.1±0.2的范围内，用内插法求出滴定至pH8.1所消耗的氢氧化钠溶液体积。

（2）指示剂滴定法　根据预测酸度，用移液管吸取50mL或100mL样液，加入酚酞指示剂5～10滴，用氢氧化钠标准溶液滴定，至出现微红色30s内不退色为终点，记下所消耗的体积。同时做空白实验。

注：有些果蔬样液滴定至接近终点时出现黄褐色，这时可加入样液体积的1～2倍热水稀释，加入酚酞指示剂0.5～1mL，再继续滴定，使酚酞变色易于观察。

10.3.4 测定结果的计算

（1）计算公式

① 试样的可滴定酸度以每100g或100mL中氢离子物质的量（mmol）表示，按式(10-1)计算：

$$\text{可滴定酸度}[\text{mmol}/100\text{g(mL)}] = \frac{c \times V_1}{V_0} \times \frac{250}{m(V)} \times 100 \qquad (10\text{-}1)$$

式中　c——氢氧化钠标准溶液摩尔浓度，mol/L；

V_1——滴定时所消耗的氢氧化钠标准溶液体积，mL；

V_0——吸取滴定用的样液体积，mL；

$m(V)$——试样质量，g 或体积，mL；

250——试样浸提后定容体积，mL。

② 试样的可滴定酸度以某种酸（HX）g/100g 样品表示，按式（10-2）计算：

$$可滴定酸度(\%)=\frac{c\times V\times k}{V_0}\times\frac{250}{m(V)}\times 100 \tag{10-2}$$

式中，k 表示换算为某种酸质量（g）的系数，见表 10-5。其余符号同式（10-1）。

表 10-5　换算系数的选择

酸的名称	换算系数	习惯用以表示的果蔬制品
苹果酸	0.067	果仁类、核果类水果
结晶柠檬酸(1 分子结晶水)	0.070	柑橘类、浆果类水果
酒石酸	0.075	葡萄
草酸	0.045	菠菜
乳酸	0.090	盐渍发酵制品、水产品、肉类
乙酸	0.060	醋渍制品、酒类、调味品

（2）结果表示　同一试样取两个平行样测定，以其算术平均值作为测定结果。用每 100g 或 100mL 中氢离子物质的量（mmol）表示的，保留一位小数；用酸的百分含量表示的，保留两位小数。

（3）允许差　两个平行样的测定值相差不得大于平均值的 2%。

注：报告检验结果应注明所用的测定方法。

10.3.5　注意事项

（1）本法适用于各类色浅食品中总酸度的测定。

（2）样品浸泡、稀释用的蒸馏水中不应含 CO_2，因为它溶于水生成酸性的 H_2CO_3，影响滴定终点时酚酞的颜色变化。一般的做法是分析前将蒸馏水煮沸并迅速冷却，以除去水中的 CO_2。样品中若含有 CO_2 也有影响，所以对含有 CO_2 的饮料样品，在测定前须除掉 CO_2。如含二氧化碳的饮料、酒类，应将样品于 45℃水浴上加热 30min，除去二氧化碳，冷却后备用。

（3）咖啡样品：将样品粉碎经 40 目筛，取 10g 样于三角瓶，加 75mL 80%乙醇，加塞放置 16h，并不时摇动，过滤。

固体饮料：称取 5g 样品于研钵中，加入少量无 CO_2 蒸馏水，研磨成糊状，用无 CO_2 蒸馏水移入 250mL 容量瓶中定容，摇匀后过滤。

（4）样品在稀释用水时应根据样品中酸的含量来定，为了使误差在允许的范围内，一般要求滴定时消耗 0.1mol/L NaOH 不小于 5mL，最好应在 10～15mL 左右。

（5）由于食品中含有的酸为弱酸，在用强碱滴定时，其滴定终点偏碱性，一般 pH 在 8.2 左右，所以选用酚酞作终点指示剂。

（6）若样品有色（如果汁类）可脱色或用电位滴定法也可加大稀释比，按 100mL 样液加 0.3mL 酚酞测定。

10.4　pH 的测定

食品的 pH 变动很大，不仅仅取决于原料的品种和成熟度，还取决于加工方法。

在食品酸度测定中，pH和酸度之间没有严格的比例关系。有效酸度（pH值）的测定往往比测定总酸度更有实际意义，更能说明问题，表示食品介质的酸碱性。pH值的测定方法有很多，如电位法（pH计法）、比色法及化学法等，常用的方法为电位法及比色法。

10.4.1 相关概念

（1）pH计基本知识　pH计（一种测量微电压数值的装置）是一种用电位法来测定pH值的测量仪，其基本原理为将两个电极插入同种被测溶液中形成一个原电池。一定温度下，电动势的大小与溶液的离子活度（浓度）有关。

在分析化学的电位法中，原电池反应两个电极中一个电极的电位随被测离子浓度变化而变化，称为指示电极；而另一个电极不受离子浓度影响，具有恒定电位，称为参比电极。甘汞电极作为参比电极重现性好，又比较稳定，是常见的参比电极。如今许多食品分析实验室都使用复合电极，即将pH电极与参比电极组合成单个对温度敏感的电极。微型电极常用于测定非常小的体系的pH值，例如细胞或显微镜片上的溶液；平面型电极常用于测定半固体和高黏度的物质，例如肉类、奶酪和体积低于10μL的体系的pH值。

（2）pH计的使用指南　pH计的正确操作和保养非常重要，应当遵从生产厂家的使用指导。pH计的校正方式有两种：

① 单点校正　用一种pH缓冲溶液来测量调正定位旋钮，使pH计上直接读出pH标准缓冲溶液pH值。

② 双点校正　为了达到最高精密度，pH计可用两种标准溶液校正（即双点校正），选择两种pH值间隔为3的缓冲液，使待测样品的pH值处于此两个pH值之间。实验室中广泛使用的三种标准缓冲溶液为：pH4.03、pH6.86和pH9.18（25℃），它们分别被制成粉红、黄、蓝色溶液。

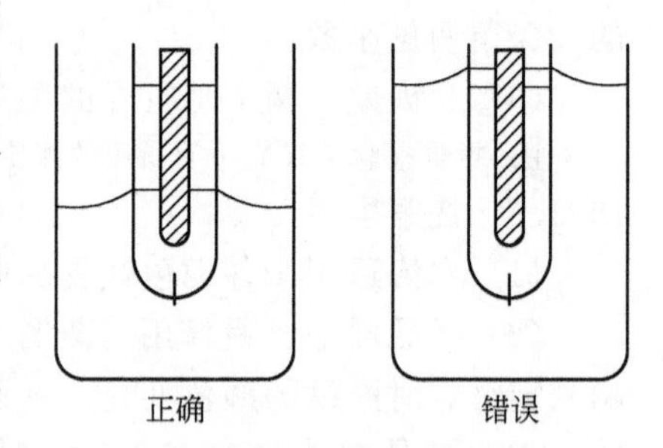

图10-1　甘汞电极在溶液中的正确和错误位置

pH电极进行单点校正操作后，用蒸馏水清洗电极并吸干，插入第二种缓冲溶液（例如pH9.18）中进行二次校正。如有必要，重复这两步。直到读出的第二种缓冲液的pH值的误差精确到0.1pH单位。如上所述电极就可以延长使用寿命。参比电极使用前需作预备工作，电极中保护液的液面应至少低于饱和KCl溶液液面2cm以上。如图10-1所示为甘汞电极在溶液中的正确和错误位置。

10.4.2 pH计法

pH计法又称直接电位法。本方法适用于各种饮料、果蔬及其制品，以及肉、蛋类等食品中pH值的测定。测定值可准确到0.01pH单位。

（1）样品的处理与制备

① 一般液体样品（如牛乳等）摇匀后可直接取样测定。

② 含CO_2的液体样品，除CO_2后再测，方法同总酸。

③ 果蔬制品：榨汁后，取汁液直接测pH值。

果蔬干制品：取适量样品加数倍无CO_2水，水浴加热30min，捣碎，过滤，取滤液测定。

④ 含油制品：先分离出油脂，再把固形物经组织捣碎机捣成匀浆，必要时加少量无CO_2蒸馏水（20mL/100g样品）搅匀后测定。

⑤ 肉类制品：称取10g已去除油脂并捣碎的样品，加入100mL无CO_2蒸馏水，浸泡

15min，随时摇动，取滤液测定。

⑥ 鱼肉类制品：称取 10g 切碎样品，加入 100mL 无 CO_2 蒸馏水，浸泡 30min，随时摇动，过滤后取滤液测定。

注：制备好的样品不宜久存，应马上测定。

(2) 测定步骤

① pH 计的校正见 10.4.1。

② 测量样液的 pH 用无 CO_2 蒸馏水淋洗电极后擦干，再用待测溶液冲洗两电极。电极插入待测样液中，按下读数开关，显示 pH 值稳定后读数并记录，之后清洗电极。

(3) 注意事项

① 电极在测量前必须用已知 pH 值的标准缓冲溶液进行定位校准，为取得更正确的结果，已知 pH 值要可靠，而且其 pH 值愈接近被测值愈精确。

② 取下帽后要注意，在塑料保护栅内的敏感玻璃泡不与硬物接触，任何破损和磨损都会使电极失效。测量完毕，不用时应将电极保护帽套上，帽内应放少量缓冲液，以保持电极球泡的湿润。

③ 电极的引出端必须保持清洁和干燥，绝对防止输出两端短路，否则将导致测量结果失准或失效。

④ 电极应避免长期浸在蒸馏水中或蛋白质和酸性氟化物溶液中，并防止有机硅油脂接触。

⑤ 电极经长期使用后，如发现梯度略有降低，则可把电极下端浸泡在 4%HF（氢氟酸）中 3～5s，用蒸馏水洗净，然后在氯化钾溶液中浸泡，使之复新。

⑥ 被测溶液中如含有易污染或堵塞球泡的物质，易使电极钝化，造成敏感梯度降低或读数不准。此时，应根据污染物质的性质，以适当溶液清洗，使之复新。

10.5 挥发酸的测定

食品中的挥发酸主要是低碳链的脂肪酸，包括醋酸和痕量的甲酸等，不包括可用水蒸气蒸馏的乳酸、山梨酸、CO_2 和 SO_2 等。正常生产的食品中，挥发酸的含量较稳定，若生产中使用了不合格的原料或违反正常的工艺操作，则会由于糖被发酵，而使挥发酸含量增加，降低食品的品质。因此挥发酸的含量是某些食品的质量控制指标。

总挥发酸可用直接法或间接法测定：

(1) 直接滴定法 通过水蒸气蒸馏或溶剂萃取，把挥发酸分离出来，然后用标准碱液滴定。

特点：操作方便，较常用于挥发酸含量较高的样品。

(2) 间接法测定 将挥发酸蒸发排除后，用标准碱滴定不挥发酸，最后从总酸中减去不挥发酸，即得挥发酸含量。

总酸＝挥发酸＋不挥发酸

特点：适用于样品中挥发酸含量较少，或在蒸馏操作过程中蒸馏液有所损失或被污染。

下面介绍水蒸气蒸馏法，以水果和蔬菜产品中挥发性酸度的测定方法为例，参考 GB/T 10467—89《水果和蔬菜产品中挥发性酸度的测定方法》。本标准适用于所有新鲜果蔬产品，也适用于加或未加二氧化硫、山梨酸、苯甲酸、甲酸等化学防腐剂之一的果蔬制品的测定。用标准规定方法测定的挥发性酸度，以每 100mL 或 100g 制品中乙酸质量（g）表示。

10.5.1 原理

试样经酸化后，用水蒸气蒸馏带出挥发性酸类。经冷凝收集后，以酚酞作指示剂，用氢氧化钠标准溶液滴定馏出液至微红色 15s 不退色为终点。根据标准碱消耗量计算出样品中总挥发酸含量。

10.5.2 样品的处理与制备

(1) 仪器 见 GB/T 10467—89《水果和蔬菜产品中挥发性酸度的测定方法》。

(2) 样品的制备

① 新鲜果蔬样品（苹果、橘子、冬瓜等） 取待测样品适量，洗净、沥干，可食部分按四分法取样于捣碎机中，加一定量水捣成匀浆，多汁果蔬类可直接捣浆。

② 液体制品和容易分离出液体的制品（果汁、糖浆水、泡菜水等） 将样品充分混匀，若样品有固体颗粒，可过滤分离。若样品在发酵过程中产生二氧化碳，用量筒取约 100mL 样品于 500mL 长颈瓶中，在减压下振摇 2～3min，除去二氧化碳。为避免形成泡沫，可在样品中加入少量消泡剂，例如 50mL 样品加入 0.2g 鞣酸。

③ 黏稠或固态制品（橘酱、果酱、干果等） 必要时除去果核、果籽，加一定量水软化后于捣碎机中捣成匀浆。

④ 冷冻制品（速冻马蹄、青刀豆等） 将冷冻制品于密闭容器中解冻后，定量转移至捣碎机中捣碎均匀。

10.5.3 测定步骤

(1) 取样

① 液体样品 用移液管吸取 20mL 试样于起泡器中，如样品挥发性酸度强，可少取，但需加水至总容量 20mL。

② 黏稠的或固态的或冷冻制品 称取试样约 10g±0.01g 于起泡器中，加水至总容量 20mL。

(2) 蒸馏 将氢氧化钙稀溶液注入蒸汽发生器至其容积的 2/3，加 0.5g 酒石酸和约 0.2g 鞣酸于起泡器中的试样中。连接蒸馏装置（图 10-2），加热蒸汽发生器和起泡器。若起泡器内容物最初的容量超过 20mL，调节加热量使容量浓缩到 20mL，在整个蒸馏过程中，使起泡器内容物保持恒定（20mL）。蒸馏时间约 15～20min。收集馏出液于锥形瓶中，直至馏出液体积为 250mL 时停止蒸馏。

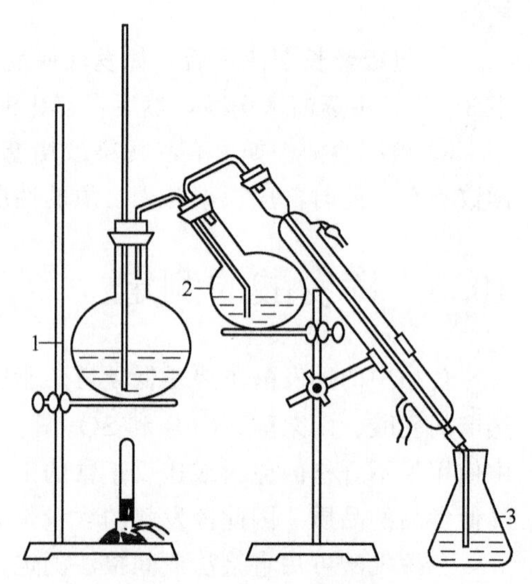

图 10-2 水蒸气蒸馏装置

1—蒸汽发生瓶；2—样品瓶；3—接受瓶

(3) 滴定 在 250mL 馏出液中滴加 2 滴酚酞指示剂，用氢氧化钠标准溶液滴定至呈现淡粉红色，保持 15s 不退色。

于相同条件下做空白试验。

10.5.4 测定结果的计算

挥发性酸度以每 100mL 或 100g 样品中乙酸质量（g）表示，分别由公式(10-3) 和公式(10-4) 求得：

$$x_1=\frac{cV\times 0.06\times 100}{V_0} \quad (10\text{-}3)$$

式中　x_1——每100mL样品中乙酸质量，g/100mL；

c——氢氧化钠标准溶液浓度，mol/L；

V——滴定样品时消耗氢氧化钠标准溶液的体积，mL；

V_0——试样的体积，mL；

0.06——与c=1.000mol/L的1.00mL的氢氧化钠标准溶液相当的乙酸质量（g）。

$$x_2=\frac{cV\times 0.06\times 100}{m} \tag{10-4}$$

式中　x_2——每100g样品中乙酸质量，g/100g；

m——试样的质量，g；

c、V、0.06——同公式(10-3)。

10.5.5　注意事项

（1）含CO_2的饮料、发酵酒类，须排除CO_2。可取80～100mL样品于锥形瓶中，在用电磁搅拌器连续搅拌时于低真空下抽气2～4min。固体样品（如干鲜果蔬及其制品）及冷冻、黏稠等制品，取可食部分，加定量水，以捣碎机粉碎成浆状，再称取处理样品10g，加无水CO_2蒸馏水溶解并稀释至25mL进行测定。

（2）在蒸馏前应先将水蒸气发生器中的水煮沸10min，或在其中加入2滴酚酞指示剂并加NaOH至溶液呈浅红色，以排除其中的CO_2，并用蒸汽冲洗整个装置。

（3）溶液中总挥发酸包括游离态与结合态两种。而结合态挥发酸又不容易挥发，所以要加少许H_3PO_4，使结合态挥发酸挥发出来。

（4）在整个蒸馏装置中，蒸馏瓶内液面要保持恒定，不然会影响测定结果，另外，整个装置连接要密封良好，防止挥发酸泄漏。

（5）若样品中含SO_2还要排除它对测定的干扰。可采用如下方法：在已用标准溶液滴定过的蒸馏液中加入5mL 25%H_2SO_4酸化，以淀粉溶液作指示剂，用0.02mol/L I_2标准溶液滴定至蓝色，10s不退为终点，并从计算结果中扣除。

10.6　乳品的酸度

《乳和乳制品酸度的测定》GB/T 5413.34—2010规定了乳粉、巴氏杀菌乳、灭菌乳、生乳、发酵乳、炼乳、奶油及干酪素酸度的测定方法，本标准第一法（包括基准法和常规法）适用于乳粉酸度的测定；第二法适用于巴氏杀菌乳、灭菌乳、生乳、发酵乳、炼乳、奶油及干酪素酸度的测定。

10.6.1　第一法　乳粉中酸度的测定

（1）基准法

① 原理　中和100mL干物质为12%的复原乳至pH为8.3所消耗的0.1mol/L氢氧化钠体积，经计算确定其酸度。

② 试剂及仪器　见GB/T 5413.34—2010《乳和乳制品酸度的测定》。

③ 操作步骤

样品处理：将样品全部移入到约2倍于样品体积的洁净干燥容器中（带密封盖），立即盖紧容器，反复旋转振荡，使样品彻底混合。在此操作过程中，应尽量避免样品暴露在空气中。

称取：称取4g样品（精确到0.01g）于锥形瓶中。

测定：用量筒量取96mL约20℃的水，使样品复原，于250mL锥形瓶中搅拌，然后静置20min。用滴定管向锥形瓶中滴加氢氧化钠溶液，直到pH达到8.3。滴定过程中，始终用磁力搅拌器进行搅拌，同时向锥形瓶中吹氮气，防止溶液吸收空气中的二氧化碳。整个滴定过程应在1min内完成。记录所用NaOH标准溶液体积（mL），精确至0.05mL，代入公式(10-5）计算。

④ 分析结果的表述

$$X=\frac{c\times V\times 12}{m\times(1-w)\times 0.1} \tag{10-5}$$

式中 X——试样的酸度，°T；

c——氢氧化钠标准溶液的浓度，mol/L；

V——滴定时所用NaOH溶液的体积，mL；

m——称取样品的质量，g；

w——试样中水分的质量分数，g/100g；

12——12g乳粉相当100mL复原乳（脱脂乳粉应为9，脱脂乳清粉应为7）；

0.1——酸度理论定义氢氧化钠的摩尔浓度，mol/L。

结果保留至小数点后一位。

注：若以乳酸含量表示样品的酸度，那么样品的乳酸含量（g/100g）$=T\times0.009$，T为样品的滴定酸度（°T）；0.009为乳酸的换算系数，即1mL 0.1mol/L的氢氧化钠标准溶液相当于0.009g乳酸。

本方法的重复性为由同一分析人员，同时或在较短时间间隔内，对同一样品所做的两次单独试验的结果之差不得超过1.0 °T。

（2）常规法

① 原理 以酚酞作指示剂，硫酸钴作参比颜色，用0.1mol/L NaOH标准溶液滴定100mL干物质为12%的复原乳至粉红色所消耗的体积经计算确定其酸度。

② 试剂及仪器 见GB/T 5413.34—2010《乳和乳制品酸度的测定》。

③ 操作步骤 样品的制备及称取同基准法。

测定：用量筒量取96mL约20℃的水，剧烈搅拌使样品复原，然后静止20min。向其中的一只锥形瓶中加入2.0mL参比溶液，轻轻转动，使之混合，得到标准颜色。向第二只锥形瓶中加入2.0mL酚酞指示液，轻轻转动，使之混合。用滴定管向第二只锥形瓶中滴加氢氧化钠溶液，直到颜色与标准溶液的颜色相似，且5s内不消退，整个滴定过程应在45s内完成。记录所用氢氧化钠溶液的体积（mL），精确至0.05mL，代入公式(10-5）计算。

④ 分析结果的表述 与10.6.1(1）基准法相同。

10.6.2 第二法 乳及其他乳制品中酸度的测定

（1）原理 以酚酞为指示液，用0.1000mol/L氢氧化钠标准溶液滴定100g试样至终点所消耗的氢氧化钠溶液体积，经计算确定试样的酸度。

（2）试剂及仪器 见GB/T 5413.34—2010《乳和乳制品酸度的测定》。

（3）操作步骤 以巴氏杀菌乳、灭菌乳、生乳、发酵乳的酸度测定为例。

称取10g（精确到0.001g）已混匀的试样，置于150mL锥形瓶中，加20mL新煮沸冷却至室温的水，混匀，用氢氧化钠标准溶液滴定至pH8.3为终点；或于溶解混匀后的试样中加入2.0mL酚酞指示液，混匀后用氢氧化钠标准溶液滴定至微红色，并在30s内不褪色，记录消耗的氢氧化钠标准滴定溶液体积（mL），代入公式(10-6）中进行计算。

（4）分析结果的表述

$$X=\frac{c\times V\times 100}{m\times 0.1} \tag{10-6}$$

式中　X——试样的酸度，°T；

c——氢氧化钠标准溶液的浓度，mol/L；

V——滴定时所用NaOH溶液的体积，mL；

m——称取样品的质量，g；

0.1——酸度理论定义氢氧化钠的摩尔浓度，mol/L。

在重复性条件下获得的两次独立测定结果的算术平均值表示，结果保留三位有效数字。

10.6.3　注意事项

（1）试剂的浓度和用量：酚酞浓度不一样，到终点时pH稍有差异，有色液与无色液不一样，应按规定加入，尽量避免误差。

（2）牛乳的测定原理与乳粉基本相同，在测定步骤中，加入水将牛奶稀释。测牛奶的酸度不加水，而直接用NaOH滴定也可以，但是测出的数据出入很大，这主要是牛奶中有碱性磷酸三钙，不加水牛奶的酸度高，而加水后磷酸三钙溶解度增加，从而降低了牛奶的酸度。一般测定酸度时都是指加水后的酸度。如果在滴定时没有加水，那么所得的酸度高2°T，应减去2°T。

（3）终点确定：要求滴定到微红色，微红色的持续时间有长短。每个人对微红色的主观感觉也有差异，要求30s到1min内不褪色为终点，视力误差为0.5～1°T。

小结

食品中的酸不仅作为酸味成分，而且在食品加工、贮藏及品质控制和质量管理方面有重要作用。在食品分析中通常用总酸度（滴定酸度）、有效酸度、挥发酸度来表示。准确地测定食品酸度不仅可以判断食品的新鲜程度，还可以通过食品中有机酸的含量和糖含量之比判断果蔬的成熟度，而且食品中有机酸的种类和含量反映了食品的质量指标。通过酸度与其他指标的结合，共同判断食品是否符合标准，是否满足实验要求，能否达到消费者对食品口感、质感和安全等方面的需求等。

参考文献

[1] Pecsok R L，Chapman K，Ponder W H. 1971. Modern Chemical Technology. Washington DC：American Chemical Society，1971，3.
[2] 杨严峻．食品分析．第2版．北京：中国轻工业出版社，2002.
[3] 张水华主编．食品分析．北京：中国轻工业出版社，2008.
[4] Gardner W H. Food Acidulants. New York：Allied Chemical Co，1996.
[5] Haris D C. Quantitative Chemical Analysis. 4th ed. New York：W. H. Freeman，1995.
[6] Dicker D H. The Laboratory pH Meter. American Laboratory，1969.
[7] Pomeranz Y，Meloan C E. Food Analysis：Theory and Practice. 3rd ed. New York：Chapman & Hall，1994.

附录

GB/T 12293—1990《水果蔬菜制品可滴定酸度的测定》

GB/T 22427.9—2008《淀粉及其衍生物酸度测定》

GB/T 15689—2008《植物油料、油的酸度测定》

GB/T 5413.34—2010《乳和乳制品酸度的测定》

GB/T 10467—89《水果和蔬菜产品中挥发性酸度的测定方法》

第 11 章　水分和总固体分析

11.1　概论

水分是食品的重要组成部分，因此在食品分析中，水分含量的测定很重要，它对于生产中的平衡、产品质量的保证等方面都有非常重要的意义。本章将介绍测定水分的各种方法，将从测定原理、操作方法、特点、说明与讨论几个方面来介绍；同时本章也对水分活度的测定作了介绍，作为一个食品质量指标，它同样很重要。

11.1.1　水分含量测定的重要性

在食品分析中，水分含量的测定是最基础也是最重要的。表 11-1 给出了水分在食品加工中的重要性及实例。

表 11-1　水分在食品加工中的重要性及实例

作　用	举　例	作　用	举　例
湿度在产品保藏中是一个较重要的质量因素，并且可直接影响一些产品质量的稳定性	脱水蔬菜和水果	水分含量（或固形物含量）通常是有专门规定的	Cheddar 干酪的水分含量必须≤39%
作为一个质量因素，水分含量常被应用	在果酱和果冻中，防止糖结晶	食品营养价值的计量值要求列出此食品的水分含量	
减少含水量有利于包装和运输	浓缩牛乳	水分含量数据可用于表示在同一基础上的其他分析测定结果	如干基

11.1.2　食品中水分含量

在绝大多数食品中，水分是一个主要组成部分，如表 11-2 所示，不同食品中水分含量的差异很大。测定前可以先预估一下食品中水分的大致含量，然后再选择合适的测定方法，这样可以方便分析者对食品中水分含量的测定。

11.1.3　水在食品中的存在形式

水在食品中有不同的存在形式，这主要是和水在食品中所处状态及水与非水组分结合力的大小有关，具体可以分为以下三种形式。

（1）自由水　这部分水保持水本身的物理特性，能作为胶体的分散剂和盐的溶剂。

（2）亲和水　这部分水结合紧密或存在于细胞壁中，与蛋白质牢固地结合在一起。

（3）结合水　这部分水属于化学结合，例如某些盐，如：$NaSO_4 \cdot 10H_2O$。

11.1.4　样品的选择和处理

取样中的各个操作步骤都可能会导致水分分析中出现误差。任何样品都需尽可能地减少摩擦以防止样品受热，尽量减少样品在空气中暴露的时间，装样品的容器尽量少留一些空间，否则为了维持容器内的气液平衡，水分可能会从样品中挥发出去，这样就会使得样品中水分含量降低。

Vanderwarn 提出，将粉碎的 Cheldar 奶酪（2～3g 放在一个直径 5.5cm 的铝盒中）置于分析天平上，可观察到水分的挥发呈线性状态，其挥发度与相对湿度有关，这说明了分析称量的最佳方法和速度的必要性。

表 11-2　部分食品的含水量

食品种类	近似含水百分比（湿基质量）	食品种类	近似含水百分比（湿基质量）
小麦面粉，完全粉碎	10.3	苹果，未加工，连皮	83.9
白面包，加料的	13.4	葡萄，美国品种，未加工	81.3
玉米片	3.0	葡萄干	15.4
椒盐饼干	4.1	黄瓜，带皮，未加工	96.0
通心粉，干的	10.2	马铃薯，未加工，新鲜带皮	79.0
牛乳，纯的，新鲜的，3.3%脂肪含量	88.0	牛肉，粉碎的，瘦的，生	63.2
酸奶酪，清淡，低脂	89.0	鸡肉，用于烤或炸的，生	68.6
Cottage 干酪	79.3	鱼翅，比目鱼类，生的	79.1
Cheddar 干酪	37.5	蛋，整蛋，生的，新鲜的	75.3
香草冰淇淋	61.0	核桃，黑色，干	4.4
人造奶油	16.7	花生，所有种类，加盐干烤	1.6
黄油，含盐	16.9	花生酱，滑润的，含盐的	1.2
大豆油，色拉或烹饪用	0	砂糖	0
西瓜，未加工	91.5	红糖	1.6
橙子，未加工，带皮	86.8	浓缩或过滤的蜂蜜	17.1

11.2　水分含量测定方法

水分含量的测定方法主要有烘箱干燥法（包括常压烘箱干燥法、减压烘箱干燥法、微波烘箱干燥法）、蒸馏法、卡尔·费休滴定法，还有一些其他方法，如传导法、折光法、红外光谱分析等。由于篇幅所限，本章节只简单介绍几个较常用的国标方法。

11.2.1　烘箱干燥法

样品在一定条件下加热，损失的质量被计算为样品的水分含量。采用烘箱干燥法蒸发水分的理论依据是纯水的沸点是 100℃。它包括常压干燥法和减压干燥法。该方法操作简单，很多烘箱都允许同时分析大量样品，时间从几分钟到 24h 不等。

11.2.1.1　烘箱干燥法注意事项

（1）食品其他成分的分解　在分析过程中，当时间过长、温度过高时，食品中其他成分的分解就会变得明显。因此，需要综合考虑时间和温度这两个条件，以控制样品中其他成分的分解。主要需要解决的问题是在水分挥发这个物理过程中必须分离出所有的水分，同时又不能有其他成分因分解而释放出水分。此外，水分去除中存在挥发组分损失的问题，例如酯和醛，会使结果产生偏差。

（2）干燥设备　在进行烘箱干燥时，不同类型的烘箱也会引起温差变化。在强力通风型、真空烘箱、对流型中，温差最大的是对流型，最大可达 10℃，因为它没有安装风扇，空气循环缓慢，且烘箱中的称量瓶会进一步阻碍空气流动，因此不适用于准确度和精密度要求较高的样品。该烘箱的优点是箱内的空气均匀分配，因此最终测得的结果是一致的。当使用强力通风烘箱时，样品快速称量放入铝盒后，进入烘箱。真空烘箱有两个特点，一是门上有耐热钢化玻璃窗，从而可以观察到整个干燥过程；二是空气进入烘箱的方式，如果空气的进出口安排在相对两边上，那么空气就会穿过整个箱体，这两个特点有助于烘箱内温度的扩散。

（3）铝盒的种类和烘箱干燥法　用于水分测定的铝盒有各种不同的形状，且盖子可用可不用。在加热过程中样品因逸散会造成一定的损失，因此铝盒的选择十分重要，如果盒盖是金属做的，应使盖子盖在一边，从而使水分得以蒸发，但这样样品就可能会有溢出的空隙，从而造成样品的损失。

（4）铝盒的处理和准备　在使用铝盒之前的操作和预处理需要考虑。操作中，只能用夹子来移动铝盒，因为指纹也有重量，会对实验结果造成一定影响。所有的铝盒在使用之前都必须先用烘箱干燥处理，除非有证据证明某种特定类型的铝盒不能这样用于测定水分。

（5）控制表面硬皮的形成（掺沙的技术）　在干燥过程中，一些食品原料可能会形成硬皮或块状，从而影响实验结果，因此需要掺砂。使用海砂有两个目的：防止表面硬皮的形成；使样品分散，减少水分蒸发的障碍。海砂的用量由样品量决定，一般每 3g 样品加 20～30g 海砂混合。除了海砂之外，也可用其他热稳定的惰性物质，例如硅藻土。

（6）干燥条件　它包含两个因素，即温度和时间。干燥温度一般控制在 95～105℃，对热稳定的样品如谷类，可提高到 120～130℃。确定干燥时间有两种方式：一种是干燥至恒重，这种方式基本能保证水分完全蒸发；另一种是规定一定的干燥时间，这种方式要根据不同的对象而规定不同的干燥时间，一般只适用于对水分测定结果的准确度要求不高的样品。

11.2.1.2　常压烘箱干燥法

（1）原理　利用食品中水分的物理性质，在 101.3kPa（一个大气压），温度 101～105℃下采用挥发方法测定样品中干燥减失的重量，包括吸湿水、部分结晶水和该条件下能挥发的物质，再通过干燥前后的称量数值计算出水分的含量（GB/T 5009.3—2010 食品中水分的测定）。

（2）方法概述

① 一次烘干法

固体试样：取洁净铝制或玻璃制的扁形称量瓶，置于 101～105℃干燥箱中，瓶盖斜支于瓶边，加热 1.0h，取出盖好，置干燥器内冷却 0.5h，称量，并重复干燥至前后两次质量差不超过 2mg，即为恒重。将混合均匀的试样迅速磨细至颗粒小于 2mm，不易研磨的样品应尽可能切碎，称取 2～10g 试样（精确至 0.0001g），放入此称量瓶中，试样厚度不超过 5mm，如为疏松试样，厚度不超过 10mm，加盖，精密称量后，置 101～105℃干燥箱中，瓶盖斜支于瓶边，干燥 2～4h 后，盖好取出，放入干燥器内冷却 0.5h 后称量。然后再放入 101～105℃干燥箱中干燥 1h 左右，取出，放入干燥器内冷却 0.5h 后再称量。并重复以上操作至前后两次质量差不超过 2mg，即为恒重。

注：两次恒重值在最后计算中，取最后一次的称量值。

半固体或液体试样：取洁净的称量瓶，内加 10g 海砂及一根小玻棒，置于 101～105℃干燥箱中，干燥 1.0h 后取出，放入干燥器内冷却 0.5h 后称量，并重复干燥至恒重。然后称取 5～10g 试样（精确至 0.0001g），置于蒸发皿中，用小玻棒搅匀放在沸水浴上蒸干，并随时搅拌，擦去皿底的水滴，置 101～105℃干燥箱中干燥 4h 后盖好取出，放入干燥器内冷却 0.5h 后称量。然后再放入 101～105℃干燥箱中干燥 1h 左右，取出，放入干燥器内冷却 0.5h 后再称量。并重复以上操作至前后两次质量差不超过 2mg，即为恒重。

试样中的水分含量为：

$$X=\frac{m_1-m_2}{m_1-m_3}\times 100 \tag{11-1}$$

式中　X——试样中的水分含量，g/100g；

m_1——称量瓶（加海砂、玻棒）和试样的质量，g；

m_2——称量瓶（加海砂、玻棒）和试样干燥后的质量，g；

m_3——称量瓶（加海砂、玻棒）的质量，g。

水分含量≥1g/100g时，计算结果保留三位有效数字；水分含量＜1g/100g时，结果保留两位有效数字。

② 两次烘干法——以粮油检验玉米水分测定（GB/T 10362—2008）为例

适用范围：试样水分含量大于15%或小于9%时，采用两次烘干法。

第一次烘干（水分调节）：称取水分大于15%的试样约100g（m_2，精确至0.01g），放入已恒重的器皿（金属皿或玻璃皿：无盖，能使100g试样整粒单层分布于皿底）中，摊平。在60～80℃的烘箱（恒温烘箱：有鼓风装置，温度保持在60～80℃）中干燥。调节试样水分至9%～15%。调节后的试样从烘箱中取出，放置自然冷却（至少2h）至室温，称量（m_3，两次称量差不超过0.005g）。如果水分低于9%，称取试样约100g，放在实验室大气中，直至水分含量为9%～15%。

第二次烘干：用烘至恒量（m，精确至0.001g）的铝盒（金属盒或玻璃皿：带有密封盖；对于整粒试样，直径55～60mm，高度35～40mm；对粉料试样，烘盒底面积要求每平方厘米的试样量不超过0.3g）称取试样约8g（m_0，精确至0.001g），放入烘箱（恒温烘箱：温度保持在130～133℃）中，在130～133℃温度下烘4h后，取出铝盒，加盖，置于干燥器（装有有效的干燥剂）内冷却至室温称量（m_1，精确至0.001g）。

二次烘干试样水分（Y）以质量分数（%）表示，按下式计算：

$$Y(\%)=\left(1-\frac{m_1\times m_3}{m_0\times m_2}\right)\times 100 \tag{11-2}$$

式中　m_0——第二次烘前试样质量，g；

m_1——第二次烘后试样质量，g；

m_2——第一次烘前试样质量，g；

m_3——第一次烘后试样质量，g。

在重复性条件下，获得的两次独立测试结果的绝对差值不大于0.15%（粉料试样）或0.5%（整粒试样），求其平均数，即为测定结果。测定结果取至小数点后第二位。

（3）特点　此类干燥法的设备和操作都比较简单；测定水分之后的样品，可以用来测定脂肪、灰分的含量；此类干燥法的最低检出限为0.002g，当取样量为2g时，方法检出限为0.10g/100g，方法相对误差≤5%。

（4）说明与讨论

① 此方法虽然操作简单，但是不能完全排出食品中的结合水，所以测定出的不是食品中的真实水分含量。

② 国标中用的铝制称量瓶一般是内径60～70mm、高35mm以下。AOAC法中使用的水分蒸发铝盒直径为5.5cm，并配有一内塞的盖子，其他蒸发铝盒用的是能盖住铝盒外缘的普通盖子。

③ 此法耗时较长且不适宜胶态、高脂肪、高糖食品及含有较多的高温易氧化、易挥发物质的食品；此法测得的水分含量不单单是真实的水分含量，而是所有100℃下失去的挥发物的总质量，如微量的芳香油等挥发性物质的质量。

④ 在使用此法时，只能依靠是否达到恒量来判断水分是否蒸发干净。

⑤ 经加热干燥的称量瓶要迅速放到干燥器中冷却，干燥器内一般采用硅胶作为干燥剂，当硅胶的颜色由蓝色变成红色或是蓝色变淡时，就需要更换。将硅胶置于135℃下烘干2～3h后可重新使用。

11.2.1.3 减压干燥法

(1) 原理 利用食品中水分的物理性质，在达到40～53kPa压力后加热至60℃±5℃，采用减压烘干方法去除试样中的水分，再通过烘干前后的称量数值计算出水分含量（GB/T 5009.3—2010食品中水分的测定）。

(2) 方法概述

① 试样的制备：粉末和结晶试样直接称取；较大块硬糖经研钵粉碎，混匀备用。

② 测定：取已恒重的称量瓶称取约2～10g（精确至0.0001g）试样，放入真空干燥箱内，将真空干燥箱连接真空泵，抽出真空干燥箱内空气（所需压力一般为40～53kPa），并同时加热至所需温度60℃±5℃。关闭真空泵上的活塞，停止抽气，使真空干燥箱内保持一定的温度和压力，经4h后，打开活塞，使空气经干燥装置缓缓通入至真空干燥箱内，待压力恢复正常后再打开。取出称量瓶，放入干燥器中0.5h后称量，并重复以上操作至前后两次质量差不超过2mg，即为恒重。

试样中的水分含量为：

$$X=\frac{m_1-m_2}{m_1-m_3}\times 100 \tag{11-3}$$

式中 X——试样中的水分含量，g/100g；

m_1——称量瓶（加海砂、玻棒）和试样的质量，g；

m_2——称量瓶（加海砂、玻棒）和试样干燥后的质量，g；

m_3——称量瓶（加海砂、玻棒）的质量，g。

水分含量≥1g/100g时，计算结果保留三位有效数字；水分含量＜1g/100g时，结果保留两位有效数字。

(3) 特点 操作压力较低，水的沸点也相应降低，因而可以在较低温度下将水分蒸发完全。适用于在100℃以上加热容易变质及含有不易除去结合水的食品，如淀粉制品、豆制品、罐头食品、糖浆、蜂蜜、蔬菜、水果、味精、油脂等。可以防止：含脂肪高的样品在高温下的脂肪氧化；含糖高的样品在高温下的脱水炭化；含高温易分解成分的样品在高温下分解等。

(4) 说明与讨论

① 利用真空烘箱在较小的压力下（3.3～13.3kPa）通过干燥，能使样品在3～6h内完全去除水分而且不会使组分产生分解。

② 真空烘箱需要一个干燥空气排气口，通过温度和真空度来控制干燥。现在的方法通过里面填充硫酸钙，并含有指示剂的空气捕集器，在空气捕集器与真空烘箱之间装有适当尺寸的转子流量计来控制烘箱内的空气流量（100～120mL/min）。

③ 烘箱使用温度取决于样品的种类，例如：70℃适用于水果和其他一些高糖样品，有些样品甚至在较低温度下仍能发生部分分解。而AOAC法中也有对不同食品的干燥条件，如咖啡：3.3kPa和98～100℃；乳粉：13.3kPa和100℃。

④ 测定的样品中如果有大量的挥发性物质，应考虑使用校正因子来弥补挥发量。

⑤ 真空下热量是不能被很好地传导的，因此为了确保传热效率，铝盒应直接置放在金属架上。

⑥ 蒸发是一个吸热过程，因此应注意冷却现象。

⑦ 干燥时间取决于食品的性质、总水分含量、是否用海砂作为分散剂、是否含有易分解的糖类和其他化合物等。

11.2.1.4 微波烘箱干燥法

微波烘箱干燥法是第一次尝试准确快速地测定水分。在食品工业中，某些食品在包装之前可用此法快速测定水分含量从而调整食品的水分含量。例如：在加工奶酪时，在原料倒入容器之前，可分析其组分，并在搅拌进行之前调整成分，在以后的几个月内都应用微波烘箱干燥法来有效地控制水分。

微波是指频率范围为 300MHz～300GHz 的电磁波。微波加热是靠电磁波把能量传播到被加热物体的内部，这种加热方法具有很多特点：①加热速度快；②加热均匀性好；③加热易于瞬时控制；④选择性吸收；⑤加热效率高。

上述方法也有一些需解决的问题，除非样品必须要放置在中央，并且是均匀分布，否则微波的能量可导致其中某一点已经燃烧，而其他地方却还加热不足。新型的仪器已经使这类问题在最大程度上得以消除。

现在的研究证明微波干燥法运用于食品水分含量的常规测定还是有一定的准确性的，此外，很明显可以看出此方法在测定单个样品时所具有的快速的优势远远超过了其准确性较差的局限性。

11.2.2 蒸馏法

蒸馏技术包括用不溶于水的高沸点溶剂与样品中的水分共沸蒸馏，收集馏分测量水的体积。现在使用两种方法，即直接蒸馏和回流蒸馏，并使用多种溶剂，例如：在直接蒸馏中使用沸点比水高并与水互不相溶的溶剂，样品用矿物油或沸点比水高的液体在远高于水沸点的闪点温度下加热。而其他的互不相溶的液体可使用仅比水的沸点略高的溶剂，如甲苯、二甲苯、苯（表 11-3)。其中，甲苯进行回流蒸馏是应用最广泛的方法（GB/T 5009.3—2010 食品中水分的测定)。

表 11-3 蒸馏法常用有机溶剂的物理常数

有机溶剂	沸点/℃	相对密度(25℃)
甲苯	110.8	0.86
二甲苯	140	0.86
四氯化碳	76.8	1.59
四氯(代)乙烯	120.8	1.63
偏四氯乙烷	146.4	1.60

(1) 原理 利用食品中水分的物理化学性质，使用水分测定器（图 11-1）将食品中的水分与甲苯或二甲苯共同蒸出，根据接收的水的体积计算出试样中的水分含量。本方法适用于含较多其他挥发性物质的食品，如油脂、香辛料等。

(2) 方法概述 准确称取适量试样（应使最终蒸出的水在 2～5mL，但最多取样量不得超过蒸馏瓶的 2/3)，放入 250mL 锥形瓶中，加入新蒸馏的甲苯（或二甲苯）75mL，连接冷凝管与水分接收管，从冷凝管顶端注入甲苯，装满水分接收管。

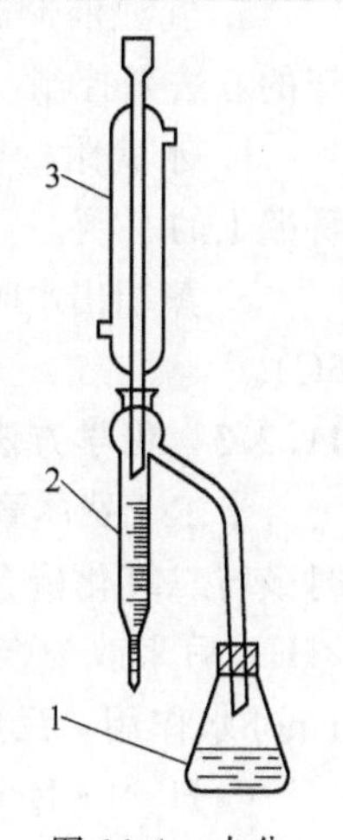

图 11-1 水分测定仪
1—250mL 锥形瓶；2—水分接收管，有刻度；3—冷凝管

加热慢慢蒸馏，使每秒的馏出液为 2 滴，待大部分水分蒸出后，加速蒸馏约每秒 4 滴，当水分全部蒸出后，接收管内的水分体积不再增加时，从冷凝管顶端加入甲苯冲洗。如冷凝管壁附有水滴，可用附有小橡皮头的铜丝擦下，再蒸馏片刻至接收管上部及冷凝管壁无水滴附着，接收管水平面保持 10min 不变为蒸馏终点，读取接收管水层的容积。

试样中水分含量按下式进行计算：

$$X=\frac{V}{m}\times 100 \qquad (11\text{-}4)$$

式中 X——试样中的水分含量，mL/100g（或按水在20℃时相对密度0.998，20g/mL计算质量）；

V——接收管内水的体积，mL；

m——试样的质量，g。

以重复性条件下获得的两次独立测定结果的算术平均值表示，结果保留三位有效数字。

精密度：在重复性条件下获得的两次独立测定结果的绝对差值不得超过算术平均值的10%。

(3) 特点 此法是一种水分测定的快速分析法，设备简单经济、管理方便，准确度能够满足常规分析的要求。对于谷类、干果、油类、香料等样品，分析结果准确，特别是对于香料，蒸馏法是唯一的、公认的水分测定法。

(4) 说明与讨论

① 蒸馏法采用了一种有效的热交换方式，水分可被迅速移去，食品组分所发生的化学变化如氧化、分解等作用，都较直接干燥法小。

② 此方法中对于有机溶剂的选择，需要考虑如能否完全湿润样品以及样品的性质等因素，样品的性质是选择溶剂的重要依据。回流蒸馏使用与水不溶的比水轻的溶剂（例如：甲苯，沸点110.6℃）或比水重的溶剂（例如：四氯乙烯，沸点121℃）。用比水重溶剂的优点是样品可制成干的悬浮物，所以它不会变焦或燃烧；另外，这种溶剂不会有失火的危险。该溶剂的缺点是如果其被馏出冷凝后，会穿过水面进入接收管下方，增加了形成乳浊液的机会。

③ 在加热时一般要使用石棉网，如果样品含糖量高，用油浴加热较好。样品为粉状或半流体时，先将瓶底铺满干净的海砂，再加样品及甲苯。

④ 所用甲苯必须无水。

⑤ 在蒸馏时应尽可能消除三个可能造成误差的地方：

a. 乳浊液形成后不破坏，这通常可通过在蒸馏全部完成之后或在读数之前，再进行冷却的方法来控制。

b. 水滴附壁会腐蚀仪器，因此清洗玻璃仪器是必需的，且必须使用滴管刷以除去冷凝管壁上的水滴。

c. 蒸馏出水时样品的分解。这主要是因为碳水化合物可分解产生（$C_6H_{12}O_6 \longrightarrow 6H_2O+6C$）。

11.2.3 化学方法——卡尔·费休（Karl-Fischer）滴定法

卡尔·费休滴定法是在1853年Bunsen发现的基本反应的基础上建立起来的，即有水存在时碘与二氧化硫会发生氧化还原反应，但此反应是可逆的。$2H_2O+SO_2+I_2 \longrightarrow H_2SO_4+2HI$。后来改为碘能与水和二氧化硫发生化学反应，在有吡啶和甲醇共存时，1mol碘只与1mol水作用，反应式如下：

$$C_5H_5N\cdot I_2+C_5H_5N\cdot SO_2+C_5H_5N+H_2O+CH_3OH \longrightarrow 2C_5H_5N\cdot HI+C_5H_6N[SO_4CH_3]$$

此反应显示1mol的H_2O需要与1mol I_2、1mol的SO_2、3mol C_5H_5N和1mol CH_3OH反应。通常I_2、SO_2、C_5H_5N按1∶3∶10的比例溶解在甲醇溶液中，即为卡尔费休试剂(KFR)。(GB/T 5009.3—2010食品中水分的测定)。

(1) 原理　卡尔·费休水分测定法又分为库仑法和容量法。库仑法测定的碘是通过化学反应产生的，只要电解液中存在水，所产生的碘就会和水以 1∶1 的关系按照化学反应式进行反应。当所有的水都参与了化学反应，过量的碘就会在电极的阳极区域形成，反应终止。容量法测定的碘是作为滴定剂加入的，滴定剂中碘的浓度是已知的，根据消耗滴定剂的体积，计算消耗碘的量，从而计量出被测物质水的含量。

(2) 方法概述

① 卡尔·费休试剂的标定（容量法）　在反应瓶中加入一定体积（浸没铂电极）的甲醇，在搅拌下用卡尔·费休试剂滴定至终点。加入 10mg 水（精确至 0.0001g），滴定至终点并记录卡尔·费休试剂的用量（V）。卡尔·费休试剂的滴定度由下式计算：

$$T=\frac{M}{V} \tag{11-5}$$

式中　T——卡尔·费休试剂的滴定度，mg/mL；

M——水的质量，mg；

V——滴定水消耗的卡尔·费休试剂的用量，mL。

② 样品水分的测定

试样前处理：可粉碎的固体试样要尽量粉碎，使之均匀；不易粉碎的试样可切碎。

试样中水分的测定：于反应瓶中加一定体积的甲醇或卡尔·费休测定仪中规定的溶剂浸没铂电极，在搅拌下用卡尔·费休试剂滴定至终点。迅速将易溶于上述溶剂的试样直接加入滴定杯中；对于不易溶解的试样，应采用对滴定杯进行加热或加入已测定水分的其他溶剂辅助溶解后用卡尔·费休试剂滴定至终点。建议采用库仑法测定试样中的含水量应大于 10μg，容量法应大于 100μg。对于某些需要较长时间滴定的试样，需要扣除其漂移量。

漂移量的测定：在滴定杯中加入与测定样品一致的溶剂，并滴定至终点，放置不少于 10min 后再滴定至终点，两次滴定之间的单位时间内的体积变化即为漂移量（D）。

固体试样中水分的含量按式(11-6)，液体试样中水分的含量按式(11-7) 进行计算，公式如下：

$$X=\frac{(V_1-D\times t)\times T}{M}\times 100 \tag{11-6}$$

$$X=\frac{(V_1-D\times t)\times T}{V_2\rho}\times 100 \tag{11-7}$$

式中　X——试样中水分的含量，g/100g；

V_1——滴定样品时卡尔·费休试剂体积，mL；

T——卡尔·费休试剂的滴定度，g/mL；

M——样品质量，g；

V_2——液体样品体积，mL；

D——漂移量，mL/min；

t——滴定时所消耗的时间，min；

ρ——液体样品的密度，g/mL。

水分含量≥1g/100g 时，计算结果保留三位有效数字；水分含量<1g/100g 时，计算结果保留两位有效数字。

精密度：在重复性条件下获得的两次独立测定结果的绝对差值不得超过算术平均值的 10%。

(3) 特点　该法适合于测定低水分含量的食品，如砂糖、可可粉、糖蜜、茶叶、乳粉、炼乳及香料等食品中的水分测定，其测定准确性比直接干燥法更高，它也是测定脂肪和油类物品中微量水分的理想方法。

(4) 说明与讨论　在使用卡尔·费休法时，若要水分萃取完全，样品的颗粒大小非常重要。通常样品细度约为40目，宜用破碎机处理，不用研磨机以防水分损失，在粉碎样品中还要保证其含水量的均匀性。

① 如果食品中含有氧化剂、还原剂、碱性氧化物等，都会与卡尔·费休试剂所含组分起反应，干扰测定。含有强还原性物质的物料（如抗坏血酸）会与卡尔·费休试剂产生反应，使水分含量测定值偏高；不饱和脂肪酸和碘的反应也会使水分含量测定值偏高。

② 样品溶剂可用甲醇或吡啶，这些无水试剂应加入无水硫酸钠保存。此法中所用的玻璃器皿之前都必须充分干燥，外界的空气也不允许进入到反应室中。

③ 目前已经用其他的胺类来代替吡啶溶解碘和二氧化硫。某些脂肪胺和其他的杂环化合物较适宜。在这些新的铵盐的基础上，分别制备了单组分试剂（溶剂和滴定组分合在一起）和双组分的试剂（溶剂和滴定组分是分开的），单组分使用较方便，而双组分更适合于大量试剂的储存。

④ 在卡尔·费休滴定法中主要的难点和误差来源有：

a. 水分的萃取不完全；b. 空气的湿度；c. 壁上吸附水分；d. 食品组分的干扰，如抗坏血酸被KFR试剂氧化成脱氢抗坏血酸，使水分含量测定值偏高。

11.2.4 其他常见方法

11.2.4.1 传导法

传导法的原理是基于样品中水分含量变化时，会导致其电流传导性随之变化。通过测量其电阻，从而得到的一种具有中等精确度的快速分析方法。测定样品时，温度必须保持恒定，且每个样品的测定时间必须恒定为1min。

11.2.4.2 折光法

通过测量物质的折射率来鉴别物质的组成、确定物质的纯度、浓度及判断物质的品质的分析方法称为折光法。

折射率是物质的一种物理性质，因此油、糖浆或其他液体的折射率可用来表示食品的性质，通过测定液体食品的折射率，可以鉴别食品的组成、确定食品的浓度、判断食品的纯净程度和品质。如果操作正确且样品中无明显固体粒子存在时，折光法分析速度最快且准确性也非常高。折光法现已广泛应用于水果及水果类产品中可溶性固形物的测定。测定食品固形物的方法，也就是间接测定水分的方法。

折光法不仅仅简单地应用在实验室，它还能安装在生产线上以监测产品的波美度，如碳酸饮料、橘汁及牛奶中的固形物含量。

当一光束先后通过两密度不同的介质时，光束会被弯曲或折射，此光线弯曲的程度与介质及在设定的温度、压力下的入射角和折射角的正弦函数有关，该函数值是一个常数。折射率（η）(RI) 是角度的正弦比值：

$$\text{折射率}\ \eta=\sin(\text{入射角})/\sin(\text{折射角}) \qquad (11\text{-}8)$$

所有的化学化合物都有一定的折射度指标，因而，此测定方法得到的RI值可与文献值进行对照，从而能对未知化合物进行定性鉴定。折射率（RI）随化合物的浓度、温度、光的波长的改变而改变。折光仪在一特定波长的光束经玻璃棱镜进入液体样品时可得到一读数值。

11.2.4.3　红外光谱分析

红外光谱测量食品中分子辐射（中、近红外）的吸收，频率不同的红外辐射被食品分子中不同的官能团所吸收，类似于紫外-可见光谱中的紫外光或可见光的选用。根据水分对某一波长的红外光的吸收强度与其在样品中的含量有一定的关系建立红外吸收光谱测水分法。此方法是一种快速测定水分的方法，广泛运用于食品生产领域及实验室中。每个样品用红外光谱分析前都必须进行校正，且分析样品必须为无序分散的。

对于水来说，近红外（NIR）范围（1400～1450nm，1920～1950nm）是水分子中—OH的特征波段，已广泛用于各类食品的水分分析；中红外光谱方法只有通过计算机处理才能分析水分和固形物，因为中波光谱的仪器不能检出水分吸收的波长；远红外光谱法可检测出样品中大约 0.05%的水分含量。

11.3　水分活度

单纯的含水量并不是表示食品稳定性的可靠指标。因为现象表明，有相同含水量的食品却有不同的腐败变质现象。这可以说明水与食品中其他成分结合方式的不同会影响食品的稳定性。水与食品中其他成分紧密结合可减少微生物生长及化学反应所导致的分解变质。用水分活度 A_w 指示食品的腐败变质比用水分含量指示要更具有实际意义。而且，它还是一个感官评定的重要质量指标，比如坚硬还是柔软等其他感官性质。水分活度可以定义为：

$$A_w = p/p_0 \tag{11-9}$$

$$A_w = ERH/100$$

式中　A_w——水分活度；

p——样品上方的水分分压；

p_0——相同温度下纯水的饱和蒸汽压；

ERH——平衡时样品周围的相对湿度。

测定 A_w 的方法很多。在平衡条件下测定食品样品顶空的水分含量来测定 A_w 是比较常用的方法，因为这部分的水分含量与样品的 A_w 有直接关系。在恒温条件下将待测样品放入小型封闭容器中，采用相对湿度感应器测量经平衡后的样品环境中的 ERH 值。另一个简捷而又准确的替代方法是将加热室中样品顶空的水蒸气凝结在有冷却控制的镜子表面。凝结现象开始发生时的温度就被确定为露点，这也就是样品顶空的相对湿度。另外，还有两种途径也可测定 A_w：

① 利用样品冰点气压和水分含量推算 A_w。

② 把平衡样品放入一个保持相对湿度不变的容器中（采用饱和盐溶液），根据其水分含量计算出 A_w。

11.4　水分含量测定方法的比较

测定水分含量的方法有很多，每一种方法都有其各自的特点，因而适用于不同的样品。现从原理、样品的性质、用途三个方面对各种方法进行比较。具体如表 11-4 所示。

表 11-4 水分含量测定方法的比较

原理	烘箱烘干法是将样品中的水分除去，利用测得的剩余固体的质量计算水分含量。存在的误差是非水挥发性物质在干燥过程中也有挥发，但与挥发掉的水相比很小，常忽略不计 蒸馏法也采用将水分从固体物质中分离的方法，然而水分含量是直接通过测定体积来定量 Karl-Fischer 滴定法则基于样品中水分发生化学反应的原理，水分的多少可由滴定液的用量反映出来 传导法是根据水的电化学性质；折光法是源于样品中的水对光反射的影响；近红外分析法是基于食品中的水分子对特征波长的吸收的原理
样品的性质	大多数食品在干燥过程中能耐高温，但有小部分在高温下会挥发分解。某些食品成分在高温下发生化学变化生成水，或者利用水及其他组分，从而影响水分含量的测定。在较低温度下进行真空干燥可能就可以克服上述问题的发生。蒸馏技术能最大程度地减少一些食品微量成分的挥发和分解。对于水分含量非常低或高糖、高脂食品，常常采用 Karl-Fischer 滴定法。折光仪适合于液体样品，尤其适用于液体中成分较少的样品
用途	水分含量的测定值要求能快速用于质量控制，但并不需要很高的精确度。在烘箱干燥法中，微波干燥、红外干燥最为快捷，甚至有些强制通风干燥法能在 1h 内完成，但更多的强制通风干燥和真空干燥所需要的时间更长一些。红外线分析等方法非常快，但是常常需要与非经验性的方法相关联。烘箱干燥法是干燥各种食品产物的法定方法

小结

对于食品生产者和消费者而言，食品中水分含量的多少具有非常重要的意义，因此，水分的测定也就成了一个十分重要的工作。本章主要介绍了几种常用的测定水分含量的方法：烘箱干燥法（包括常压烘箱干燥法、减压烘箱干燥法、微波烘箱干燥法），蒸馏法，卡尔·费休滴定法，物理方法（包括传导法、折光法、红外光谱分析）等。这些方法的目的都是为了除去或测定样品中水分的含量，为后续的性质测定、食品品质的控制等提供一个最基础的数据。每种分析方法都有其自身的特点，对于不同的食品我们要选择不同的水分测定方法，因此可以从食品的特性、仪器的性能、检测的要求、精确度和可靠度等多方面综合考虑，从而选择最合适的分析方法，得到最佳的分析结果。

参 考 文 献

[1] Pomeranz Y，Meloan C. Food Analysis：Theory and Practice. 2nd ed. New York：Chapman & Hall，1994.

[2] Aurand L W，Woods A E，Wells M R. Food Composition and Analysis. New York：Van Nostrand Reinhold，1987.

[3] Josyln M A. Methods in Food Analysis. New York：Academic Press，1970.

[4] Marshall P T. Standard Method for the Examination of Dairy Products. American Public Health Association，Washington DC，1992.

[5] 张水华. 食品分析. 北京：中国轻工业出版社，2008.

[6] Giese J. In-line sensors for food processing. Food Technology，1993，47（5）：87-95.

附　　录

GB/T 5009.3—2010 食品中水分的测定

GB/T 10362—2008 粮油检验玉米水分测定

第12章 灰分及微量元素的分析方法

12.1 概论

在高温灼烧时，食品会发生一系列物理和化学变化，最后有机成分挥发逸散，而无机成分（主要是无机盐和氧化物）则残留下来，这些残留物称为灰分。在食品工业中，灰分的测定有着如下重要的意义：

(1) 评判食品品质　无机盐是人类生命活动不可缺少的物质，无机盐含量是正确评价某食品营养价值的一个指标。

(2) 评判食品加工精度　如面粉的加工精度，在面粉加工中，常以总灰分含量评定面粉等级，富强粉为0.3%～0.5%，标准粉为0.6%～0.9%。

(3) 判断食品受污染的程度　食品的灰分常在一定范围内，如果含量超过了正常范围，说明食品受到了污染。因此，测定灰分可以判断食品受污染的程度。

要获得可靠的分析结果，就必须熟悉各种灰分测定方法的特点。本章将介绍三种主要类型的灰化方法：干法灰化、湿法灰化（氧化）和低温等离子灰化，具体操作方法的选择取决于样品灰化后所测的指标。

大部分新鲜食品的灰分含量不高于5%，纯净的油类和脂的灰分一般很少或不含灰分，而腌熏腊肉制品可含有6%的灰分，干牛肉含有高于11.6%的灰分（按湿基计算）。脂肪、油类和起酥油含有0.0～4.09%的灰分，而牛奶制品含有0.5%～5.1%的灰分，水果、水果汁和西瓜含有0.2%～0.6%的灰分，而干果含有较高的灰分（2.4%～3.5%），面粉类和麦片类含有0.3%～4.3%的灰分，纯淀粉含有0.3%的灰分，小麦胚芽含有4.3%的灰分；含糠的谷物及其制品比无糠的谷物及其制品灰分含量高，坚果及其制品含有0.8%～3.4%的灰分，而肉、家禽和海产品类含有0.7%～1.3%的灰分。

12.2 测定方法

食品的总灰分含量是控制食品成品或半成品质量的重要依据。比如，牛奶中的总灰分在牛奶中的含量是恒定的，一般在0.68%～0.74%，平均值非常接近0.70%，因此可以用测定牛奶中总灰分的方法测定牛奶是否掺假。另外，还可以判断浓缩比，如果测出牛奶灰分在1.4%左右，说明牛奶浓缩了1倍。又如富强粉，麦子中麸皮灰分含量高，而胚乳中蛋白质含量高，麸皮的灰分比胚乳的含量高20倍，就是说面粉的精度越高，则灰分就越低。下面介绍关于各种灰分测定法的原理、材料、设备、操作步骤和应用。

12.2.1 样品的制备

在灰化之前，大多数的干样品不需制备（如完整的谷粒、谷类食品、干燥蔬菜），而新鲜蔬菜则须干燥；高脂样品（如肉类）必须先干燥，脱脂；水果和蔬菜必须考虑水溶性灰分和灰分的碱度，并按湿基或干基计算食品的灰分含量；通过测定灰分的碱度可有效地测定食品的酸碱平衡和矿物质含量，以检测食品的掺杂情况。

在灰分测定或其他测定方法中，样品的取样量不能太小，必须非常仔细操作使其能够代表整个样品，一般取样2～10g。为了达到要求，样品需经研磨粉碎，此步骤一般不会影响灰分的含量，但如果是作为测定矿物质的样品预处理，则不排除微量元素的污染，因为大部分研磨机和绞碎机是钢结构的；此外，玻璃仪器的反复使用也是杂质的来源之一，稀释使用的水也可能含有一些微量元素杂质，故必须使用蒸馏水。

12.2.1.1 植物样品

植物样品在研磨之前，通常用常规的方法干燥样品，干燥的温度对灰分无影响，但样品如果是用于测定蛋白质、纤维素等，则要考虑温度的选择。新鲜的茎和叶组织使用 2 个干燥步骤（即先是在 55℃下，然后再在一个较高的温度下）。水分含量小于 15%的植物样品可直接进行灰化。

12.2.1.2 含脂和糖类样品

由于高脂肪含量和高水分含量（膨胀，溅出）或高糖含量（起泡）可导致样品的损失，在灰化之前，动物制品、糖浆和调味品需要预处理。通常使用蒸汽或红外灯，使样品浓缩干燥，其间加 1 滴或 2 滴橄榄油（不含灰分）消泡。

一些样品在灰化时会产生冒烟和燃烧，在正常的灰化操作之前，可先打开马福炉炉门炭化，再慢慢完成灰化。样品可在干燥和提取脂肪后进行灰化。在大部分情况下，样品在干燥和提取脂肪的过程中矿物质的损失很小。必须注意，在用以提取样品中脂肪的醚未蒸发之前，严禁用明火加热。

12.2.2 干法灰化

目前国标法采用干法灰化来测定食品中的灰分含量，现介绍 GB/T 5009.4—2003《食品中灰分的测定》的原理、方法概述以及特点。

（1）原理 把一定量的样品经炭化后放入高温炉内灼烧，使有机物质被氧化分解，以二氧化碳、氮的氧化物及水等形式逸出，而无机物质以硫酸盐、磷酸盐、碳酸盐、氯化物等无机盐和金属氧化物的形式残留下来，这些残留物即为灰分，称量残留物的重量即可计算出样品中总灰分的含量。

（2）方法概述

① 取大小适宜的石英坩埚或瓷坩埚置马福炉中，在 550℃±25℃下灼烧 0.5h，冷至 200℃以下后，取出，放入干燥器中冷至室温，准确称量，并重复灼烧至恒量。

② 坩埚加入 2～3g 固体试样或 5～10g 液体试样后，准确称量。

③ 液体试样应先在沸水浴上蒸干，固体或蒸干后的试样，先以小火加热使试样充分炭化至无烟，然后置马福炉中，在 550℃±25℃灼烧 4h。冷至 200℃以下后取出放入干燥器中冷却 30min，在称量前如灼烧残渣有炭粒时，向试样中滴入少许水湿润，使结块松散，蒸出水分再次灼烧直至无炭粒即灰化完全，准确称量。重复灼烧至前后两次称量相差不超过 0.5mg 为恒量。

④ 结果计算

$$X=\frac{m_1-m_2}{m_3-m_2}\times 100 \tag{12-1}$$

式中 X——试样品灰分的含量，g/100g；

m_1——坩埚和灰分的质量，g；

m_2——坩埚的质量，g；

m_3——坩埚和试样的质量，g。

在重复性条件下获得的两次独立测定结果的绝对差值不得超过算术平均值的 5%。

（3）特点 该法能处理较大样品量，操作简单、安全。灰化温度一般在 500～600℃，温度升高将会引入坩埚损失而造成的污染。干样一般不超过 10g，鲜样不超过 50g。样品量过大，易引起灰化困难或时间太长。相反样品量太少，也会引入样品不均匀性的误差。时间通常控制在 4～8h。灰化是否完全通常以灰分的颜色判断。当灰分呈白色或灰白色但不含炭粒时，则认为灰化完全。

(4) 说明与讨论

① 与AOAC相比，此法的优点在于可加大取样量，操作者不需要时常观测，操作简单不需要使用大量试剂，空白值小。主要缺点为对挥发性物质的损失较湿法消化大，灰化时间长，常需过夜完成，且易被氧化或被吸收，导致回收率低。

② 灰化时一般以灼烧至灰分呈白色或浅灰色，无炭粒存在并达到恒重为止。通常根据经验灰化一定时间后，观察一次残灰的颜色，以确定第一次取出的时间，取出后冷却、称重，再放入炉中灼烧，直至达恒重。灰化至达到恒重一般需2～5h。

③ 灰化温度过高，将引起钾、钠、氯等元素的挥发损失，而且磷酸盐、硅酸盐类也会熔融，将炭粒包藏起来，使炭粒无法氧化；灰化温度过低，则灰化速度慢、时间长，不易灰化完全，也不利于除去过剩的碱（碱性食品）吸收的二氧化碳。因此，必须选择合适的灰化温度。

④ 对有些样品，即使灰化完全，残灰也不一定呈白色或浅灰色。如：铁含量高的食品，残灰呈褐色；锰、铜含量高的食品，残灰呈蓝绿色。有时即使灰的表面呈白色，内部仍残留有炭块。

⑤ 目前测定食品中灰分含量的国标法采用的是干法灰化法，在这种灰化方法中，一些元素如铁、硒、铅和汞可被部分挥发，因此，如样品灰化后要用于特殊元素分析时，必须选择其他方法。

12.2.3　湿法灰化

(1) 原理　向样品中加入强氧化剂，并加热消煮，使样品中的有机物质完全分解、氧化，呈气态逸出，待测成分转化为无机物状态存在于消化液中，供测试用。常用的强氧化剂有浓硫酸、浓硝酸、高氯酸、高锰酸钾和过氧化氢等。湿法灰化也称湿法氧化或湿法分解，它主要用于矿物质分析和有毒元素分析的样品预处理。

(2) 方法概述　以下是用硝酸-高氯酸进行湿法氧化的操作步骤：

① 将1g干燥研碎的样品，放入150mL的烧杯中。

② 加10mL硝酸，可以浸泡，如果是高脂样品可以浸泡过夜。

③ 加入3mL 60%的高氯酸（预防措施：在移取过程中，在移液管下方放一只烧杯），放在电炉上缓慢加热至350℃，直到起泡结束和硝酸基本挥发干。

④ 继续加热至高氯酸产生大量烟雾，然后在烧杯上放置观测玻片，观察溶液颜色至无色或浅黄色，液体不能烧干。

⑤ 移去烧杯，冷却。

⑥ 用尽量少的蒸馏水洗涤观测玻片，然后再加入10mL 5%的盐酸。

⑦ 移入容量瓶（通常为50mL）中定容。

⑧ 结束后冲洗高氯酸通风橱。

(3) 特点　湿法灰化法的优点是：分解速度快，所需时间短，可减少损失。样品中的矿物质溶解在溶液中，氧化的温度较低，挥发物质损失小。

湿法灰化法的缺点是：产生大量的有害气体，需要操作人员经常看管，需要氧化剂，每次仅消化少量样品，操作必须在高氯酸通风橱内进行，试剂用量大，空白值偏高。

(4) 说明与讨论

① 与国标法（干法灰化法）相比，湿法灰化的优点为：对挥发性物质的损失较干法灰化小，需要的时间较干法灰化短，回收率相对较高。缺点为：取样量较小，操作者需要时常观测，操作较复杂，使用试剂量较大，空白值相对较大。

② 在湿法灰化中，使用单一的酸不能快速、完全地氧化有机物，对于不同的消化样品，可使用硝酸和硫酸或高氯酸和氯酸钾或硫酸盐的不同组合。通常硝酸和高氯酸的氧化作用比硫酸和硝酸的氧化作用强，但高氯酸易爆炸，因此建议使用一种易冲洗的、特制的、不含塑

料和甘油基质的高氯酸通风橱。

③ 以上所述的湿法灰化技术非常危险，具体的预防措施见 AOAC 测定方法中“特殊化学危险品的操作”。

12.2.4 低温等离子灰化

(1) 原理 低温灰化法是在低温下（一般为 $T<100\sim300$℃）利用高能态活性氧原子氧化有机物。当电场加到低压的氧气中，电场使空间中自由电子运动加速，而低压使分子间相互碰撞概率减少，从而易于获得高动能。高速电子碰撞氧分子，使外层电子电离。这些电离出的电子又被加速，发生连锁反应，产生大量电子。这些高能级的电子与氧分子相撞，使氧分子获得高能量而解离，形成含有化学活性极高的氧原子的氧等离子体。

(2) 方法概述 将干燥后经准确称量的样品放在石英烧杯中，引入氧化室，密闭灰化室，开启真空装置，在维持一个特定的低真空状态的同时，通入小流量的氧气或空气，频率发生器在略小于 14MHz 频率的条件下开启，通过调节其功率（50～200W）来控制和调整灰化速度，可透过灰化室来观察灰化速度。用氧等离子体低温灰化使呈白色粉末状为灰化终点，灰化后的其他操作步骤同高温灰化。

关于每种低温等离子灰化设备的操作特点可能不尽相同，如何正确操作，可查阅设备的有关操作指南。

(3) 特点 低温等离子灰化法是干法灰化的一种变通方法。灰化时样品中输入少量的氧气或空气，用一个高频电磁场裂化反应器，生成初生态氧，通过调整电源频率可改变灰化的速度，使之成为一个较缓和的灰化过程，灰分物质的微观结构（例如片状的草酸钙晶柱）保持良好。

(4) 说明与讨论

① 与国标法相比，这种测定方法的主要优点是：损失的微量元素少，使用的低温（小于 150℃）通常使细微的晶体结构保持不变。主要缺点是样品容量小和设备的损耗。然而，在某些情况下，特别是在灰化易挥发性盐样品时，它可能是首选的方法。

② 由于等离子体氧的低温灰化是从试样表面进行的，因此为加速氧化过程，试样必须尽量地粉碎，而且应该用底部面积大的试样舟，将试样薄薄地铺在上面以增加表面积。

③ 一般低温灰化装置，氧化的样品厚度，只能达到 2～3mm。在样品中加搅拌等操作可以防止表面层的形成，有利于加速氧化速度和深度。

12.2.5 微波灰化

(1) 原理 微波热效应原理为物质的离子、极性分子及因电场作用而产生的极化分子在迅速交变的微波场中交替排列，高速振荡、摩擦和碰撞而瞬间产生的。

(2) 方法概述 硝酸-盐酸消解：称取 1～2g 干试样置于消解罐中，加入 10mL 硝酸和 5mL 盐酸，旋紧罐盖，静置一夜以防加热反应过分激烈，然后，按下列步骤在微波炉中进行处理：30%全功率 4min→50%全功率 4min→100%全功率 4min。将样品罐静置冷却至室温，开盖，浓缩至 2mL，在 25mL 容量瓶中用去离子水稀释至刻度。

(3) 特点 微波灰化法的主要优点为速度快，不改变反应方向，效率高，可防止元素的挥发、污染和毒害。在灰化各种样品时，不管样品是在敞开或密闭的容器内，使用程序化的微波湿法消化器与马福炉相比缩短了灰化时间，这些系统可以程序升温，先脱水，然后灰化，同时可控制真空度和温度。

微波灰化法的主要缺点为能处理的样品数量有限。

(4) 说明与讨论

① 与国标法相比，其主要优点为：升温速度快且易控制；无须炭化直接灰化；灰化时间短；瞬间冷却。

② 有机样品应限制到≤0.5～2g 物质/容器。陌生样品从 0.1～0.2g 开始逐渐增加到 0.5g，这将防止样品消解过程中过量气体副产物的积累。无机样品量应限制在≤10g 物质/

容器。典型的限制因素是消解/萃取品所需酸的量。有机-无机混合样时，如果样品中含有5%以上有机物时，需把此样品视为有机物，并依据有机物的处理方式来消化整个样品。

③ 一般温度不超过250℃，压力（视仪器的质量）一般不超过20atm（1atm＝101325Pa）。

12.2.6　其他灰分的测定方法

12.2.6.1　水溶性灰分和水不溶性灰分的测定

水溶性灰分和水不溶性灰分是检测食品质量的一个指标。以下将介绍GB/T 8307—2002《茶　水溶性灰分和水不溶性灰分测定》的原理、操作方法以及特点。

（1）原理　用热水提取总灰分，经无灰滤纸过滤、灼烧、称量残留物，测得水不溶性灰分，由总灰分和水不溶性灰分的质量之差算出水可溶性灰分。

（2）方法概述

① 取样　按GB/T 8302的规定。

② 试样制备　按GB/T 8303的规定。

③ 总灰分制备　按GB/T 8306的规定。

④ 测定　用25mL热蒸馏水，将灰分从坩埚中洗入100mL烧杯中。加热至微沸，趁热用无灰滤纸过滤，用热蒸馏水分次洗涤烧杯和滤纸上的残留物，直至滤液和洗液体积达150mL为止。将滤纸连同残留液移入原坩埚中，在沸水浴上小心蒸去水分。移入高湿炉内，以525℃±25℃灼烧至灰中无炭粒量（约1h）。待炉温降至300℃左右时，取出坩埚，于干燥器内冷却至室温，称量。再移入高温炉内灼烧30min，取出坩埚，冷却并称量，重复此操作，直至连续两次称量差不超过0.001g为止，即为恒量。以最小称量为准。

⑤ 结果计算

$$\text{水不溶性灰分}(\%)=\frac{M_1-M_2}{M_0-m}\times 100 \tag{12-2}$$

式中　M_1——坩埚和水不溶性灰分的质量，g；

M_2——坩埚的质量，g；

M_0——试样的质量，g；

m——试样干物质含量，%。

$$\text{水溶性灰分}(\%)=\frac{M_1-M_2}{M_0-m}\times 100 \tag{12-3}$$

式中　M_1——总灰分的质量，g；

M_2——水不溶性灰分的质量，g；

M_0——试样的质量，g；

m——试样干物质含量，%。

（3）适用范围及特点　本标准适用于茶叶中水溶性灰分和水不溶性灰分的测定。在本标准中，水溶性灰分是指在规定条件下总灰分中溶于水的部分，而水不溶性灰分则是指在规定条件下总灰分中不溶于水的部分。

（4）说明与讨论

① 本操作中所需部分仪器和用具为：坩埚，瓷质，高型，容量30mL；高温电炉，温控(525±25)℃；分析天平，感量0.0001g；干燥器，内盛有效干燥剂。

② 本实验中同一样品的两次测定值之差，每100g试样不得超过0.2g。如果符合得复性的要求，取两次测定的算术平均值作为结果（保留小数点后一位）。

12.2.6.2　酸不溶性灰分

这种灰分的测定是对食品表面上的杂质进行分析的一种有效方法，这些杂质一般是硅酸盐和酸不溶性盐（除氢溴酸外）。以下将介绍GB/T 9825—2008《油料饼粕盐酸不溶性灰分测定》的原理、操作方法以及特点。

(1) 原理　用一定浓度的盐酸处理总灰分，以除去可溶部分，然后将不溶解的残余物灼烧并称量。

(2) 方法概述

① 试样的灰化

② 测定　试样灰化后，取10mL 3mol/L HCl溶液注入灰化皿中，以浸泡所得的总灰分，用一表面皿盖上此灰化皿。缓慢加热，取大约50mL 3mol/L HCl溶液分数次洗涤表面皿和灰化皿，并将皿中的灰分及洗涤液定量地转移到250mL烧杯中。加热至沸，保持微沸10min，然后用定量滤纸过滤，并用沸水洗涤滤纸及残渣至无氯离子检出为止（用硝酸溶液检验）。

预先将灰化皿在550℃±15℃的马福炉中灼烧15～30min，在干燥器中冷却至室温并称量（m_1）。将滤纸和残渣置于灰化皿中，置于电热板或电炉上逐渐加热直至滤纸炭化，然后再移入550℃±15℃的马福炉中，灼烧至残余物中无明显可见的炭质颗粒为止（通常为1h）。将灰化皿置于干燥器内冷却至室温，称量（m_2），再将灰化皿放入马福炉中，于550℃±15℃下灼烧30min后，置于干燥器中冷却至室温并再次称量，如此操作直至恒量，即两次连续称量之差小于或等于0.002g。同一试样进行两次测量。

③ 结果计算

a. 盐酸不溶性灰分按式(12-4) 计算：

$$X=\frac{m_2-m_1}{m_0}\times 100 \tag{12-4}$$

式中　X——试样中盐酸不溶性灰分的质量分数，%；

m_2——灰化皿和灼烧后所得残渣的质量，g；

m_1——灰化皿的质量，g；

m_0——供测定总灰分的试样质量，g。

b. 如果盐酸不溶性灰分以干基计，可按式(12-5) 计算：

$$X_g=\frac{m_2-m_1}{m_0}\times\frac{100}{100-U}\times 100 \tag{12-5}$$

式中　X_g——试样中盐酸不溶性灰分（以干基计）的质量分数，%；

m_2——灰化皿和灼烧后所得残渣的质量，g；

m_1——灰化皿的质量，g；

m_0——供测定总灰分的试样质量，g；

U——试样中水分及挥发物的质量分数，%。

(3) 适用范围及特点　本标准规定了油料饼粕中盐酸不溶性灰分的测定方法，适用于压榨法或浸出法从油料中提取油后，饼粕（复合产物除外）中盐酸不溶性灰分含量的测定。在本标准中，盐酸不溶性灰分定义为在所述的操作条件下，总灰分用盐酸处理后所保留的不溶解部分。

(4) 说明与讨论

① 与AOAC法相比，该法准确度更高，操作更复杂。AOAC法测酸不溶性灰分的操作步骤为：总灰分或水不溶性灰分中加入25mL 10%HCl；盖上盖子并煮沸5min；用无灰滤纸过滤，并用热蒸馏水洗涤数次；灰化滤纸和残留物30min以上；称量并计算百分含量。

② 除非另有说明，所用试剂为分析纯，所用水应符合GB/T 6682中三级水的要求。所需仪器和器具有分度值为0.1mg的分析天平；直径约60mm，高度不超过25mm，材料为铂、铂的合金、石英或瓷质的平底灰化皿；中速，无灰的滤纸；可控制在550℃±15℃的马福炉；装有有效干燥剂的干燥器。

12.3 方法的比较

本章介绍了三种主要类型的灰化方法：干法灰化，湿法灰化（氧化），低温等离子灰化。具体操作方法的选择取决于样品灰化后所测的指标。

采用干法灰化处理样品时，采用不同的温度，进行样品的灰化，对不同的元素影响不同。高温干法灰化的优点在于能灰化大量样品，方法简单，无试剂污染，空白低，但对低沸点的元素常有损失，其损失程度取决于灰化温度和时间，还取决于元素在样品中的存在形式。而低温干法灰化的优点在于低沸点元素挥发损失小，但试剂用量大，空白较高。

湿法灰化属于氧化分解法。用液体或液体与固体混合物作氧化剂，在一定温度下分解样品中的有机质。湿法灰化与干法灰化不同。干法灰化是靠升高温度或增强氧的氧化能力来分解样品有机质。而湿法灰化则是依靠氧化剂的氧化能力来分解样品，温度并不是主要因素。

低温等离子灰化是一种特殊的干法灰化方法，用这种灰化方法可保留易挥发元素，还可以避免污染和挥发损失以及湿法灰化中的某些不安全性。与国标法相比，其主要优点为可氧化所有的有机物，可保留易挥发元素。主要缺点为费用昂贵，耗时太长，而且只能消化少量样品。

使用微波技术的干法和湿法灰化提供了一种只需要少量辅助设备（特制的通风橱）或空间（恒温室）的新型的快速分析方法。

12.4 几种重要矿物质的测定

12.4.1 钙的测定

下面将介绍GB/T 14610—2008《谷物及制品中钙的测定》的操作过程。

(1) 原理　样品经灰化后，在酸性溶液中钙与草酸生成草酸钙，经硫酸溶解后，用高锰酸钾标准溶液滴定，计算出钙含量。

(2) 方法概述

① 样品制备　依照GB/T 14610—2008的规定。

② 试样处理　准确称取10g试样，精确至0.0001g，置于坩埚中，放在电热板上炭化至无烟。将其移至已预热的高温电炉中，550℃下灰化至不含炭粒为止。取出已经灰化好的样品，放入干燥器皿冷却至室温，加入5mL 5mol/L HCl，要求HCl从坩埚的上部四周均匀加入，达到冲洗四周壁的效果，然后置于电热板上蒸发至近干。

向坩埚中加入2mL 0.5mol/L HCl溶解残留物质，加盖表面皿，置于电热板上加热5min，用水冲洗表面皿，然后将坩埚中的溶解物质用无灰滤纸过滤至500mL的烧杯中，稀释至150mL。

向烧杯中滴加溴甲酚绿指示剂8～10滴和足量的乙酸钠溶液，使溶液呈蓝色，加盖表面皿，在电热板上加热至沸腾。

用滴管缓缓滴入草酸溶液，每3～5s加一滴，滴定至溶液呈绿色为止，如果呈黄绿色或者蓝色将不利于草酸钙沉淀。

煮沸上述溶液1～2min，静置澄清过夜。将上层清液用中速定量无灰滤纸过滤，用氨水溶液分2～3次洗涤沉淀并振荡烧杯，合并过滤，弃去滤液。

用已加热至80～90℃的硫酸溶液洗涤过滤滤纸并溶解沉淀物。

③ 滴定　用0.01mol/L $KMnO_4$ 标准溶液滴定预先加热至70～90℃的滤液，至溶液呈淡粉色并维持30s不退色。将预先加热的约150mL 25%（体积分数）的 H_2SO_4 溶液用

0.01mol/L $KMnO_4$ 标准溶液滴定至呈淡粉色并维持 30s 不褪色，作为空白值。

④ 结果计算　试样中钙的干基含量（H）以质量分数表示，按下式计算：

$$H=\frac{(V-V_0)\times c\times 100}{m\times(1-X)} \tag{12-6}$$

式中　c——高锰酸钾标准溶液的摩尔浓度，mol/L；

H——试样中钙的干基含量，mg/kg；

V_0——空白消耗高锰酸钾标准溶液的体积，mL；

V——试样消耗高锰酸钾标准溶液的体积，mL；

m——试样质量，g；

X——试样水分含量，%；

100——1mol/L 高锰酸钾溶液相当于钙的质量，mg。

(3) 适用范围及特点　本标准规定了谷物及制品中钙的测定原理、试剂和材料、仪器设备、操作步骤、结果计算及重复性，适用于谷物及制品中钙的测定。

(4) 说明与讨论

① 为了缩短灰化的处理时间或处理难以灼烧至不含炭粒的样品，本操作中灰化助剂选用优级纯浓硝酸，滤纸选用中速定量无灰滤纸。

② 操作中除非另有说明，均使用分析纯试剂。灰化好的试样应是灰白色，若灰分中有黑色颗粒时，应取出坩埚放至室温后加水或稀盐酸湿润，在电烘箱中烘干后再次于 550℃±20℃高温炉中灰化，直至灰分呈灰白色。

12.4.2 磷的测定

下面介绍 GB/T 23375—2009《蔬菜及其制品中铜、铁、锌、钙、镁、磷的测定》的操作方法。

(1) 原理　样品经酸消解后，在酸性条件下磷与钼酸铵结合成磷钼酸铵。此化合物经对苯二酚、亚硫酸钠还原成蓝色化合物——钼蓝。用分光光度计在波长 660nm 处测定钼蓝的吸光度，其吸光度与磷含量成正比，与标准系列比较定量。

(2) 方法概述

① 试样分解　称取鲜样 5～20g 或干样 0.5～2.5g 于 150mL 锥形瓶中，含乙醇或二氧化碳的样品，先在电热板上低温加热除去乙醇或二氧化碳。加 15mL 混合酸，加盖小漏斗放置片刻，置于电热板上低温缓缓加热，待作用缓和再升温继续消解。若消解液剩余约 5mL 时仍有未分解物质或色泽变深，取下稍冷，补加硝酸 3～5mL，再消解至 5mL 左右观察，如此重复至无上述现象，注意避免炭化。继续加热至冒白烟，消解液呈无色透明或略带黄色即消解完全。加几毫升水，加热以除去多余的硝酸，待锥形瓶中液体接近 2～3mL 时，取下冷却。加 2mL 盐酸溶液稍加热，将试样分解液洗入 50mL 容量瓶中，用水分次洗涤锥形瓶，洗液并入容量瓶中，并稀释至刻度。以水代替样品，按同一操作方法同时做试剂空白试验。

② 标准曲线的绘制　分别吸取磷标准使用液 0.00mL、2.50mL、5.00mL、10.00mL、15.00mL、20.00mL，置于 50mL 容量瓶中，依次加入 4.0mL 钼酸铵溶液摇匀，静置几秒钟。加入 2.0mL 亚硫酸钠溶液、2.0mL 对苯二酚溶液摇匀，用水稀释至刻度，则标准系列浓度为：0.00mg/L、0.50mg/L、1.00mg/L、2.00mg/L、3.00mg/L、4.00mg/L。室温 20℃以上放置 30min 后，用 1cm 比色环，以零管溶液调节零点，于分光光度计 660nm 波长处测定吸光度。以磷含量为横坐标，吸光度为纵坐标，计算出直线回归方程或绘制标准曲线。

③ 磷的测定　准确吸取试样分解液 1.00～5.00mL 及同量的空白溶液，分别置于 50mL 容量瓶中，以下按标准曲线绘制中“依次加入 4.0mL 钼酸铵溶液摇匀”起依法操作，以测得的吸光度由直线回归方程计算出或由标准曲线查得试样测定液中的磷含量。若试样测定液吸光度大于标准系列最高点吸光度，则应将测定液稀释后重新测定。

④ 分析结果的计算：

$$\omega=\frac{\rho\times V_4}{m}\times\frac{V_1}{V_2}\times10^{-4} \tag{12-7}$$

式中　ω——样品中磷的含量，%；

ρ——试样测定液中磷质量浓度，mg/L；

V_4——试样测定液显色体积，mL；

m——样品的质量，g；

V_1——试样分解液定容体积，mL；

V_2——测定用分取试样分解液体积，mL。

(3) 适用范围及特点　本标准规定了蔬菜及其制品中磷的测定方法，适用于蔬菜及其制品中磷的测定。操作中磷标准使用液为10.0mg/L。

(4) 说明与讨论

① 本方法磷的检出限为：0.05mg/L，线性范围为：0.1～10mg/L。除非另有说明，在分析中使用分析纯试剂和GB/T 6682中规定的二级以上水。操作中亚硫酸钠溶液要现用现配，否则可使钼蓝溶液发生浑浊。

② 磷标准溶液可按以下方法配制：准确称取（0.4394±0.0001)g在105℃下干燥的基准磷酸二氢钾（KH_2PO_4），置于烧杯中，用水溶解后转移至1000mL容量瓶，并稀释至刻度。使用时，用水将磷标准贮备液逐渐稀释至每毫升10.0μg磷。

③ 实验中所用玻璃仪器均以硝酸浸泡24h以上，用自来水反复冲洗，然后用水洗净晾干，所用器皿应避免与金属或橡胶制品接触，严防污染。

12.5　限量元素——铁和铜含量的测定

限量元素铁和铜含量的测定，也可参照GB/T 23375—2009《蔬菜及其制品中铜、铁、锌、钙、镁、磷的测定》。

(1) 原理　样品经酸消解后，导入原子吸收分光光度计，测试液中铜、铁原子化后分别吸收324.8nm、248.3nm共振线，在一定浓度范围内，吸光度与其浓度成正比，与标准系列比较定量。

(2) 方法概述

① 试样分解　操作步骤见12.4.2。

② 标准工作曲线的绘制　分别吸取铜、铁标准使用液0.00mL、2.00mL、4.00mL、6.00mL、8.00mL、10.00mL于50mL容量瓶中，加2.0mL盐酸溶液，用水定容至刻度，则各标准系列浓度为铜：0.00mg/L、0.20mg/L、0.40mg/L、0.60mg/L、0.80mg/L、1.00mg/L，铁：0.00mg/L、1.00mg/L、2.00mg/L、3.00mg/L、4.00mg/L、5.00mg/L。

③ 铜、铁的测定　在测定标准系列溶液的同时，将试样分解液和试剂空白液导入火焰原子化器，分别测得各元素吸光度，然后由各元素的直线回归方程计算出或由工作曲线查得试样分解液中铜、铁的含量。

④ 分析结果的计算为：

$$\omega=\frac{(\rho_1-\rho_0)\times V_1}{m} \tag{12-8}$$

式中　ω——试样中铜、铁的含量，%；

ρ_0——试剂空白液中铜、铁的质量浓度，mg/L；

ρ_1——试剂测定液中铜、铁的质量浓度，mg/L；

V_1——试样分解液定容体积，mL；

m——试样质量，g。

（3）适用范围及特点 本标准适用于蔬菜及其制品中铜、铁的测定。其中铜、铁标准贮备液均为1000mg/L，铜、铁标准使用液分别为5.00mg/L、25.0mg/L。

（4）说明与讨论

① 本方法检出限为：铜0.05mg/L，铁0.10mg/L。线性范围为：铜0.1～10mg/L，铁0.12～10mg/L。

② 所用玻璃仪器均以硝酸浸泡24h以上，用自来水反复冲洗，然后用水洗净晾干，所用器皿应避免与金属或橡胶制品接触，严防污染。

小结

灰分含量代表食品中总的矿物质含量。灰分含量的测定十分重要，它是直接用于营养评估分析的一个部分。在对一些特殊元素的分析中，首先就是利用灰化技术。我们通常认为动物制品的灰分是一个恒定含量，而植物资源的情况却是多种多样的。

本文所介绍的灰分测定的每一种方法都需要昂贵的设备，特别是分析大量的样品时。目前正在对微波技术进行评估，并与标准的湿法灰化和干法灰化的设备和方法进行对比。尽管硝酸-高氯酸测定法相对快速，但其他灰化方法可避免使用价格昂贵的高氯酸通风橱。低温等离子灰化除了在灰化器方面的投资外，还需要一个大容量的真空泵，显然，这是根据样品预处理后所要分析物元素种类决定的，一些微量的、易挥发元素的测定要求特殊的设备和操作。

参 考 文 献

[1] [美] 苏珊娜 S. 尼尔森（S. Suzanne Nielsen）著. 食品分析. 第2版. 杨严俊等译. 北京：中国轻工业出版社，2002.
[2] 陈道宗，周才琼，童华荣编著. 茶叶化学工程学. 重庆：西南师范大学出版社，1999.
[3] 大连轻工业学院，华南理工大学等合编. 食品分析. 北京：中国轻工业出版社，1994.
[4] 张水华. 食品分析. 北京：中国轻工业出版社，2004.

附 录

GB/T 5009.4—2003《食品中灰分的测定》
GB/T 8307—2002《茶 水溶性灰分和水不溶性灰分测定》
GB/T 9825—2008《油料饼粕盐酸不溶性灰分测定》
GB/T 14610—2008《谷物及制品中钙的测定》
GB/T 23375—2009《蔬菜及其制品中铜、铁、锌、钙、镁、磷的测定》

第13章 碳水化合物的测定

13.1 绪论

碳水化合物是由碳、氢、氧三种元素组成的一类化合物，提供的热量占人类饮食摄入量的70%以上，是人体能量的主要来源，并参与人体生理代谢过程。其基本结构、化学性质和各种术语可见参考文献[1]和[2]。

碳水化合物包括单糖、双糖和多糖，其中单糖是糖的基本组成单位。食品中的单糖主要有葡萄糖、果糖和半乳糖，它们都是多羟基醛或多羟基酮。由2～10个分子的单糖通过糖苷键连接形成的直链或有支链的一类糖称为低聚糖（又称寡糖），包括普通低聚糖和功能性低聚糖两类。蔗糖、乳糖和麦芽低聚糖等属于普通低聚糖，功能性低聚糖包括异麦芽低聚糖、低聚果糖、低聚半乳糖、低聚木糖等。由很多单糖缩合而成的高分子化合物，称为多糖。其中由同一单糖构成的称为同多糖，如淀粉、纤维素等；由不同单糖分子和糖醛酸分子组成的多糖称为杂多糖，如果胶、黄原胶等。自然界中至少有90%的碳水化合物是以多聚糖形式存在。除淀粉类多聚糖能同单糖和普通低聚糖一样被人体消化作为热源利用外，其他多聚糖均不能被消化。

碳水化合物广泛存在于食品中，其主要分布可参见表13-1。除乳糖存在于乳制品中外，其他碳水化合物几乎都来自于植物。

表13-1 食品中一些主要的碳水化合物

碳水化合物	来源	组成
单糖		
D-葡萄糖(右旋)	天然存在于蜂蜜、水果和果汁中，以及作为玉米糖浆、高果玉米糖浆中的成分，也可在蔗糖水解转化过程中产生	
D-果糖	天然存在于蜂蜜、果汁、高果玉米糖浆，也可在蔗糖水解过程中产生	
糖醇		
D-山梨醇	添加于食品中，主要作为保湿剂	
蔗糖	广泛存在于水果、蔬菜组织和果汁中，以及作为添加用的糖(结晶和液体)	D-葡萄糖 D-果糖
乳糖	存在于牛乳及其乳产品中	D-半乳糖 D-葡萄糖
麦芽糖	存在于麦芽中，在各种玉米(葡萄糖)糖浆和麦芽糊精中含量不等	D-葡萄糖
低聚麦芽糖	存在于各种玉米糖浆和麦芽糊精中，含量不等	D-葡萄糖
棉子糖	少量存在于豆类中	D-葡萄糖 D-果糖 D-半乳糖
水苏糖	少量存在于豆类中	D-葡萄糖 D-果糖 D-半乳糖
多聚糖		
淀粉	广泛存在于谷物和块茎，以及作为加工食品中的添加剂	D-果糖

续表

碳水化合物	来　源	组　成
食品胶	作为食品添加剂	
海藻酸		
羧甲基纤维素		
角叉菜胶		
瓜尔豆胶		
阿拉伯树胶		
羟甲基纤维素		
刺槐豆胶		
甲基纤维素		
果胶		
黄原胶		
细胞壁多糖	自然存在	
原果胶		
纤维素		
半纤维素		
β-葡聚糖		

碳水化合物的定性定量分析在食品工业中具有十分重要的意义。在食品加工工艺中，糖类对改变食品的形态、组织结构、理化性质及色、香、味等感官指标起着十分重要的作用。食品所含糖类的种类与含量在一定程度上标志着营养价值的高低，是某些食品的主要质量指标。

按照美国食品和药物管理局（FDA）对食品营养的规定，食品中“总碳水化合物含量”必须从食品总重中减去粗蛋白质、总脂肪、水分、灰分含量后才能得到。而“剩余碳水化合物”（以前称为“碳水化合物混合物”）可从总碳水化合物含量中减去膳食纤维、糖、糖醇后得到。这里的糖包括葡萄糖、果糖、蔗糖和乳糖，糖醇是指山梨醇。

13.2 食品中糖类物质的测定方法

碳水化合物是人类的主要食品，从摄入的碳水化合物中获取的能量占能量总摄入量的50%～70%。长期以来，人类大量食用、加工和贮藏天然碳水化合物食品，以碳水化合物为主的加工食品和食品原料种类繁多，如蔗糖、葡萄糖、果葡糖浆及碳水化合物亲水胶体等，近年来还涌现出许多碳水化合物保健食品，如动物性多糖、功能性低聚糖等。碳水化合物食品在食品工业中占有重要的地位，因此，碳水化合物的分析与测定方法研究也就显得尤为重要。

碳水化合物的测定方法如图13-1所示。

碳水化合物的测定方法
1. 物理法：包括相对密度法，折光法和旋光法
2. 化学法：包括还原糖法、碘量法和比色法
3. 色谱法：包括纸色谱、薄层色谱、HPLC 和 GC
4. 酶法：如用淀粉酶测定淀粉含量等
5. 称量法：如测定果胶、纤维素、膳食纤维的含量等
6. 其他方法：如电泳法、生物传感器法等

图 13-1　碳水化合物测定方法归纳

13.3　样品的制备

由于碳水化合物的溶解度范围很广，故样品的制备与食品原料、配料、待测产品类型及测定的碳水化合物种类有关。常见的方法如图 13-2 所示。

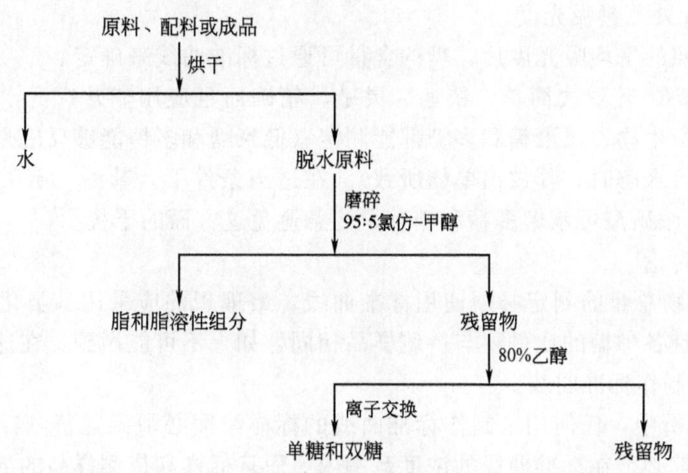

图 13-2　单糖和双糖的样品制备和提取方法示意图

13.4　单糖和低聚糖的测定

13.4.1　概述

食品原料和产品是非常复杂的，其含有的各种组分很有可能对单糖和低聚糖的测定造成干扰，因此，测定时，首先要对含脂物质进行脱脂处理，然后采用 80% 的热乙醇溶液对待测样品进行萃取。如果食品原料或产品太酸，如低 pH 的果汁，则在萃取前有必要进行中和以防止蔗糖的水解。80% 乙醇萃取物除了碳水化合物外，还有灰分、色素、有机酸，还可能会含有游离氨基酸和低分子量多肽。由于单糖和低聚糖是中性的，而杂质则带有电荷，因此可用离子交换色谱法去除。

13.4.2　碳水化合物总量的测定

利用多糖能被酸水解为单糖的性质可以通过测定水解后的单糖含量对总糖进行测定。食品中的总糖通常是指具有还原性的糖（葡萄糖、果糖、乳糖、麦芽糖等）和在测定条件下能水解为还原性单糖的蔗糖的总量。总糖是食品生产中的常规分析项目。它反映的是食品中可溶性单糖和低聚糖的总量，其含量高低对产品的色、香、味、组织形态、营养价值、成本等有一定的影响。苯酚-硫酸法和蒽酮比色法是常用的两种方法，其中，苯酚-硫酸法也是国际上的通用方法。

13.4.2.1　苯酚-硫酸法

（1）原理　糖在浓硫酸作用下，脱水生成的糠醛或羟甲基糠醛能与苯酚缩合成一种橙红色化合物，在 10～100mg 范围内其颜色深浅与糖的含量成正比，且在 490nm 波长下有最大吸收峰，故可用比色法在此波长下测定。苯酚-硫酸法可用于甲基化的糖、戊糖和多聚糖的测定。

（2）方法概述

① 葡萄糖标准曲线的制作。

② 定量移取碳水化合物的水溶性澄清液加入小试管中，并且用水做空白对照。

③ 加入苯酚的水溶液使其混合。

④ 小心而迅速地向试管中加入浓硫酸并充分振荡混合。试管内发生剧烈反应（因加入浓硫酸后产生大量的热），反应结束得到橙黄色溶液。

⑤ 在 490nm 处测量吸光度。

减去空白对照的平均吸光度后，糖的含量可通过标准曲线来确定。

（3）特点　苯酚-硫酸法简单、快速、灵敏、精确而且应用非常广泛，几乎所有类型的糖，包括单糖的衍生物、低聚糖和多糖都能测定（低聚糖和多糖能够反应是因为它们在强酸和加热条件下进行水解时，释放出单糖所致）。在适当条件下，苯酚－硫酸法的精确度可达到±2%，但由于浓硫酸可水解多糖和糖苷，注意避免这方面的干扰。

（4）说明与讨论

① 碳水化合物总量的测定必须使用标准曲线，最理想的应采用糖类化合物的混合物制作标准曲线，并且各种糖的比例要与待测样品相同，如果不可能做到，在这种情况下，就只能以 D-葡萄糖来制作标准曲线。

② 在任何分析中，任何用来制作标准曲线的标样浓度必须涵盖待测样品浓度，即所有待测样品的浓度都必须在标准曲线的浓度范围内，而且标样和待测样品的浓度都必须处于该方法灵敏度范围内。如果样品浓度超出了灵敏度的上限，必须将其稀释后才可测定。各种单糖的标准曲线均只在 0～30μg 含量范围内呈较好的线性关系，因此制作标准曲线时，单糖浓度不宜太大。

③ 多糖在浓硫酸作用下，先水解成单糖，并迅速脱水生成糖醛衍生物，与苯酚反应生成橙黄色溶液，此溶液在适当波长处（490nm）有特征吸收，可测定多糖含量，结果准确，重现性好。

④ 在营养学上，总糖是指能被人体消化、吸收利用的糖类物质的总和，包括淀粉。这里所讲的总糖不包括淀粉，因为在测定条件下，淀粉的水解作用很微弱。

13.4.2.2　蒽酮比色法

其原理为：糖类在较高温度下被浓硫酸作用而脱水生成糠醛或羟甲基糠醛后，与蒽酮（$C_{14}H_{10}O$）脱水缩合，形成糠醛的衍生物，呈蓝绿色。该物质在 620nm 处有最大吸收，在 150μg/mL 范围内，其颜色的深浅与可溶性糖含量成正比。

13.4.3　还原糖的测定

还原糖是指具有还原性的糖类。还原糖的测定方法很多，其中最重要的有直接滴定法、高锰酸钾滴定法、蓝-爱农法、碘量法、萨氏法、比色法以及酶法等。而我们国标中最常用的是直接滴定法和高锰酸钾滴定法，无需做标准曲线，可以直接进行化学计量。

13.4.3.1　直接滴定法

（1）原理　一定量的碱性酒石酸铜甲、乙液等量混合，立即生成天蓝色的氢氧化铜沉淀，这种沉淀很快与酒石酸钠反应，生成深蓝色的可溶性酒石酸钾钠铜络合物，在加热条件下，以次甲基蓝作为指示剂，用标液滴定，样液中的还原糖与酒石酸钾钠铜反应，生成红色的氧化亚铜沉淀，待二价铜全部被还原后，稍过量的还原糖把次甲基蓝还原，溶液由蓝色变为无色，即为滴定终点。根据样液消耗量可计算出还原糖含量。见 GB/T 5009.7—2008《食品中还原糖测定》第一法。

（2）方法概述

① 试验所用试剂及仪器见国标。部分试剂的配制如下所述。

碱性酒石酸铜甲液：称取15g硫酸铜（$CuSO_4 \cdot 5H_2O$）及0.05g亚甲蓝，溶于水中并稀释至1000mL。

碱性酒石酸铜乙液：称取50g酒石酸钾钠、75g氢氧化钠，溶于水中，再加入4g亚铁氰化钾，完全溶解后，用水稀释至1000mL，贮存于橡胶塞玻璃瓶内。

② 分析步骤

a. 试样处理

ⓐ 一般食品：称取粉碎后的固体试样2.50～5.00g或混匀后的液体试样5～25g，精确至0.001g，置于250mL容量瓶中，加50mL水，慢慢加入5mL乙酸锌溶液及5mL亚铁氰化钾溶液，加水至刻度，混匀，静置30min，用干燥滤纸过滤，弃去初滤液，取续滤液备用。

ⓑ 酒精性饮料：称取约100g混匀后的试样，精确至0.01g，置于蒸发皿中，用氢氧化钠（40g/L）溶液中和至中性，在水浴上蒸发至原体积的1/4后，移入250mL容量瓶中，加水至刻度，混匀，静置30min，用干燥滤纸过滤，弃去初滤液，取续滤液备用。

ⓒ 含大量淀粉的食品：称取10～20g粉碎后或混匀后的试样，精确至0.001g，置于250mL容量瓶中，加200mL水，在45℃水浴中加热1h，并时时振摇。冷后加水至刻度，混匀，静置，沉淀。吸取200mL上清液于另一250mL容量瓶中，混匀，静置30min，用干燥滤纸过滤，弃去初滤液，取续滤液备用。

ⓓ 碳酸类饮料：称取约100g混匀后的试样，精确至0.01g，置于蒸发皿中，在水浴上除去二氧化碳后，移入250mL容量瓶，并用水洗涤蒸发皿，洗液并入容量瓶，再加水至刻度，混匀后备用。

b. 标定碱性酒石酸铜溶液　吸取5.0mL碱性酒石酸铜甲液及5.0mL乙液，置于150mL锥形瓶中，加水10mL，加入玻璃珠2粒，从滴定管滴加约9mL葡萄糖或其他还原糖标准溶液，控制在2min内加热至沸，趁热以每两秒1滴的速度滴加标准液，直至溶液蓝色刚好褪去为终点，记录消耗葡萄糖或其他还原糖标准液的总体积，同时平行操作三份，取其平均值，计算每10mL（甲、乙液各5mL）碱性酒石酸铜溶液相当于葡萄糖的质量或其他还原糖的质量（mg）。

注：也可以按上述方法标定4～20mL碱性酒石酸铜溶液（甲、乙液各半）来适应试样中还原糖的浓度变化。

c. 试样溶液预测　吸取5.0mL碱性酒石酸铜甲液及5.0mL乙液，置于150mL锥形瓶中，加水10mL，加入玻璃珠2粒，控制在2min内加热至沸，趁沸以先快后慢的速度，从滴定管中加试样溶液，并保持溶液沸腾状态，待溶液颜色变浅时，以1滴/2s的速度滴定，直至溶液蓝色刚好褪去为终点，记录样液消耗体积。当样液中还原糖浓度过高时，应适当稀释后再进行正式测定，使每次滴定消耗样液的体积控制在与标定碱性酒石酸铜溶液时所消耗的还原糖标准溶液的体积相近，约10mL，结果按式(13-1)计算。当浓度过低时则采取直接加入10mL样品液，免去加水10mL，再用还原糖标准溶液滴定至终点，记录消耗的体积与标定时消耗的还原糖标准溶液体积之差相当于10mL样液中所含还原糖的量。结果按式(13-2)计算。

d. 试样溶液测定　吸取5.0mL碱性酒石酸铜甲液及5.0mL乙液，置于150mL锥形瓶中，加水10mL，加入玻璃珠2粒，从滴定管加比预测体积少1mL的试样溶液至锥形瓶中，使在2min内加热至沸，保持沸腾继续以每两秒1滴的速度滴定，直至溶液蓝色刚好褪去为终点，记录样液消耗体积。同时平行操作三份，得出平均消耗体积。

③ 结果计算 试样中还原糖的含量（以某种还原糖计）按式(13-1）进行计算。

$$X=\frac{m_1}{m\times V/250\times 1000}\times 100 \tag{13-1}$$

式中 X——试样中还原糖的含量（以某种还原糖计），g/100g；

m_1——碱性酒石酸铜溶液（甲、乙液各半）相当于某种还原糖的质量，mg；

m——试样质量，g；

V——测定时平均消耗试样溶液体积，mL。

当浓度过低时试样中还原糖的含量（以某种还原糖计）按式(13-2）进行计算。

$$X=\frac{m_2}{m\times 10/250\times 1000}\times 100 \tag{13-2}$$

式中 X——试样中还原糖的含量（以某种还原糖计），g/100g；

m_2——标定时体积与加入样品后消耗的还原糖标准溶液体积之差相当于某种还原糖的质量，mg；

m——试样质量，g。

还原糖含量≥10g/100g 时计算结果保留三位有效数字；还原糖含量＜10g/100g 时，计算结果保留两位有效数字。

（3）适用范围及特点 本法具有试剂用量少，操作和计算都比较简便、快速，滴定终点明显、准确度高、重现性好，适用于各类食品中还原糖的测定。但测定酱油、深色果汁等样品时，因色素干扰，滴定终点模糊不清，影响准确性。

（4）说明与讨论

① 分别用葡萄糖、果糖、乳糖、麦芽糖标准品配制标准溶液分别滴定等量已标定的费林试液，所消耗标准溶液的体积有所不同。证明即便同是还原糖，在物化性质上仍有所差别，所以还原糖的结果只是反映样品整体情况，并不完全等于各还原糖含量之和。如果已知样品只含有某种还原糖，则应以该还原糖作标准品，结果为该还原糖的含量。如果样品中还原糖的成分未知，或为多种还原糖的混合物，则以某种还原糖作标准品，结果以该还原糖计，但不代表该糖的真实含量。

② 在样品处理时，不能用铜盐作为澄清剂，以免样液中引入 Cu^{2+}，得到错误的结果。

③ 碱性酒石酸铜甲液和乙液应分别贮存，用时才混合，否则酒石酸钾钠铜络合物长期在碱性条件下会慢慢分解析出氧化亚铜沉淀，使试剂有效浓度降低。

④ 滴定必须在沸腾条件下进行，其原因一是可以加快还原糖与 Cu^{2+} 的反应速度；二是次甲基蓝变色反应是可逆的，还原型次甲基蓝遇到空气中氧时又会被氧化为氧化型。此外，氧化亚铜也极不稳定，易被空气中氧所氧化。保持反应液沸腾可防止空气进入，避免次甲基蓝和氧化亚铜被氧化而增加耗糖量。

⑤ 滴定时不能随意摇动锥形瓶，更不能把锥形瓶从热源上取下来滴定，以防止空气进入反应溶液中。

⑥ 样品溶液预测的目的：一是本法对样品溶液中还原糖浓度有一定要求（0.1%左右），测定时样品溶液的消耗体积应与标定葡萄糖标准溶液时消耗的体积相近，通过预测可了解样品溶液浓度是否合适，浓度过大或过小均应加以调整，使预测时消耗样液量在 10mL 左右；二是通过预测可知道样液大概消耗量，以便在正式测定时，预先加入比实际用量少 1mL 左右的样液，只留下 1mL 左右样液在续滴定时加入，以保证在 1min 内完成续滴定工作，提

高测定的准确度。

⑦ 影响测定结果的主要操作因素是反应液碱度、热源强度、煮沸时间和滴定速度。反应液的碱度直接影响二价铜与还原糖反应的速度、反应进行的程度及测定结果。在一定范围内，溶液碱度愈高，二价铜的还原愈快。因此，必须严格控制反应液的体积，标定和测定时消耗的体积应接近，使反应体系碱度一致。

13.4.3.2　高锰酸钾滴定法

(1) 原理　试样经除去蛋白质后，其中还原糖把铜还原为氧化亚铜，加硫酸铁后，氧化亚铜被氧化为铜盐，以高锰酸钾溶液滴定氧化作用后生成的亚铁盐，根据高锰酸钾消耗量，计算氧化亚铜的含量，再从检索表中查出氧化亚铜量相当的还原糖量，即可计算出样品中还原糖含量，反应式见下。此方法见 GB/T 5009.7—2008《食品中还原糖测定》第二法。

反应式为：

$$Cu_2O + Fe_2(SO_4)_3 + H_2SO_4 = 2CuSO_4 + 2FeSO_4 + H_2O$$

$$10FeSO_4 + 2KMnO_4 + 8H_2SO_4 = 5Fe_2(SO_4)_3 + 2MnSO_4 + K_2SO_4 + 8H_2O$$

(2) 方法概述　见国标。

(3) 适用范围及特点　适用于各类食品中还原糖的测定，有色样液也不受限制。该方法的准确度高，重现性好，准确度和重现性都优于直接滴定法。但操作复杂、费时，需使用特制的高锰酸钾法糖类检索表。

(4) 说明与讨论

① 取样量视样品含糖量而定，取得样品中含糖量应在 25～1000mg 范围内，测定用样液含糖浓度应调整到 0.01%～0.45%范围内，浓度过大或过小都会带来误差。通常先进行预试验，确定样液的稀释倍数后再进行正式测定。

② 测定必须严格按照规定的操作条件进行，必须控制好热源强度，保证在 4min 内加热至沸，否则误差较大（可先取 50mL 水按样品测定方法操作，调节好火力后再处理样品）。

③ 此法所用碱性酒石酸铜溶液是过量的，即保证把所有的还原糖全部氧化后，还有过剩的 Cu^{2+} 存在。所以，煮沸后的反应液应呈蓝色（酒石酸钾钠铜配离子）。如不呈蓝色，说明样液含糖量过高，可减少样品量或稀释后重做。

④ 当样品中的还原糖是双糖（如麦芽糖、乳糖）时，由于这些糖的分子中仅有一个还原基，测定结果将偏低。

⑤ 本法用碱性酒石酸铜溶液作为氧化剂。由于硫酸铜与氢氧化钠反应可生成氢氧化铜沉淀，氢氧化铜沉淀可被酒石酸钾钠缓慢还原，析出少量氧化亚铜沉淀，使氧化亚铜计量发生误差，所以甲、乙试剂要分别配制及贮藏，用时等量混合。

⑥ 在过滤和洗涤氧化亚铜沉淀时，应使沉淀始终处于液面下，以免被空气中的氧所氧化。

⑦ 还原糖与碱性酒石酸铜溶液的反应过程十分复杂，除按上述反应式进行外，还伴随有副反应。此外，不同的还原糖还原能力也不同，反应生成的氧化亚铜量也不相同。因此，不能根据生成的氧化亚铜量按反应式直接计算出还原糖含量，而需利用经验检索表。

13.4.3.3　其他方法

(1) 蓝-爱农法 (Lane-Eynon Method)

① 原理　样品除去蛋白质后，以次甲基蓝为指示剂，用样液直接滴定标定过的费林试液，达到终点时，稍微过量的还原糖即可将蓝色的次甲基蓝指示剂还原成无色，而显出氧化亚铜的鲜红色。根据试液的用量，查蓝-爱农法专用检索表，求得样品中还原糖的含量。

② 适用范围及特点　该法适用于各类食品中还原糖的测定，并且国际食糖分析方法统一委员会将此方法定为还原糖的标准分析方法之一。但测定过程有严格规定，包括检液浓度、沸腾时间、滴定速度、总测定时间（3min之内）等，计算结果用查表法，终点不易判断，对于初学者不易掌握，故现在应用较少。

(2) 碘量法

① 原理　样品经处理后，取一定量样液于碘量瓶中，加入一定量过量的碘液和过量的氢氧化钠溶液，样液中的醛糖在碱性条件下被碘氧化为醛糖酸钠，由于反应液中碘和氢氧化钠都是过量的，两者作用生成次碘酸钠残留在反应液中，当加入盐酸使反应液呈酸性时，析出碘，用硫代硫酸钠标准溶液滴定析出的碘，则可计算出氧化醛糖消耗的碘量，从而计算出样液中醛糖的含量。

② 适用范围　本法用于醛糖和酮糖共存时单独测定醛糖。适用于各类食品，如硬糖、异构糖、果汁等样品中葡萄糖的测定。

(3) 萨氏（Somogyl）法

① 原理　样液与过量的碱性铜盐溶液共热，样液中的还原糖定量地将二价铜还原为氧化亚铜，生成的氧化亚铜在酸性条件下溶解为一价铜离子，一价铜离子能定量地被碘氧化为二价铜，碘被还原为碘化物，可求出与一价铜反应的碘量，从而计算出样品中还原糖含量。

② 适用范围及特点　由于萨氏试剂的碱度降低，可提高还原糖的还原当量，可测出微量的还原糖，检出量为0.015～3mg。灵敏度高，重现性好，结果准确可靠。因样液用量少，可用于生物材料或经过色谱处理后的微量样品的测定，如成晶白砂糖中的还原糖、生物材料中的还原糖等，终点清晰，有色样液不受限制。

(4) 3,5-二硝基水杨酸（DNS）比色法

① 原理　在氢氧化钠和丙三醇存在下，还原糖能将3,5-二硝基水杨酸中的硝基还原为氨基，生成氨基化合物，此化合物在过量的氢氧化钠碱性溶液中呈橘红色，在540nm波长处有最大吸收，其吸光度与还原糖含量存在线性关系。

② 适用范围及特点　此法适用于各类食品中还原糖的测定，相对误差为2.2%，具有准确度高、重现性好、操作简便以及快速等优点，分析结果与直接滴定法基本一致。尤其适用于大批样品的测定。

(5) 旋光法（ICUMSA）

① 原理　葡萄糖、果糖、麦芽糖及乳糖等还原糖分子中具有不对称碳原子，故有旋光性。用旋光仪测定旋光度，在一定的条件下，旋光度的大小与试样中这些还原糖含量呈线性关系。

② 适用范围及特点　该法简单、快速，在制糖、食品、发酵厂和一些检验部门，常用于商品葡萄糖、果糖、麦芽糖等的测定。但被测糖溶液常常含有其他的糖和电解质等光学活性物质，将影响被测物质旋光度的大小，因此本法适合于纯度较高的糖溶液的测定。

(6) 国际上常用的方法还有纳尔逊-索模吉（Somogyi-Nelson）法和默森-沃尔克法，这些方法都需要制作标准曲线，因为每一种方法中还原糖的反应各不相同。由于分析条件会影响实验结果，因此，此类实验都应由训练有素的分析人员进行，以便保持实验条件一致。

13.4.4 蔗糖的测定

蔗糖是葡萄糖和果糖组成的双糖，没有还原性，不能用碱性铜盐试剂直接测定，但在一定条件下，蔗糖可水解为具有还原性的葡萄糖和果糖，因此可以用测定还原糖的方法测定蔗糖含量。

13.4.4.1　高效液相色谱法测定蔗糖含量

(1) 原理　试样经处理后，用高效液相色谱氨基柱（NH_2 柱）分离，用示差折光检测器检测。根据蔗糖的折射率与浓度成正比，以外标单点法定量。详见 GB/T 5009.8—2008《食品中蔗糖的测定》第一法。

(2) 方法概述　本方法中所用试剂均为分析纯，除非另有规定。仪器为高效液相色谱仪，附示差折光检测器。

(3) 分析步骤

① 样液制备　称取 2～10g 试样，精确至 0.001g，加 30mL 水溶解，移至 100mL 容量瓶中，加 $CuSO_4 \cdot 5H_2O$（70g/L）溶液 10mL、NaOH（40g/L）溶液 4mL，振摇，加水至刻度，静置 0.5h，过滤。取 3～7mL 试样静置 10mL 容量瓶中，用乙腈定容，通过 0.45μm 滤膜过滤，滤液备用。

② 高效液相色谱参考条件

色谱柱：氨基柱（4.6mm×250mm，5μm）；

柱温：25℃；

示差检测器检测室室温：40℃；

流动相：乙腈和水（75＋25）；

流速：1.0mL/min；

进样量：10μL。

③ 色谱图见国标。

④ 结果计算　试样中蔗糖含量的计算见式(13-3)。

$$X=\frac{c\times A}{A'\times(m/100)\times(V/10)\times1000}\times100 \tag{13-3}$$

式中　X——试样中蔗糖含量，g/100g；

c——蔗糖标准溶液浓度，mg/mL；

A——试样中蔗糖的峰面积；

A'——标准蔗糖溶液的峰面积；

m——试样的质量，g；

V——过滤液体积，mL。

13.4.4.2　酸水解法测定蔗糖含量

其原理为：试样经除去蛋白质后，其中蔗糖经盐酸水解转化为还原糖，再按还原糖测定。水解前后还原糖的差值为蔗糖含量。详见 GB/T 5009.8—2008《食品中蔗糖的测定》第二法。

13.4.4.3　物理方法在蔗糖测定中的应用

对于纯度较高的蔗糖溶液，可用相对密度、折射率等物理检验法进行测定。

当用测量相对密度作为测定糖浓度的手段时，仅仅只有纯蔗糖和其他纯的糖溶液的测定比较准确。但它也能用于测定液体产品的近似浓度值。有两种测定相对密度的基本方法，最常用的是液体比重计，可用波美度或波美系数校正，前者对应于蔗糖的浓度。另外也可使用经校正的比重瓶进行测定。

与相对密度测定法一样，折射率仅仅只对纯蔗糖或其他的纯溶液的测定比较准确，但可用于测定液体产品中糖浓度的近似值。在这种情况下，糖溶液必须是清液，并采用可直接读出蔗糖浓度的折光仪。

13.4.5 色谱法在单糖和低聚糖分析中的应用

在单糖和低聚糖的分析中，常用的色谱技术有纸色谱法（paper chromatography，PC）、薄层色谱法（thin-layer chromatography，TLC）、气相色谱法（gas chromatography，GC）和高效液相色谱法（high performance liquid chromatography，HPLC）。其中由于 PC 和 TLC 分离效果差，操作时间长而逐渐被 GC 法和 HPLC 法所取代，这里重点介绍 GC 法和 HPLC 法在单糖和低聚糖分析中的应用。

13.4.5.1 高效液相色谱法

HPLC 可以对碳水化合物组分进行定性鉴定及通过峰面积积分进行定量分析，实验快速、准确可靠。在此只讨论一些与测定碳水化合物有关的问题。针对具体某一种食品配料或产品的具体分析方法可参阅相关参考文献。

（1）分离方法　根据所选用固定相的不同，目前在单糖和低聚糖的分析应用中常采用以下分离方法。

① 阴离子交换色谱法　碳水化合物为弱酸，其 pK_a 值介于 12～14 之间，在高 pH 值的溶液中，碳水化合物中的一些羟基极容易被离子化，从而可被阴离子交换树脂分离。用于糖类分离的专用填充材料已经出现。

② 阳离子交换色谱法　细颗粒的磺化树脂常用作阳离子交换树脂的固定相。通常钙、铅或银作为阳离子。碳水化合物在阳离子交换树脂上的洗脱次序是按分子量递减进行的，依次为三糖、双糖、单糖和糖醇。

③ 正相色谱法　在正相色谱法中固定相是极性的，通过极性梯度增加的流动相进行洗脱。采用一个或多个氨基衍生化后的硅胶作固定相，这就是所谓的氨基键合固定相。一般由乙腈-水（50%～85%）作洗脱剂，洗脱次序依次为单糖、糖醇、双糖和低聚糖。

④ 反相色谱法　在反相色谱中，固定相是疏水的，流动相是亲水的。疏水的固定相是由硅胶与烷基或苯基化合物反应而成，例如 C_{18} 柱或苯基柱。反相色谱法可分离测定单糖、双糖和三糖。

（2）检测器

① 示差折光检测器　示差折光检测器（differential refraction detector，DRD）在测定碳水化合物时具有很大的线性范围，并可测定所有的碳水化合物。但 DRD 也有其缺点。示差折光检测器对于流量、压力和温度等物理性质的变化非常敏感。限制示差折光检测器使用最主要的因素是不能使用梯度洗脱，另外，由于示差折光检测器测定的是含量，因此对低浓度样品不够灵敏。

② 电化学检测器　三极脉冲电化学检测器，又叫脉冲安培检测器（PAD），它依靠碳水化合物中羟基和醛基的氧化作用，通常用于阴离子交换色谱法。单糖的检测限接近 1.5ng，而双糖、三糖、四糖也达到 5ng，检测器对还原性和非还原性碳水化合物都适用，对还原性糖的检测限还要略微更低一些。

③ 蒸发光散射检测器　蒸发光散射检测器（evaporative light-scattering detector，ELSD）是一种通用型质量检测器，基于不挥发的样品颗粒对光的散射程度与其质量成正比而进行检测，对没有紫外吸收、荧光或电活性的物质以及产生末端紫外吸收的物质均能产生响应。所以蒸发光散射检测器的响应不受溶剂和样品特殊性质的影响，但仍无法满足痕量糖的分析要求。

④ 快原子轰击质谱　快原子轰击质谱（fast-atom bombardment MS，FAB-MS）的原理为一束高能粒子，如氩、氙原子，射向存在于液态基质中的样品分子而得到样品离子，这

样可以得到提供分子量信息的准分子离子峰和提供化合物结构信息的碎片峰，从而可以很好地进行寡糖混合物各组分分子量的准确测定。

13.4.5.2 气相色谱法

使用气相色谱法（GC）分析时，必须将糖类转化成挥发性衍生物。最常用的衍生物是醛糖醇乙酸酯。目前，随着现代高新仪器的发展，糖类的GC分析法的地位已被HPLC法所取代。与GC一样，HPLC法也可提供对碳水化合物的定性和定量分析。碳水化合物分析所用的检测器通常为火焰离子检测器。

13.5 淀粉含量的测定

13.5.1 淀粉

淀粉是面粉的主要成分，存在于植物的所有组成部分（如叶，茎，根，块茎，种子），是仅次于水的在食品中含量最为丰富的组分之一。各种商品化的淀粉包括黄玉米、白玉米、高含量直链淀粉的玉米、马铃薯、小麦、大麦、大米等都可作为食品添加剂使用。

13.5.1.1 淀粉的凝胶性质

淀粉的凝胶主要是直链淀粉分子的缠绕和有序化，即糊化后从淀粉粒中渗析出来的直链淀粉，在降温冷却过程中以双螺旋形式互相缠绕形成凝胶网络，并在部分区域有序化形成微晶。淀粉发生凝胶的过程中通常伴随着糊化和凝胶两个过程。淀粉的凝胶特性对于确定淀粉类食品的结构和可消化性非常重要。

13.5.1.2 淀粉的老化度

稀淀粉溶液冷却后，线性分子重新排列并通过氢键形成不溶性沉淀。浓的淀粉糊冷却时，在有限的区域内，淀粉分子重新排列较快，线性分子缔合，溶解度减小。淀粉溶解度减小的整个过程称为老化。“老化”是“糊化”的逆过程，“老化”过程的实质是在糊化过程中，已经溶解膨胀的淀粉分子重新排列组合，形成一种类似天然淀粉结构的物质。值得注意的是淀粉老化的过程是不可逆的，不可能通过糊化再恢复到老化前的状态。老化后的淀粉，不仅口感变差，消化吸收率也随之降低。老化淀粉与天然淀粉一样，也可以被支链淀粉酶与β-淀粉酶的复合酶体系缓慢作用。

13.5.1.3 淀粉的测定

淀粉是一种多糖，是由葡萄糖单位构成的聚合体，按聚合形式不同，可分为直链淀粉和支链淀粉。淀粉为不溶性糖类。淀粉的测量方法很多，主要有酶水解法、酸水解法、旋光法和酸化酒精沉淀法。其中国标中主要采用酶法水解（GB/T 5009.9—2008 食品中淀粉的测定第一法）和酸水解（GB/T 5009.9—2008 食品中淀粉的测定第二法）两种方法。

（1）酶水解法

① 原理　试样除去脂肪及可溶性糖类后，其中淀粉用淀粉酶水解成麦芽糖和糊精，再用盐酸水解成葡萄糖，最后按还原糖测定，并折算成淀粉。

② 方法概述　除非另有规定，本方法中所用试剂均为分析纯，所用试剂及仪器详见国标。

a. 试样处理

ⓐ 易于粉碎的试样：磨碎过40目筛，称取2～5g（精确至0.001g）。置于放有折叠滤纸的漏斗内，先用50mL石油醚或乙醚分5次洗除脂肪，再用约150mL乙醇（85%）洗去可溶性糖类，滤干乙醇，将残留物移入250mL烧杯中，并用50mL水洗滤纸，洗液并入烧

杯内，将烧杯置沸水浴上加热15min，使淀粉糊化，放冷至60℃以下，加20mL淀粉酶溶液，在55～60℃保温1h，并时时搅拌。然后取一滴此液加一滴碘溶液，应不显蓝色，若显蓝色，再加热糊化并加20mL（5g/L）淀粉酶溶液，继续保温，直至加碘不显蓝色为止。加热至沸，冷后移入250mL容量瓶中并加水至刻度，混匀，过滤，弃去初滤液。取50mL滤液，置于250mL锥形瓶中，加5mL HCl（1+1），装上回流冷凝器，在沸水浴中回流1h，冷后加2滴甲基红指示液，用氢氧化钠溶液（200g/L）中和至中性，溶液转入100mL容量瓶，洗涤锥形瓶，洗液并入100mL容量瓶，加水至刻度，混匀备用。

ⓑ 其他样品：加适量水在组织捣碎机中捣成匀浆（蔬菜、水果需先洗净、晾干，取可食部分），称取相当于原样质量2.5～5g（精确至0.001g）的匀浆，以下按ⓐ中所述“置于放有折叠滤纸的漏斗内”起依法操作。

b. 测定　按13.3.3.1中标定碱性酒石酸铜溶液、试液溶液预测、试样溶液测定的步骤操作，同时量取50mL水及试样处理时相同量的淀粉酶溶液，按同一方法做试剂空白试验。

c. 结果计算　试样中还原糖的含量（以葡萄糖计）按式(13-4）进行计算：

$$X=\frac{A}{m\times V/250\times 1000}\times 100 \tag{13-4}$$

式中　X——试样中还原糖的含量（以葡萄糖计），g/100g；

A——碱性酒石酸铜溶液（甲、乙液各半）相当于某种还原糖的质量，mg；

m——试样质量，g；

V——测定时平均消耗试样溶液体积，mL。

试样中的淀粉含量按式(13-5）计算：

$$X=\frac{(A_1-A_2)\times 0.9}{m\times 50/250\times V/100\times 1000}\times 100 \tag{13-5}$$

式中　X——试样中淀粉的含量，g/100g；

A_1——测定用试样中还原糖（以葡萄糖计）的质量，mg；

A_2——试剂空白中还原糖（以葡萄糖计）的质量，mg；

0.9——还原糖（以葡萄糖计）换算成淀粉的换算系数；

m——称取试样质量，g；

V——测定用试样处理液的体积，mL。

计算结果表示到小数点后一位。在重复性条件下获得的两次独立测定结果的绝对差值不得超过算术平均值的10%。

③ 适用范围及特点　因为淀粉酶有严格的选择性，它只水解淀粉而不会水解其他多糖，水解后通过过滤可除去其他多糖。所以该法不受半纤维素、多缩戊糖、果胶质等多糖的干扰，适合于这类多糖含量高的样品，分析结果准确可靠，但操作复杂费时。

④ 说明与讨论

a. 酶水解开始要使淀粉糊化。

b. 淀粉粒具有晶格结构，淀粉酶难以作用。加热糊化破坏了淀粉的晶格结构，使其易于被淀粉酶作用。

c. 选用淀粉酶前，应确定其活力及水解时加入的量。可用已知浓度的淀粉溶液少许，加入一定量的淀粉酶溶液，置于55～60℃水浴中保温1h，用碘液检验淀粉是否水解完全，以确定酶的活力及水解时的用量。

d. 淀粉水解酶必须纯化，以消除其他酶活性，如纤维素酶能水解释放出D-葡萄糖，过氧化氢酶也会降低染料复合化合物的稳定性，前者会导致偏高的错误值，而后者则会导致偏低的错误值。

e. 对于高含量直链淀粉或其他淀粉都或多或少地抵抗酶水解，从而导致不能进行定量测定。

f. 脂肪的存在会妨碍酶对淀粉的作用及可溶性糖类的去除，故应用乙醚脱脂。

g. 抗性淀粉，其定义是由不能被小肠中消化酶水解的淀粉和淀粉降解产物组成。有三个原因使得淀粉不能被消化或消化得很慢，因而可经过小肠而不被水解。

h. AOAC 法和美国谷物化学家协会方法可以解决这些问题。首先将淀粉分散在二甲亚砜（DMSO）中，然后通过耐热 α-淀粉酶定量地将淀粉转变为分子量较低的水解片段以增加淀粉的解聚和溶解性。葡萄糖淀粉酶（淀粉葡糖苷酶）定量地把由 α-淀粉酶水解得到的片段再继续水解成 D-葡萄糖，并由葡萄糖氧化酶/过氧化物酶（GOPOD）试剂测定。这一方法测定的是总淀粉含量，它不能揭示淀粉的植物来源，也不能说明是天然淀粉还是变性淀粉。如果待测原料在分析前还未被熟化，其淀粉的植物来源可用显微镜进行分析。另外，淀粉是否变性也可用显微镜进行检测。

(2) 酸水解法

① 原理　试样除去脂肪及可溶性糖类后，其中淀粉用酸水解成具有还原性的单糖，然后按还原糖测定，并折算成淀粉。见 GB/T 5009.9—2008 食品中淀粉的测定第二法。

② 方法概述　见国标。

③ 适用范围及特点　此法操作简单，但选择性和准确性不够高。适用于淀粉含量较高，而半纤维素和多缩戊糖等其他多糖含量较少的样品。对富含半纤维素、多缩戊糖及果胶质的样品，因水解时它们也被水解为木糖、阿拉伯糖等还原糖，测定结果会偏高。

④ 说明与讨论

a. 样品中加入乙醇溶液后，混合液中乙醇的浓度应在体积分数 80%以上，以防止糊精随可溶性糖类一起被洗掉。

b. 水解条件要严格控制，要保证淀粉水解完全，并避免因加热时间过长对葡萄糖产生影响（形成糠醛聚合体，失去还原性）。

c. 盐酸水解淀粉的专一性不如淀粉酶，它不仅能水解淀粉，也能水解半纤维素（水解产物为具有还原性的物质：木糖、阿拉伯糖、糖醛等，或含壳皮较高的食物，不宜采用此法）。

d. 若样品为液体，则采用分液漏斗振摇后，静置分层，弃去乙醚层。

e. 因水解时间较长，应采用回流装置，以避免水解过程中由于水分蒸发而使盐酸浓度发生较大改变。

f. 样品水解液冷却后，应立即调至中性。可加入两滴甲基红，先用 400g/L 氢氧化钠调到黄色，再用 6mol/L 盐酸调到刚刚变为红色，最后用 100g/L 氢氧化钠调到红色刚好退去。若水解液颜色较深，可用精密 pH 试纸测试，使样品水解液的 pH 约为 7。

(3) 旋光法

① 原理　淀粉具有旋光性，在一定条件下旋光度的大小与淀粉的浓度成正比。用氯化钙溶液提取淀粉，使之与其他成分分离，用氯化锡沉淀提取液中的蛋白质后，测定旋光度，即可计算出淀粉含量。

② 适用范围及特点　本法适用于淀粉含量较高，而可溶性糖类含量很少的谷类样品，如面粉、米粉等。操作简便、快速。

13.5.1.4 显微镜法在淀粉分析中的应用

各种各样的显微技术（如：荧光、共聚焦、傅里叶变换红外、扫描电镜、透射电镜）均特别适用于淀粉食品的检验。淀粉微粒的形态学及其特性是其植物来源的特征，可以采用偏振光学显微镜确定植物淀粉的来源。微粒的大小、形状、形态、粒心的位置（微粒的植物学中心）、偏振光下的明亮度以及在某些情况下碘染色的特征，对淀粉来说都是特有的。此外，在熟化淀粉产品中，老化程度和储藏对微结构的影响也可用碘染色和光学显微镜法评估，淀粉粉碎时的物理破坏程度、由酶引起的消化程度、含有淀粉的产品是否蒸煮过分、不足或正好都可用显微镜法测定。

13.6 非淀粉食品胶体/亲水胶体的测定

食品中多糖与蛋白质凝胶一起组成了诸如食品胶体或亲水胶体等体系，它们的用途广泛而且深入。食品中胶体的分析是一个难题，因为多糖具有不同的化学结构、溶解性和分子量。美国和欧洲针对许多食品胶体/亲水胶体，包括变性淀粉，已经建立了相应的定性、定量分析方法，但尚没有一种方法是万能的，食品胶体的生产厂商和生产者通常有他们自己的纯度标准和特定的技术规范。我国在亲水胶体含量的测定方法上的研究还处于起步阶段，研究报道较少。

13.7 纤维素的分析

纤维素是地球上最丰富的有机物质，它是构成植物细胞壁的主要成分，与淀粉一样，也是由D-葡萄糖构成的多糖，所不同的是，纤维素是由D-葡萄糖以β-1,4-糖苷键连接而成，分子不分支。纤维素的水解比淀粉困难得多，它对稀酸、稀碱相当稳定，与较浓的盐酸或硫酸共热时，才能水解成葡萄糖。纤维素的聚合度通常为300～2500，相对分子质量约在50000～405000之间。

在研究和评定食品的消化率和品质时，提出了膳食纤维这一概念。膳食纤维是指人们的消化系统或者消化系统中的酶不能消化、分解、吸收的物质，它主要包含纤维素、半纤维素、木质素和果胶物质。

13.7.1 植物类食品中粗纤维的测定

粗纤维是指动物饲料中那些对稀酸、稀碱难溶的，家畜（特别是反刍动物）不容易消化的部分，其中主要的成分是果胶、半纤维、纤维素和木质素。测定粗纤维，可估算出食品中不能消化的部分，借此可评定该食品的营养价值及其经济价值，历来的食品成分表都提供植物性食品的粗纤维含量。

食品中粗纤维的测定提出最早、应用最广泛的是酸碱处理法（称量法），本法是测定纤维素含量的经典方法，也是国家标准推荐的分析方法，适用于植物类食品中粗纤维的测定。见GB/T 5009.10—2003 植物类食品中粗纤维的测定。

13.7.1.1 酸碱处理法（称量法）

（1）称量法原理　在硫酸作用下，试样中的糖、淀粉、果胶质和半纤维素经水解除去后，再用碱处理，除去蛋白质及脂肪酸，剩余的残渣为粗纤维。如其中含有不溶于酸碱的杂质，可灰化后除去。

（2）方法概述　试验所用试剂和仪器详见国标。具体分析步骤为：

① 称取20～30g捣碎的试样（或5.0g干试样），移入500mL锥形瓶中，加入200mL煮沸的体积分数为1.25%的硫酸，加热使其微沸，保持体积恒定，维持30min，每隔5min摇动锥形瓶一次，以充分混合瓶内的物质。

② 取下锥形瓶，立即用亚麻布过滤后，用沸水洗涤至洗液不呈酸性。

③ 再用200mL煮沸的12.5g/L氢氧化钾溶液，将亚麻布上的存留物洗入原锥形瓶内加热微沸30min后，取下锥形瓶，立即以亚麻布过滤，以沸水洗涤2～3次后，移入已干燥称重的G2垂熔坩埚或同型号的垂熔漏斗中，抽滤，用热水充分洗涤后，抽干。再依次用乙醇和乙醚洗涤一次。将坩埚和内容物在105℃烘箱中烘干后称量，重复操作，直至恒量。如试样中有较多的不溶性杂质，则可将试样移入石棉坩埚，烘干称量后，再移入550℃高温炉中灰化，使含碳的物质全部灰化，置于干燥器内，冷却至室温称重，所损失的量即为粗纤维量。

结果计算：

$$X(\%)=\frac{G}{m}\times 100 \tag{13-6}$$

式中　X——试样中粗纤维的含量，%；

G——残余物的质量（或经高温炉损失的质量），g；

m——试样的质量，g。

计算结果表示到小数点后一位。在重复性条件下获得的两次独立测定结果的绝对差值不得超过算术平均值的10%。

(3) 适用范围及特点　该法操作简便、迅速，适用于各类食品，是应用最广泛的经典分析法。目前，我国的食品成分表中“纤维”一项的数据都是用此法测定的，但该法测定结果粗糙，重现性差。由于酸碱处理时纤维成分会发生不同程度的降解，使测得值与纤维的实际含量差别很大，这是此法的最大缺点。

(4) 说明与讨论

① 纤维素的测定方法之间不能相互对照，对于同一样品，分析结果因测定方法、操作条件的不同差别很大。因此，必须严格控制实验条件，表明分析结果时还应注明测定方法。

② 称重法是测定纤维含量的标准方法，但由于在操作过程中，纤维素、木质素、半纤维素都发生了不同程度的降解和流失，残留物中除纤维素、木质素外，还有少量的蛋白质、半纤维素、戊聚糖和无机物质，因此称为“粗纤维”。

③ 酸、碱消化时，如产生大量泡沫，可加入2滴硅油或辛醇消泡。样品脱脂不足，将使结果偏高。

④ 当样品用亚麻布过滤时，由于其孔径不稳定，结果出入较大，最好采用200目尼龙筛绢过滤，既耐较高温度，孔径又稳定，本身不吸留水分，洗残渣也较容易。

⑤ 称重法操作较繁琐，测定条件不易控制，影响分析结果的主要因素如下。

a. 样品细度：样品越细，分析结果越低，通常样品细度控制在1mm左右。

b. 回流温度及时间：回流时沸腾不能过于猛烈，样品不能脱离液体，且应注意随时补充试剂，以维持体积的恒定，沸腾时间为30min。

c. 过滤操作：对于蛋白质含量较高的样品不能用滤布作为过滤介质，因为滤布不能保证留下全部细小的颗粒，这时可采用滤纸或亚麻布过滤。此外，若样品不能在10min内过滤出来，则应适当减少样品。

d. 脂肪含量：样品中脂肪含量高于1%时，应先用石油醚脱脂后再测定，如脱脂不足，结果将偏高。

13.7.2 果胶含量的测定

天然果胶的结构视其来源及水果或蔬菜特定的生长阶段（成熟度）而定。一般来说其主链为聚甲基α-半乳糖醛酸中插入L-鼠李吡喃糖基团（1,2）的多聚体。在商品果胶的生产中，许多中性糖被去除了，因此，商品果胶的酯化程度是不同的。酶在植物生长/成熟期间能对天然果胶部分去酯化或进行解聚，而果胶在食品中的这种变化有可能影响其测定方法。因此，果胶的酯化度DE就是一个重要的参数。酯化程度可直接用GC法测定由酯化反应释放的甲醇。

目前还没有一种标准的果胶测定方法，少数几种已建立起来的方法是从只含有此类多糖的果酱、果冻中用乙醇沉淀提取。果胶中固定的主要组分是D-半乳糖醛酸（往往占80%以上）。然而糖醛酸的糖苷键在没有分解的情况下很难水解，所以酸催化水解和色谱法都是不可取的。因为D-半乳糖醛酸在果胶结构中占主要地位，所以常采用咔唑法进行测定。在分析测定前往往要先进行粗果胶的分离。这是国际上通用的方法。

下面主要介绍咔唑比色法对果胶含量的测定。

13.7.2.1 咔唑比色法

（1）原理 果胶经水解生成半乳糖醛酸，在硫酸溶液中与咔唑试剂发生缩合反应，生成紫红色化合物，其呈色强度与半乳糖醛酸含量成正比，可比色定量。

（2）方法概述

① 标准曲线的绘制 取大试管（30mm×200mm）8支，各加入浓硫酸12mL。置冰水浴中边冷却边徐徐加入上述浓度为0～70μg/mL的半乳糖醛酸标准工作液各2mL，充分混合后再置冰水浴中冷却。

在沸水浴中加热10min后，冷却至室温，然后各加入咔唑乙醇溶液（1.5g/L）1mL，充分混合。室温下放置30min后，以0号管调节零点，在波长530nm下，用2cm比色皿，分别测定上述标准系列的吸光度。以测得的吸光度为纵坐标，每毫升标准溶液中半乳糖醛酸含量（μg）为横坐标，绘制标准曲线。

② 样品测定

a. 样品处理 同称量法。

b. 果胶的提取 同称量法。

c. 测定 取果胶提取液用水稀释至适宜浓度（含半乳糖醛酸10～70μg/mL）。然后准确移取此稀释液2mL，按标准曲线的制作方法同样操作，测定其吸光度，由标准曲线查出果胶稀释液中半乳糖醛酸的浓度（μg/mL）。

③ 计算

$$X(\%)=\frac{cVK\times 100}{m\times 10^{6}} \tag{13-7}$$

式中 X——样品中果胶物质（以半乳糖醛酸计）质量分数，%；

V——果胶提取液总体积，mL；

K——提取液稀释倍数；

c——从标准曲线上查得的半乳糖醛酸浓度，μg/mL；

m——样品质量，g。

（3）适用范围及特点 此法适用于各类食品，且操作简便、快速、准确度高，重现性好。

(4) 说明与讨论

① 糖分的存在对咔唑的呈色反应影响较大，使其结果偏高，故样品处理时应充分洗涤以除去糖分（常用 70%乙醇充分洗涤试样）。

② 检验糖分的苯酚-硫酸法：检验方法同上节所述。

③ 硫酸浓度对呈色反应影响较大，故在测定样液和制作标准曲线时，应使用同规格、同批号的浓硫酸，以保证其纯度一致。

④ 新鲜果汁在果胶沉淀和草酸盐抽提时，往往一些不溶性固体悬浮在上层清液中，随着清液弃去而流失，影响结果的准确性。为了避免这种现象，可在第一次离心前加入半汤匙的滤纸段纤维于离心管中，调匀。

⑤ 加硫酸的时间很关键，如能在 7s 内加入 6mL，溶液的温度才能达到 85℃，这就能使溶液和水浴的温度都保持在 85℃，否则就达不到应有的颜色深浅程度。

⑥ 浓硫酸与半乳糖醛酸混合液在加热条件下可形成与咔唑呈色反应所必需的中间化合物，在加热 10min 后即已形成，在测定条件下显色迅速且具有一定的稳定性，可满足测定要求。

⑦ 本法的测定结果以半乳糖醛酸表示，因不同来源的果胶中半乳糖醛酸的含量不同，如甜橙为 77.7%、柠檬为 94.2%、柑橘为 96%、苹果为 72%～75%。若把结果换算为果胶的含量，可按上述关系计算换算系数。

13.7.3　食品中膳食纤维的测定

膳食纤维包括植物的可食部分，不能被人体小肠消化吸收，对人体有健康意义，聚合度≥3 的碳水化合物和木质素，包括纤维素、半纤维素、果胶、菊粉等。测定膳食纤维可用两种基本方法：称量法和化学法。称量法是将可消化的碳水化合物、脂肪和蛋白质，选择性地溶解在化学试剂或酶制剂中，然后用过滤的方法收集滤液，对残留物称重定量；化学法是用酶解法除去可消化的碳水化合物，再用酸水解纤维素部分，并测定单糖含量，酸水解物中的单糖总量代表了纤维素的含量。2008 年，对食品中膳食纤维的含量测定方法进行了重新修订。

13.7.3.1　总的、可溶性和不溶性膳食纤维的测定

(1) 原理　取干燥试样，经 α-淀粉酶、蛋白酶和葡萄糖苷酶酶解消化，去除蛋白质和淀粉，酶解后样液用乙醇沉淀、过滤，残渣用乙醇和丙酮洗涤，对干燥后的物质称重即为总膳食纤维（total dietary fiber，TDF）残渣；另取试样经上述三种酶酶解后直接过滤，残渣用热水洗涤，将干燥后物质称重，即得不溶性膳食纤维（insoluble dietary fiber，IDF）残渣；滤液用 4 倍体积的 95%乙醇沉淀、过滤、干燥后称重，得可溶性膳食纤维（soluble dietary fiber，SDF）残渣。以上所得残渣干燥称重后，分别测定蛋白质和灰分。总膳食纤维（TDF）、不溶性膳食纤维（IDF）和可溶性膳食纤维（SDF）的残渣扣除蛋白质、灰分和空白即可计算出试样中总的、不溶性和可溶性膳食纤维的含量。详见 GB/T 5009.88—2008 食品中膳食纤维的测定。

(2) 方法概述

试验中所用试剂及仪器详见国标。分析步骤如下所述。

① 样品制备　样品处理时若脂肪含量未知，膳食纤维测定前应先脱脂，脱脂步骤见下述。将样品混匀后，70℃真空干燥过夜，然后置于干燥器中冷却，干样粉碎后过 0.3～0.5mm 筛。若样品中脂肪含量>10%，正常粉碎困难，可用石油醚脱脂，每次每克试样用 25mL 石油醚，连续 3 次，然后再干燥粉碎。要记录由石油醚造成的试样损失，最后在计算

膳食纤维含量时进行校正。若样品糖含量高，测定前要先进行脱糖处理。按每克试样加85%乙醇 10mL 处理样品 2～3 次，40℃下干燥过夜。粉碎过筛后的干样存放于干燥器中待测。

② 试样酶解　每次分析试样要同时做 2 个试剂空白。

a. 准确称取双份样品（m_1 和 m_2）1.0000g±0.0020g，把称好的试样置于 400mL 或 600mL 高脚烧杯中，加入 pH8.2 的 MES-TRIS 缓冲液 40mL，用磁力搅拌直至试样完全分散在缓冲液中（避免形成团块，试样和酶不能充分接触）。

b. 热稳定 α-淀粉酶酶解：加 50μL 热稳定 α-淀粉酶溶液缓慢搅拌，然后用铝箔将烧杯盖住，置于 95～100℃的恒温振荡水浴中持续振摇，当温度升至 95℃时开始计时，通常总反应时间 35min。

c. 冷却：将烧杯从水浴中移出，冷却至 60℃，打开铝箔盖，用刮勺将烧杯内壁的环状物以及烧杯底部的胶状物刮下，用 10mL 蒸馏水冲洗烧杯壁和刮勺。

d. 蛋白酶酶解：在每个烧杯中各加入（50mg/mL）蛋白酶溶液 100μL，盖上铝箔，继续水浴振摇，水温达 60℃时开始计时，在 60℃±1℃条件下反应 30min。

e. pH 值测定：30min 后，打开铝箔盖，边搅拌边加入 3mol/L 乙酸溶液 5mL。溶液 60℃时，调 pH 值约为 4.5（以 0.4g/L 溴甲酚绿为外指示剂）。

注：一定要在 60℃时调 pH 值，温度低于 60℃，pH 值升高。每次都要检测空白的 pH 值，若所测值超出要求范围，同时也要检测酶解液的 pH 值是否合适。

f. 淀粉葡萄糖苷酶酶解：边搅拌边加入 100μL 淀粉葡萄糖苷酶，盖上铝箔，持续振摇，水温到 60℃时开始计时，在 60℃±1℃条件下反应 30min。

③ 测定

a. 总膳食纤维测定

ⓐ 沉淀：在每份试样中，加入预热至 60℃的 95%乙醇 225mL（预热以后的体积），乙醇与样液的体积比为 4∶1，取出烧杯，盖上铝箔，室温下沉淀 1h。

ⓑ 过滤：用 78%乙醇 15mL 将称重过的坩埚中的硅藻土润湿并铺平，抽滤去除乙醇溶液，使坩埚中硅藻土在烧结玻璃滤板上形成平面。乙醇沉淀处理后的样品酶解液倒入坩埚中过滤，用刮勺和 78%乙醇将所有残渣转至坩埚中。

ⓒ 洗涤：分别用 78%乙醇、95%乙醇和丙酮 15mL 洗涤残渣各 2 次，抽滤去除洗涤液后，将坩埚连同残渣在 105℃烘干过夜。将坩埚置于干燥器中冷却 1h，称重（包括坩埚、膳食纤维残渣和硅藻土），精确至 0.1mg。减去坩埚和硅藻土的干重，计算残渣质量。

ⓓ 蛋白质和灰分的测定：称重后的试样残渣，分别按 GB/T 5009.5 的规定测定氮(N)，以 N×6.25 为换算系数，计算蛋白质质量；按 GB/T 5009.4 测定灰分，即在 525℃灰化 5h，于干燥器中冷却，精确称重坩埚总质量（精确至 0.1mg），减去坩埚和硅藻土质量，计算灰分质量。

b. 不溶性膳食纤维测定

ⓐ 按前面所述方法称取试样，之后进行酶解，将酶解液转移至坩埚中过滤。过滤前用 3mL 水润湿硅藻土并铺平，抽取水分使坩埚中的硅藻土在烧结玻璃滤板上形成平面。

ⓑ 过滤洗涤：试样酶解液全部转移至坩埚中过滤，残渣用 70℃热蒸馏水 10mL 洗涤 2 次，合并滤液，转移至另一 600mL 高脚烧杯中，备测可溶性膳食纤维。分别用 78%乙醇、95%乙醇和丙酮 15mL 洗涤残渣各 2 次，抽滤去除洗涤液后，将坩埚连同残渣在 105℃烘干过夜。将坩埚置于干燥器中冷却 1h，称重（包括坩埚、膳食纤维残渣和硅藻土），精确至

0.1mg。减去坩埚和硅藻土的干重，计算残渣质量。

ⓒ 按前面章节所述方法测定蛋白质和灰分。

c. 可溶性膳食纤维测定

ⓐ 计算滤液体积：将不溶性膳食纤维过滤后的滤液收集到 600mL 高脚烧杯中，通过称“烧杯＋滤液”总质量、扣除烧杯质量的方法估算滤液的体积。

ⓑ 沉淀：滤液加入 4 倍体积预热至 60℃的 95％乙醇，室温下沉淀 1h。以下测定按总膳食纤维步骤进行。

结果计算如下所述。

空白的质量按式(13-8) 计算。

$$m_B=\frac{m_{BR_1}+m_{BR_2}}{2}-m_{PB}-m_{AB} \tag{13-8}$$

式中　m_B——空白的质量，mg；

m_{BR_1}，m_{BR_2}——双份空白测定的残渣质量，mg；

m_{PB}——残渣中蛋白质质量，mg；

m_{AB}——残渣中灰分质量，mg。

膳食纤维的含量按式(13-9) 计算。

$$X=\frac{[(m_{R_1}+m_{R_2})/2]-m_P-m_A-m_B}{(m_1+m_2)/2}\times 100 \tag{13-9}$$

式中　X——膳食纤维的含量，g/100g；

m_{R_1}，m_{R_2}——双份试样残渣的质量，mg；

m_P——试样残渣中蛋白质的质量，mg；

m_A——试样残渣中灰分的质量，mg；

m_B——空白的质量，mg；

m_1，m_2——试样的质量，mg。

计算结果保留到小数点后两位。

总膳食纤维、不溶性膳食纤维、可溶性膳食纤维均用式(13-9) 计算。在重复性条件下获得的两次测定结果的绝对值不得超过算术平均值的 10％。

(3) 适用范围及特点　本标准规定了食品中总的、可溶性和不溶性膳食纤维的测定方法和植物性食品中不溶性膳食纤维的测定方法。适用于植物类食品及其制品中总的、可溶性和不溶性膳食纤维的测定及各类植物性食品和含有植物性食品的混合食品中不溶性膳食纤维的测定。总的、可溶性和不溶性膳食纤维的测定方法的检出限均为 0.1mg。

本方法测定的总膳食纤维是指不能被 α-淀粉酶、蛋白酶和葡萄糖苷酶酶解消化的碳水化合物，包括纤维素、半纤维素、木质素、果胶、部分回生淀粉、果聚糖及美拉德反应产物等；一些小分子（聚合度为 3～12）的可溶性膳食纤维，如低聚果糖、低聚半乳糖、多聚葡萄糖、抗性麦芽糊精和抗性淀粉等，由于能部分或全部溶解在乙醇溶液中，本方法不能够准确测量。

(4) 说明与讨论

① 本标准第一法对应于美国官方分析化学师协会 AOAC 991.43《食品中总的、可溶性及不溶性膳食纤维的酶-重量测定法》(2000 年第 17 版)，一致性程度为修改采用。

本标准与 AOAC 991.43 相比主要修改如下：

a. 修改了在加入淀粉葡萄糖苷酶前用 0.561mol/L 盐酸调 pH 值，将调 pH 值用的酸改为 3mol/L 乙酸；

b. 修改了调 pH 值为 4.5 时，将 pH 计改用以 0.4g/L 溴甲酚绿为外指示剂。

② 用于测定膳食纤维的国标法、AOAC 法（AOAC 法 991.43）和 Englyst-Cummings 法是应用最广泛的测定方法，这些方法和一些其他的方法非常相似，能适用的食品范围很宽。但是 Englyst-Cummings 法中木质素和抗性淀粉没有作为纤维素的组成部分，所以该法提供了最低的纤维素值，使用该法测定含有大量抗性淀粉的食品（如玉米粉）和含有大量木质素的食品（如谷糠）中的膳食纤维含量时会出现最大的偏差，因此对于木质素含量较高的食品可采用国标法或 AOAC 法、Marlett（参考文献［12］）、Theander 和 Westerlund（参考文献［13］）介绍的测定方法进行操作。

③ 现代 AOAC 法建议使用 85％的乙醇提取富含单糖（葡萄糖、果糖和蔗糖）的食品，而我国国标中则使用的是 95％的乙醇进行提取。

④ 采用 Englyst-Cummings 法在测定纤维素之前，需要提取食品中的糖类，如不提取则使测定结果偏高。

⑤ 国标法、AOAC 法和 Englyst-Cummings 法都使用水解蛋白酶，蛋白水解反应使一些纤维素增溶，即把一些不溶的纤维素转变为可溶性纤维。另外，水解蛋白酶对木质素的测定有明显的影响。

小结

在低分子质量碳水化合物的测定中，原来用于总碳水化合物和各类还原糖测定的比色法已基本被色谱法所取代。传统的比色法需要绘制标准曲线，容易导致误差出现，使得在测定糖类化合物时会遇到很多的麻烦，使其应用受到一定的局限。酶法虽然专一性较强，并且灵敏度高，但除了淀粉外，只能测定想要分析的单一化合物，同样应用非常局限。

参 考 文 献

［1］ Whistler R L，BeMiller J N. Carbohydrate Chemistry for Food Scientists. Eagen Press，St. Paul，MN，1997.

［2］ BeMiller J N，Whistler R L. Carbohydrates. Ch. 4，in Food Chemistry. 3rd ed. O. R. Fennema MEd. New York：Marcel Dekker，1996.

［3］ Anonymous. Code of Federal Regulations，Title 21，Part 101——Food Labeling. U. S. Government Printing Mice，Washington，DC，1997.

［4］ Chaplin M F，Kennedy J F. Carbohydrate Analysis. A Practical Approach，2nd ed. IRL Press，Qxford，UK，1994.

［5］ Miller G L，Blum R，Glennon W E G，Burton A L. Measurement of carboxymethlcellulase activity. Analytical Biochemistry，1960，1：127.

［6］ Kainuma K. Determination of the degree of gelatinization and retrogradation of starch. Methods in Carbohydrate Chemistry，1994，10：137.

［7］ McCleary B V，Gibson T S，Mugford D C. Collaborative evaluation of a simplified assay for total starch in cereal products（AACC Method 76-13）. Cereal Foods World，1997，42：476.

［8］ Fitt L E，Snyder E M. Photomicrographs of Starches. Ch. 23，in Starch：Chemistry and Technology，2nd ed. Whistler R L，BeMiller J N，Paschall E F. Academmic Press Orlando，FL，1984.

［9］ Langton M，Hermansson A M. Microstructural changes in wheat starch dispersions during heating and cooling. Food Microstructure，1989，8：29.

［10］ National Academy of Science，Food chemicals Codex. 4th ed.，Food and Nutrition Board，National Research Council，National Academy Press，Washington，DC，1996.

［11］ Joint FAO/WHO Expert Committee on Food Additive（JECFA）. Compendium of Food Additive Specicifications，Vols. 1 and 2. 1992. FAO Food and Nutrition Paper 52/1，Food and Agriculture Organization of the United Nations，Rome，Italy. 1992.

[12] Marlett J A. Issues in dietary fiber. In New developments in Dietary. Furda I，Brine C J. Plenum Press，New York，1990：183-192.

[13] Theander O，Westerlund E. Studies on dietary fiber. 3. Improved procedures for analysis of diety fiber. Journey of Agricultural and Food Chemistry，1986，34：330-336.

附　　录

GB/T 5009.7—2008 食品中还原糖测定第一法

GB/T 5009.7—2003 食品中还原糖测定第二法

GB/T 5009.8—2008 食品中蔗糖的测定第一法

GB/T 5009.8—2008 食品中蔗糖的测定第二法

GB/T 5009.9—2008 食品中淀粉的测定第一法

GB/T 5009.9—2008 食品中淀粉的测定第二法

GB/T 5009.10—2003 植物类食品中粗纤维的测定

第 14 章 脂类的测定和脂类的品质分析

14.1 概论

脂类是可溶于有机溶剂、微溶于水的一系列化合物，这个特性是一般有机大分子所没有的。脂类包括了一些具有共同性质和相似组成的物质。目前食品原料中的脂类主要有以下类型：脂肪酸，甘油一酯、甘油二酯、甘油三酯，磷脂，固醇（包括胆固醇）和脂溶性色素，脂溶性维生素。常用的术语，如单甘油酯、二甘油酯和三甘油酯分别与专业用语甘油一酯、甘油二酯和甘油三酯是同义的。

14.2 脂类含量的分析方法

14.2.1 食品中的脂含量

脂类是食品的重要组成成分，食品中可能含有一种或几种脂类化合物，其中最重要的脂类是甘油三酯和磷脂。室温下呈液态的甘油三酯称为油，如豆油和橄榄油，属于植物油。室温下呈固态的甘油三酯称为脂肪，如猪脂和牛脂，属于动物油。“脂肪”一词，适用于所有的甘油三酯，不管其在室温下呈液态还是固态。表 14-1 列出了牛乳中脂类的含量。该表显示了牛乳中的脂类在种类和浓度方面的复杂性。表 14-2 列出了不同食品中脂肪的含量。

表 14-1 牛乳的脂类及脂溶性维生素的含量

脂肪种类	脂类中的含量	脂肪种类	脂类中的含量
甘油三酯	97%～99%	蜡质	痕量
甘油二酯	0.28%～0.59%	维生素 A	7～8.5μg/g
甘油一酯	0.016%～0.038%	类胡萝卜素	8～10μg/g
磷脂	0.2%～1.0%	维生素 D	痕量
胆固醇	0.25%～0.40%	维生素 E	2～5μg/g
三十碳六烯	痕量	维生素 K	痕量
游离脂肪酸	0.1%～0.44%		

14.2.2 分析的重要性

脂肪是食品中重要的营养成分之一，可为人体提供必需的脂肪酸。脂肪是富含热能的营养素，是人体热能的主要来源，每克脂肪在体内可提供 37.62kJ 热能，比碳水化合物和蛋白质高 1 倍以上。脂肪还是脂溶性维生素的良好溶剂，有助于脂溶性维生素的吸收。脂肪与蛋白质结合生成的脂蛋白在调节人体生理机能和完成体内生化反应方面起着十分重要的作用。食品中脂类精确可靠的定量分析对营养标签非常重要。通过测定可了解食品中脂类含量是否满足指定要求，过量摄入脂肪对人体健康也是不利的。

表 14-2　不同食品中的脂肪含量

食品项目	脂肪含量/%	食品项目	脂肪含量/%
谷物食品,面包,通心粉		水果和蔬菜	
大米	0.7	苹果(带皮)	0.4
高粱	3.3	橙子	0.1
全小麦	2.0	黑莓(带皮)	0.4
黑麦	2.5	鳄梨(美国产)	15.3
天然小麦粉	9.7	芦笋	0.2
黑麦面包	3.3	利马豆	0.8
小麦面包	3.9	甜玉米(黄色)	1.2
干通心粉	1.6	豆类	
乳制品		成熟的生大豆	19.9
液体全脂牛乳	3.3	成熟的生黑豆	1.4
液体脱脂牛乳	0.2	肉,家禽和鱼	
干酪	33.1	牛肉	10.7
酸奶	3.2	焙烤或油炸的鸡肉	1.2
脂肪和油脂		腌制的咸猪肉	57.5
猪油	100	新鲜的生猪腰肉	12.6
黄油(含盐)	81.1	大西洋和太平洋的生比目鱼	2.3
人造奶油	80.5	大西洋生鳕鱼	0.7
色拉调味料		坚果类	
意大利产品	48.3	生椰子	33.5
千岛产品	35.7	干杏仁	52.2
法国产品	41.0	干核桃	56.6
蛋黄酱(豆油制)	79.4	新鲜全蛋	10.0

注：来自 USDA 营养数据库 http://www.nal.usda.gov/fnic/cgi-bin/nut_search.pl。

14.2.3　分析方法

脂类溶于有机溶剂，不溶于水，此性质为脂类的重要分析特征，并作为其与蛋白质、水以及碳水化合物分离的基础。食品中的脂含量一般采用溶剂萃取法测定，这些方法的精确性很大程度上取决于脂类在所用萃取剂中的溶解性。脂含量的测定除了采用溶剂萃取法外，还有非溶剂湿法萃取法以及利用食品中脂类的物化特性的几种仪器分析方法。

本章节所介绍的许多方法都是国标的法定方法，这些方法的详细步骤可参考相关文献。

14.2.3.1　溶剂萃取法

乙醚、石油醚、氯仿-甲醇混合液是最常用的溶剂。其中乙醚溶解脂肪能力强，应用最多，但其沸点低，易燃，且可饱和质量分数约2%的水分。含水乙醚会同时抽提出糖分等非脂成分，所以使用时必须采用无水乙醚作提取剂，且要求样品必须预先烘干。石油醚溶解脂肪的能力比乙醚弱，但吸收水分比乙醚少，没有乙醚易燃，使用时允许样品含有微量水分。这两种溶剂只能直接提取游离的脂肪。对于结合态脂类，必须预先用酸或碱破坏脂类和非脂成分的结合后才能提取。两种溶剂常混合使用。氯仿-甲醇是另一种有效的溶剂，其对于脂蛋白、磷脂的提取效率较高，特别适用于水产品、家禽、蛋制品等食品脂肪的提取。

14.2.3.1.1　连续溶剂萃取法（Goldfish 法）

(1) 原理与特性　连续溶剂萃取法，即萃取溶剂连续地流过置于陶瓷萃取管中的样品进行萃取。样品的脂肪含量则通过样品失重或脂肪的抽提量测得。

(2) 操作步骤

① 将预先干燥过的多孔陶瓷萃取管称量，将经真空干燥箱干燥的样品加入管中，再称量（样品与海砂混合后放入管中，干燥）；

② 将预先干燥过的萃取杯称量；

③ 将陶瓷萃取管放入玻璃夹管中，与萃取装置的冷凝管连接；

④ 将无水乙醚（或石油醚）倒入萃取杯，将萃取杯置于加热板上；

⑤ 萃取 4h；

⑥ 停止加热，使样品冷却；

⑦ 取下萃取杯，在空气中干燥过夜，然后再在 100℃下干燥 30min，移入干燥器中，冷却后称量。

(3) 计算公式

$$X=\frac{m_1}{m_2}\times 100 \tag{14-1}$$

式中 X——试样中粗脂肪的含量（以干重计），g/100g；

m_1——样品脂肪质量，样品脂肪量=（萃取杯+脂肪）量－萃取杯量，g；

m_2——干样品质量，g。

(4) 说明与讨论 连续萃取法比半连续萃取法更快速、有效。然而有时会引起沟流，使得萃取不完全。Goldfish 法就是连续萃取法中的一种。

14.2.3.1.2 半连续溶剂萃取方法（索氏抽提法）

(1) 原理与特性 利用脂肪能溶于有机溶剂的性质，在索氏提取器中将试样用无水乙醚或石油醚等溶剂抽提，提取样品中的脂肪后，蒸去溶剂所得的物质称为粗脂肪。因为除脂肪外，还含有色素及挥发油、蜡、树脂等。索氏抽提法所测得的脂肪为游离脂肪。

(2) 分析步骤

① 试样处理

a. 固体试样：谷物或干燥制品用粉碎机粉碎过 40 目筛，肉用绞肉机绞两次，称取 2.00～5.00g（可取测定水分后的试样），必要时拌以海砂，全部移入滤纸筒内。

b. 液体或半固体试样：称取 5.00～10.00g，置于蒸发皿，加入约 20g 海砂于沸水浴上蒸干后，在 100℃±5℃干燥，研细，全部移入滤纸筒内。蒸发皿及附有试样的玻璃棒均用沾有乙醚的脱脂棉擦净，并将脱脂棉放入滤纸筒上面。

② 索氏提取器的清洗 将索氏提取器各部位充分洗涤并用蒸馏水清洗后烘干，脂肪烧瓶在 103℃±2℃的烘箱内干燥至恒量。

③ 抽提 将滤纸筒放入脂肪抽提器的抽提筒内，连接已干燥至恒量的接收瓶，由抽提器冷凝管上端加入无水乙醚或石油醚至瓶内容积的三分之二处，于水浴上加热，使乙醚或石油醚不断回流提取（6～8 次/h），一般抽提 6～12h。提取结束时，用毛玻璃板接取一滴提取液，如无油斑则表明提取完毕。取下接收瓶，回收乙醚或石油醚，待接收瓶内乙醚剩 1～2mL 时在水浴上蒸干，再于 100℃±5℃干燥 2h，放干燥器内冷却 0.5h 后称量。重复以上操作直至恒量。

④ 结果计算

$$X=\frac{m_1-m_0}{m_2}\times 100 \tag{14-2}$$

式中 X——试样中粗脂肪的含量，g/100g；

m_0——接收瓶的质量，g；

m_1——接收瓶和粗脂肪的质量，g；

m_2——试样的质量（如是测定水分后的试样，则按测定水分前的质量计），g。

计算结果表示到小数点后一位。

在重复性条件下获得的两次独立测定结果的绝对差值不得超过算术平均值的 10%。

⑤ 说明与讨论

a. 索氏抽提法为 GB/T 5009.6－2003 标准的第一法，是测定脂肪含量最普遍采用的经典方法。该法适用于脂类含量较高，结合态脂类含量较少，能烘干研细，不易吸湿结块的样品（如肉制品、豆制品、谷物、坚果、油炸果品、中式糕点等）的测定，不适用于乳及乳制品。索氏抽提法中所使用的无水乙醚或石油醚等有机溶剂，只能提取试样中的游离脂肪。故本法测得的仅仅是游离态脂肪，结合态脂肪未能测出。

b. 索氏抽提器是利用溶剂回流和虹吸原理，使固体物质每一次都被纯的溶剂所萃取，而固体物质中的可溶物则富集于脂肪烧瓶中。

c. 本法要求溶剂必须无水、无醇、无过氧化物，挥发性残渣含量低。否则水和醇可导致糖类及盐类等水溶性物质的溶出，使测定结果偏高，过氧化物会造成脂肪氧化，在烘干时还有引起爆炸的危险。

d. 样品必须干燥，水分会影响提取效果，而且溶剂会吸收样品中的水分造成非脂成分溶出。装样品的滤纸筒松紧要适度。滤纸筒高度不要超过回流弯管，否则超过弯管的样品中脂肪不能抽提，造成误差。样品和醚浸出物在烘箱中干燥时，时间不能过长，以防止极不饱和的脂肪酸受热氧化而增加质量。一般在真空干燥箱中于 70～75℃干燥 1h；普通干燥箱中于 95～105℃干燥 1～2h，冷却称量后，再于同样温度下干燥 0.5h，如此反复至恒量。反复加热可能会因脂类氧化而增重，质量增加时，以增重前的质量作为恒重。脂肪烧瓶在烘箱中干燥时，瓶口侧放，以利空气流通。而且先不要关上烘箱门，于 90℃以下鼓风干燥 10～20min，驱尽残余溶剂后再将烘箱门关紧，升至所需温度。

e. 对含糖及糊精量多的样品，要先以冷水使糖及糊精溶解，经过滤除去，将残渣连同滤纸一起烘干，放入抽提管中。

f. 提取时水浴温度不可过高（夏天约 65℃，冬天约 80℃），以 1min 从冷凝管滴下 80 滴左右，1h 回流 6～12 次为宜。提取过程应注意防火。

g. 在挥发乙醚或石油醚时，切忌用火直接加热。烘前应驱除全部残余的乙醚，因乙醚稍有残留时，放入烘箱有发生爆炸的危险。

h. 在抽提时，冷凝管上端最好连接一个氯化钙管，这样不仅可以防止空气中水分的进入，还可以避免乙醚在空气中挥发。如无此装置可塞一团干燥的脱脂棉球。

14.2.3.1.3　非连续溶剂萃取法

(1) 酸水解法

① 原理　利用强酸破坏蛋白质、纤维素等组织，使结合或包藏在食品组织中的脂肪游离析出，然后用乙醚提取，除去溶剂即得脂肪含量（包括游离态及结合态脂肪）。

② 操作方法　固体样品：准确称取样品约 2.00g，置于 50mL 试管中，加水 8mL，混匀后再加入盐酸 10mL。

液体样品：称取样品 10.00g，置于 50mL 试管中，加入盐酸 10mL。

将试管放入 70～80℃水浴中，每隔 5～10min 用玻璃棒搅拌一次，至样品消化完全，消化时间约 40～50min。取出试管，加入 10mL 乙醇，混匀。冷却后将混合物移入 100mL 具塞量筒中，以 25mL 乙醚分数次清洗试管，洗液一并倒入量筒中，加塞振摇 1min，小心开塞放气，再加塞静置 12min。用乙醚-石油醚（1∶1）混合液冲洗塞子和量筒口附着的脂肪，静置 10～20min。待上部液体澄清后，吸取上层清液于已恒重的烧瓶内，再加 5～10mL 混合溶剂于量筒内，重复提取残留液中的脂肪。合并提取液，回收乙醚后将烧瓶置水浴上蒸干，然后置102℃±2℃烘箱中干燥2h，取出放干燥器中冷却0.5h后称量，反复操作至恒量。

③ 计算

$$X=\frac{m_1-m_0}{m_2}\times 100 \tag{14-3}$$

式中 X——试样中粗脂肪的含量，g/100g；

m_0——接收瓶的质量，g；

m_1——接收瓶和粗脂肪的质量，g；

m_2——试样的质量（如是测定水分后的试样，则按测定水分前的质量计），g。

计算结果表示到小数点后一位。

在重复性条件下获得的两次独立测定结果的绝对差值不得超过算术平均值的10%。

④ 说明及讨论

a. 本法为GB/T 5009.6—2003标准的第二法。本方法适用于各类食品中总脂肪的测定，包括游离脂肪和结合态脂肪。特别是对易吸湿、不易烘干，不宜用索氏提取法的试样，效果较好。由于磷脂在酸水解条件下会分解，故对于磷脂含量高的食品，如鱼、肉、蛋及蛋制品、大豆及其制品等不宜采用此法。对于糖含量高的食品，由于糖遇强酸易炭化而影响测定结果，因此也不适宜采用此法。

b. 固体样品应充分磨细，液体样品要混合均匀，否则会因消化不完全而使结果偏低。

c. 在用强酸处理样品时，一些本来溶于乙醚的碱性有机物质与酸结合生成不溶于乙醚的盐类，同时某些在处理过程中产生的物质也会进入乙醚，因此最后需要用石油醚处理抽提物。水解时注意防止水分大量损失，以免使酸度过高。

d. 水解后加入乙醇可使蛋白质沉淀，降低表面张力，促进脂肪球聚合，还可以使碳水化合物、有机酸等溶解。用乙醚提取脂肪时，由于乙醇可溶于乙醚，所以需要加入石油醚，以降低乙醇在乙醚中的溶解度，使乙醇残留在水层，使分层清晰。

e. 挥干溶剂后，若残留物中有黑色焦油状杂质（此为分解物与水一同混入所致），可用等量的乙醚与石油醚溶解后过滤，再挥干溶剂，否则会导致测定结果偏高。

(2) 哥特-罗紫法

① 原理 利用氨-乙醇溶液使乳中酪蛋白的钙盐成为可溶性钙盐，使结合的脂肪游离，用乙醚提取脂肪，干燥至恒量，称其质量得乳中脂肪含量。

② 操作方法 吸取10.0mL试样于抽脂瓶中，加入1.25mL氨水，充分混匀，置60℃水浴中加热5min，再振摇2min，加入10mL乙醇，充分摇匀，于冷水中冷却后，加入25mL乙醚，振摇0.5min，加入25mL石油醚，再振摇0.5min，静置30min，待上层液澄清时，读取醚层体积。放出醚层至一已恒量的烧瓶中，记录体积，蒸馏回收乙醚，置烧瓶于98～100℃干燥1h后称量，再置98～100℃干燥0.5h后称量，直至前后两次质量相差不超过1.0mg。

③ 计算 试样中脂肪的含量按下式进行计算：

$$X=\frac{m_1-m_0}{m_2\times(V_1/V_2)}\times 100 \tag{14-4}$$

式中 X——试样中脂肪的含量，g/100g；

m_1——烧瓶加脂肪质量，g；

m_0——烧瓶质量，g；

m_2——试样质量（吸取体积乘以牛乳的相对密度），g；

V_1——读取乙醚层总体积，mL；

V_2——放出乙醚层体积，mL。

计算结果保留两位有效数字。

在重复性条件下获得的两次独立测定结果的绝对差值不得超过算术平均值的 5%。

④ 说明与讨论

a. 本方法为乳及乳制品脂类定量的国际标准方法，被 ISO、FAO/WHO 采用。本方法适用于乳类、豆类中脂类的定量分析。

b. 乳类脂肪虽然也属游离态脂肪，但因脂肪球被乳中酪蛋白钙盐包裹，又处于高度分散的胶体分散系中，故不能直接被乙醚、石油醚提取，需预先破坏此结构状态。氨水使酪蛋白钙盐变成可溶解盐，乙醇使溶解于氨水的蛋白质沉淀析出，然后再用乙醚、石油醚提取脂肪。

14.2.3.1.4　高温高压溶剂萃取法

在高温高压条件下，利用溶剂与样品相互作用原理进行萃取脂肪的方法有超临界流体提取（SFE）和加速溶剂萃取法（ASE），这两个方法目前已经越来越多地替代了传统溶剂萃取法。

超临界流体提取法无需使用有毒的有机溶剂，将惰性、无毒且便宜的溶剂如 CO_2 加热、加压至呈超临界流体态，在这个气-液“混合性”状态下，液体密度的超临界流体对脂肪样品具有很强的萃取能力。同时超临界流体具有的气体特性又可促进脂肪在萃取完成后从溶剂流体中分离出来。

而加速溶剂萃取法尽管不能完全排除有机溶剂的使用，但至少能明显地降低它们的消耗。因为在加速溶剂萃取法过程中采用了高压，所以样品中的脂肪萃取能在高于萃取溶剂沸点的温度下进行，从而可明显缩短萃取时间，减少溶剂消耗。

14.2.3.2　无溶剂湿法萃取法

(1) 巴布科克法　在巴布科克测定法中，浓硫酸加入装有已知量牛奶的巴布科克乳脂瓶中，浓硫酸使牛乳中的酪蛋白钙盐转变成可溶性的重硫酸酪蛋白，脂肪球膜被破坏，使脂肪游离出来，然后离心，使脂肪完全迅速分离，再加入热水使脂肪上浮至巴布科克乳脂瓶的刻度部分，直接读数（参照 GB/T 5009.46—2003）。

巴布科克法是测定乳制品中脂肪含量最常用的方法，但该法无法测定乳制品中的磷脂，也不适合测定含巧克力、糖的食品，因为硫酸可使巧克力和糖发生炭化。

(2) 盖勃法　盖勃法的原理与巴布科克法相似，但该方法采用硫酸和异戊醇，硫酸消化蛋白质和碳水化合物，游离出脂肪，并通过加热使脂肪保持液态（参照国标 GB/T 5009.46—2003）。

盖勃法较巴布科克法简单快速，广泛应用于不同乳制品的脂肪测定中。使用异戊醇是为了防止糖的炭化。该法在欧洲比在美国使用更为广泛。硫酸可以破坏脂肪球膜使脂肪游离出来，还可增加液体相对密度，使脂肪容易浮出。硫酸的浓度要严格遵守规定的要求。该法中所用异戊醇的作用是促使脂肪析出，并能降低脂肪球的表面张力，以利于形成连续的脂肪层。异戊醇应能完全溶于酸中，但由于质量不纯，可能有部分析出掺入到油层中，使结果偏高。65～70℃水浴中加热和离心的目的是促使脂肪离析。

哥特-罗紫法、巴布科克法和盖勃法都是测定乳脂肪的标准分析方法。对比研究表明，前者的准确度较后两者高，后两者中巴布科克法的准确度比盖勃法的稍高些，两者差异显著。

14.2.3.3 仪器分析法

（1）低分辨率NMR法　NMR法的基本原理参见第6章。NMR法可用于测定食品中的脂肪和油，且不用破坏样品。常用的NMR法有两种：时域低分辨率NMR（有时又称为脉冲NMR）和频域NMR（又称NMR光谱）。NMR法的最大优势是不破坏样品，同时也不要求样品必须透明。

在脉冲NMR中，通过不同的衰变率或弛豫时间可以识别来源于不同食品组分中的氢核（^1H或质子）信号。固相中的氢核信号弛豫很快（信号消失），而液相中的氢核弛豫则非常慢。而且在油籽和其他食品产品中，水的质子比油的质子弛豫快，信号的强度与氢核的数量成正比，故与氢核的含量相关，所以其信号强度通过使用校正可转化为油的含量。该方法可用于测定含水量、含油量、固体脂肪含量和固-液比。

直接法计算固态脂肪含量的公式为：

$$S_{\mathrm{dir}}(t)=\frac{fs'}{l+fs'}\times 100 \tag{14-5}$$

式中　$S_{\mathrm{dir}}(t)$——固态脂肪含量；

f——校正系数；

s'——在10μs上的强度；

l——在70μs上的强度（仅与液体相对应）。

强度s'和l是从NMR响应上获得的。

该法被用来分析奶油、麦淇淋、起酥油、巧克力、油籽、肉制品、奶粉、奶酪、面粉等食品的脂肪含量。

频率域NMR分析法中，食品组分通过在NMR光谱上的峰的化学位移（共振频率）加以识别，油脂的共振频率图可反映出脂肪的不饱和度和其他化学性质。用该法可测定奶酪、水果、肉、油籽和其他食品原料中的液体甘油酯含量。

（2）X射线吸收法　由于肉类的X射线吸收比脂肪高，因此通过建立X射线吸收值和脂肪含量（脂肪含量用标准溶剂萃取法测定）的标准曲线，就可用于快速测定肉及肉产品中的脂肪含量。如：AnlyRay脂肪分析仪就是根据X射线吸收值，常常用于测定样品的瘦/肥比或肉制品中的脂肪含量（通常是新鲜牛排或猪肉）。

（3）介电常数测定法　食品的介电常数通常随油脂含量的变化而变化，例如，瘦肉的电流比肥肉大20倍。用标准溶剂萃取法测得的大豆油脂含量与电流减少量的线性回归相关系数可达到0.98。

（4）红外光谱测定法　红外光谱法（IR）基于脂肪在波长为5.73μm处的红外吸收，吸收值越大，表明样品中脂肪含量越高。中红外光谱用于测定牛奶中脂肪的含量，近红外光谱在实验室中用来测定如肉、谷类和油籽中脂肪的含量，也可用于在线测定，具体内容参见第6章有关红外光谱的讨论。

（5）比色分析法　测定牛奶脂肪与异羟肟酸反应产生的颜色，根据所测得样品的吸光度，在吸光度-脂肪含量的标准曲线上确定其相应的脂肪含量，进而可测得牛奶中的脂肪含量。

14.2.4 方法比较

索氏抽提法及其改良法是食品中粗脂肪测定最常用的方法。然而这些方法需要样品保持干燥以便采用无水乙醚萃取。仪器分析法如 IR 法和 NMR 法简便、快速、重现性好，但仅适用于特定样品。此外，仪器分析法一般要求制作仪器分析信号与样品脂肪量（由标准溶剂萃取法获得）的相关标准曲线。

14.3　脂类品质的分析

测定油脂品质的方法有许多。有些方法（例如滴定法）只限于测定食用油（而不是皂化和工业用油），有些方法则要求使用特殊仪器（参照 GB/T 5009.37—2003）。

脂类品质的分析主要从感官检查和理化检验两方面进行。

14.3.1　感官检查

14.3.1.1　色泽

将试样混匀并过滤于烧杯中，油层高度不得小于 5mm，在室温下先对着自然光观察，然后再置于白色背景前借其反射光线观察并按下列词句描述：白色、灰白色、柠檬色、淡黄色、黄色、橙色、棕黄色、棕色、棕红色、棕褐色等。另外，油脂色泽的精确测定可采用罗维朋法和分光光度法。

在罗维朋法中，将待测样品放入一标准尺寸的管子中，与红色和黄色标准系列管进行目视比较。待测样品的测量结果以标准管的管号表示。此外，也可使用自动比色计进行测定。

在分光光度法中，将保温于 25～30℃下的待测样品置于比色杯中，然后分别在 460nm、550nm、620nm 和 670nm 波长处测定其吸光度值。光度测定的色泽指数可通过下式计算：

$$\text{光度测定的色泽指数}=1.29\times A_{460}+69.7\times A_{550}+41.2\times A_{620}-56.4\times A_{670} \quad (14\text{-}6)$$

14.3.1.2　气味及滋味

将试样倒入 150mL 烧杯中，置于水浴上，加热至 50℃，以玻璃棒迅速搅拌。嗅其气味，并蘸取少许试样，辨尝其滋味，按正常、焦煳、酸败、苦辣等词句描述。

14.3.2　理化检验

14.3.2.1　酸价

（1）原理　植物油中的游离脂肪酸用氢氧化钾标准溶液滴定，每克植物油消耗氢氧化钾的质量（mg），称为酸价。脂肪酸价的测定通常可反映出甘油三酯水解释放的脂肪酸的总量（参照国标 GB/T 5009.37—2003）。

（2）分析步骤　称取 3.00～5.00g 混匀的试样，置于锥形瓶中，加入 50mL 中性乙醚-乙醇混合液，振摇使油溶解，必要时可置热水中，温热促其溶解。冷至室温，加入浓度为 10g/L 的乙醇溴化酚酞指示剂 2～3 滴，以氢氧化钾标准滴定溶液（0.050 mol/L）滴定，至初现微红色，且 0.5min 内不褪色为终点。

（3）结果计算

$$X=\frac{V\times c\times 56.11}{m} \quad (14\text{-}7)$$

式中　X——试样的酸价（以氢氧化钾计），mgKOH/g；

V——试样消耗氢氧化钾标准滴定溶液体积，mL；

c——氢氧化钾标准滴定溶液的实际浓度，mol/L；

m——试样质量，g；

56.11——与 1.0mL 氢氧化钾标准滴定溶液［c(KOH)=1.000mol/L］相当的氢氧化钾质量（mg）。计算结果保留两位有效数字。

(4) 说明与讨论

① 当样液颜色较深时，可减少试样用量，或适当增加混合溶剂的用量，仍用酚酞为指示剂，终点变色明显。对深色油样进行测定，为便于观察终点，可采用2%碱性蓝6B乙醇溶液或1%麝香草酚酞乙醇溶液等指示剂。碱性蓝6B指示剂的变色范围为pH9.4～14，酸色为蓝色，终点色为紫色，碱色为淡红色；麝香草酚酞变色范围为pH9.3～10.5，从无色到蓝色即为终点。

② 实验中加入乙醇，可防止反应中生成的脂肪酸钾盐离解，乙醇的浓度最好大于40%。

③ 酸价较高的油脂可适当减少称样质量。测定蓖麻油酸价时，只用中性乙醇，不用混合溶剂，因蓖麻油不溶于乙醚。

14.3.2.2 碘价

(1) 原理 碘价是用来测定油脂的不饱和程度，碘价定义为每100g待测样品所消耗的碘的质量(g)。油脂不饱和度越高，消耗的碘量就越多，因此碘价越高，说明其不饱和程度也越高。在溴化碘的酸性溶液中，溴化碘与不饱和的脂肪酸起加成反应析出碘，游离的碘可用硫代硫酸钠溶液滴定，从而计算出被测样品所吸收的溴化碘的质量(g)。

(2) 溴化碘乙酸溶剂配置 溶解13.2g碘于1000mL冰醋酸中，冷却至20℃时，用0.1mol/L硫代硫酸钠标准溶液标定其含碘量。按126.1g碘相当于79.92g溴，溴的密度约为3.1g/cm^3，计算溴的加入量(注意溴有毒!)。加入溴后再用0.1mol/L硫代硫酸钠标准溶液标定并校正溴的加入量，使加溴后的滴定体积刚好为加溴前的2倍。

(3) 分析步骤 准确称取油样0.1～0.25g，置于干燥碘价瓶中，加入10mL氯仿溶解，准确加入溴化碘乙酸溶液25mL，加塞，于暗处放置30min(碘价高于130者放置60min)，不时振摇，然后加入150g/L碘化钾溶液20mL，塞严，用力振摇，以100mL新煮沸后冷却的蒸馏水将瓶口和瓶塞上的游离碘洗入瓶内，混匀，用0.1mol/L硫代硫酸钠标准溶液滴定至淡黄色时，加入淀粉溶液1mL，继续滴定至蓝色消失为终点(近终点时用力振摇，使溶于氯仿的碘析出)。在相同条件下做一空白试验。

(4) 计算 碘价可以用下列公式计算：

$$X=\frac{c\times(V_1-V_2)}{m}\times 0.1269\times 100 \tag{14-8}$$

式中 X——样品的碘价，g/100g；

c——硫代硫酸钠标准溶液的摩尔浓度，mol/L；

V_1——空白滴定时硫代硫酸钠标准溶液的用量，mL；

V_2——样品滴定时硫代硫酸钠标准溶液的用量，mL；

m——样品质量，g；

0.1269——换算系数。

甘油三酯的碘价可通过甘油三酯脂肪酸组成的计算公式经计算得到：

碘价(甘油三酯)=[十六碳烯酸(%)×0.950]+[油酸(%)×0.860]+[亚油酸(%)×1.732]+[亚麻酸(%)×2.616]+[二十碳烯酸(%)×0.785]+[二十二碳烯酸(%)×0.723] (14-9)

相似的公式可用于计算游离脂肪酸的碘价。

(5) 说明与讨论

① 测定碘价时不能用游离的卤素，常用氯化碘、溴化碘、次碘酸等作为试剂。最常用的是氯化碘-乙酸溶液法。碘化钾溶液中不能含有碘酸盐或游离碘。

② 水分和光线对氯化钾的影响很大，因此要求所用仪器必须干燥、清洁，碘液试剂必须用棕色瓶盛装且放于干暗处。

③ 加入碘液的速度、放置作用时间和温度要与空白实验相一致。

④ 加成反应的时间在 30～60min，根据碘价的大小决定，碘价低于 130 的油脂样品，放置 30min，碘价高于 130 的样品，需放置 60min，以使加成反应进行完全。

14.3.2.3　皂化值

（1）原理　皂化是通过强碱与脂肪作用将其分解或降解成甘油或脂肪酸的过程。皂化值（或皂化数）定义为皂化一定数量的油脂所需强碱的总量，具体表达为皂化 1g 油脂待测样品所需的氢氧化钾的质量（mg）。油脂与氢氧化钾乙醇溶液共热时，发生皂化反应（生成钾肥皂），剩余的碱可用标准酸滴定，从而可计算出中和油脂所需氢氧化钾的质量（mg）。

（2）分析步骤　准确称取混匀试样 2.0g，注入锥形瓶，加入 25.0mL 0.5mol/L 氢氧化钾乙醇溶液，接上冷凝管，在水浴上煮沸约 30min（不时摇动），煮至溶液清澈透明后，停止加热，取下锥形瓶，用 10mL 中性乙醇溶液冲洗冷凝管下端，加酚酞指示剂 5～6 滴，趁热用 0.5mol/L 盐酸标准溶液滴定至红色消失为止。在同样条件下做一空白实验。

（3）计算

其皂化值按下列公式计算：

$$X=\frac{c\times(V_1-V_2)}{m}\times 56.1 \qquad (14\text{-}10)$$

式中　X——样品的皂化值，mg/g；

c——盐酸标准溶液的摩尔浓度，mol/L；

V_1——空白滴定时盐酸标准溶液的用量，mL；

V_2——样品滴定时盐酸标准溶液的用量，mL；

m——样品质量，g；

56.1——氢氧化钾的摩尔质量，g/mol。

（4）说明与讨论

① 脂肪的皂化值反映组成油脂的各种脂肪酸混合物的平均相对分子质量大小，皂化值越大，脂肪酸混合物的平均相对分子质量越小，反之亦然。一般油脂的皂化值在 200 左右，皂化值较大的食用脂肪熔点较低，消化率较高。

② 皂化时氢氧化钾中和的是油脂中的全部脂肪酸，包括游离脂肪酸和结合脂肪酸（甘油酯在碱性条件下水解）。用氢氧化钾-乙醇溶液能溶解油脂，也能使油脂的水解反应变成不可逆的。

③ 若油脂皂化液颜色较深，可用碱性蓝 6B 乙醇溶液作指示剂。

④ 皂化后剩余的碱用盐酸滴定，不能用硫酸。因为生成的硫酸钾不溶于乙醇，易生成沉淀影响结果。

⑤ 计算皂化值不适用于含有较高含量不皂化物、游离脂肪酸（＞0.1%）、甘油一酯或甘油二酯的油脂。

14.3.2.4　熔点

熔点的测定有多种方式。毛细管熔点法（capillary tube melting point）测定的是最终熔点或液体澄清点，是指在一端封闭的毛细管内，脂肪被加热至完全成为液体时的温度。移动熔点法（slip melting point）的测定类似于毛细管法，即测定在加热条件下，当脂肪在开口的毛细管中移动时的温度。毛细管熔点法较少用于油脂熔点的测定，因为油脂的各种组分较复杂，使其没有一个明显的熔点值。移动熔点法在欧洲广泛应用。

14.3.2.5 烟点、闪点和燃点

烟点是指在指定的测定条件下待测样品开始发烟时的温度。闪点是指在待测样品表面的任意一点产生火花时的温度，即待测样品迅速产生足够的挥发性气体以提供产生火花的条件。燃点是指待测样品发生燃烧时的温度，即待测样品产生的挥发性气体（靠待测样品分解得到）的速度足以维持持续的燃烧。

14.3.2.6 冷冻试验

油在冰浴（0℃）中放置5.5h，观察其结晶情况。没有晶体和浑浊出现则说明具有相应的防冻能力。冷冻试验实际就是油的抗冻测定，确保其在低温条件下储藏时仍保持清晰透明。

14.3.2.7 浊点

浊点是液体脂肪因为结晶形成而开始出现浑浊时的温度。待测样品先加热到130℃，然后搅拌冷却。可通过浸在油脂中的温度计观察油脂开始出现结晶时的温度，必须注意一旦形成结晶后就不能清楚地观察温度计读数了。

14.3.2.8 稠度

稠度（也可用塑性、硬度、乳化性和扩展性来描述）是可塑脂肪的一个重要特性（例如起酥油、人造奶油、黄油）。

针入度法是通过测定在一定时间内圆锥形重物穿透入脂肪的距离来测定其稠度。该法适用于测定塑性脂和固体脂乳化液的稠度。与固体脂肪指数和固体脂肪含量一样，稠度主要取决于脂的种类、来源以及测量温度。

14.3.2.9 折射率

油脂的折射率（RI）定义为光在空气中（真空条件下）与在油脂中传播速度之比。待测样品油在20～25℃、脂肪在40℃条件下用折光仪进行检测，因为在此温度下大部分固体脂都已液化。RI法可用于（监控）控制油脂的氢化反应。RI值的减少与碘价的下降成线性关系。由于每种物质都有其特定的RI值。因此它还可用于检测样品纯度。

14.4 脂类氧化静态分析法

酸败是指由脂类分解（水解酸败）或者脂类氧化（氧化酸败）引起的不良气味和味道。脂类分解是指脂肪酸从甘油酯上水解下来，由于其挥发性，短链脂肪酸的水解常产生不良风味。

当油脂中发生脂类氧化（也称自然氧化）时，可引发连续自由基反应，并生成氢过氧化物（起始或初级产物），经分裂后形成包括醛、酮、有机酸和烃类等各种化合物（最终或次级产物）。

油脂的氧化状态可通过采用过氧化值、胺值、己醛值测定和硫代巴比妥酸检测等分析方法测定。

14.4.1 过氧化值

（1）原理　过氧化值是指每千克脂肪中含有的过氧化物的物质的量（mmol）。滴定分析是使过氧化物与碘化钾作用，生成游离碘，以硫代硫酸钠溶液滴定，计算含量（参照GB/T 5009.37—2003）。

（2）操作步骤　称取2.00～3.00g混匀（必要时过滤）的试样，置于250mL碘瓶中，加 30mL 三氯甲烷-冰醋酸混合液，使试样完全溶解。加入 1.00mL 饱和碘化钾溶液，紧密塞好瓶盖，并轻轻振摇 0.5min，然后在暗处放置 3min。取出加 100mL 水，摇匀，立即用硫代硫酸钠标准滴定溶液（0.0020mol/L）滴定，至淡黄色时，加 1mL 淀粉指示液，继续滴定至蓝色消失为终点，取相同量三氯甲烷-冰醋酸溶液、碘化钾溶液、水，按同一方法，做试剂空白试验。

（3）计算　试样的过氧化值按下式进行计算。

$$X_1=\frac{(V_1-V_2)\times c\times 0.1269}{m}\times 100$$

$$X_2=X_1\times 78.8 \tag{14-11}$$

式中 X_1——试样的过氧化值，%；

X_2——试样的过氧化值，mmol/kg；

V_1——试样消耗硫代硫酸钠标准滴定溶液体积，mL；

V_2——试剂空白消耗硫代硫酸钠标准滴定溶液体积，mL；

c——硫代硫酸钠标准滴定溶液的浓度，mol/L；

m——试样质量，g；

0.1269——与 1.00mL 硫代硫酸钠标准滴定溶液 $c(Na_2S_2O_3)=1.000$mol/L 相当的碘的质量，g；

78.8——换算因子。

计算结果保留两位有效数字。

（4）说明与讨论

① 过氧化值测定的只是氧化反应中的瞬时产物，过氧化物在形成后马上就会被破坏，并生成别的产物。低过氧化值可能是代表刚开始氧化，也可能代表氧化末期，这必须通过测定过氧化值随时间的变化情况以后才能确定。这些用于食品原料的测定方法的缺点是必须要含有 5g 以上的油脂待测样品，因此在低脂食品中很难获得足够的量。该方法是经验性方法，尽管有种种缺点，但过氧化值仍是最常用的测定脂类氧化的方法。

② 光线会促进空气对试剂的氧化，试剂应置于暗处反应或保存。饱和碘化钾溶液中不能存在游离碘和碘酸盐。溶液 pH 和淀粉种类影响指示剂的颜色。

③ 用硫代硫酸钠标准溶液滴定样品液时，必须在溶液呈淡黄色时才能加入淀粉指示剂，否则淀粉能包裹和吸附碘而影响测定结果。

14.4.2　硫代巴比妥酸测定法

（1）原理　硫代巴比妥酸（TBA）测定法测定脂类氧化的次级产物——丙醛。丙醛（包括丙醛型产物）与 TBA（其配制参照 GB/T 5009.181—2003）反应产生的有色化合物可通过分光光度法进行测定。

（2）操作步骤　准确称取在 70℃水浴上融化均匀的猪油液 10g，置于 100mL 碘量瓶内，加入 50mL 三氯乙酸混合液，振摇 0.5h（保持猪油融熔状态，如冷结即在 70℃水浴上略微加热使之融化后继续振摇），用双层滤纸过滤，除去油脂、滤渣，重复用双层滤纸过滤一次。

准确移取上述滤液 5mL 置于 25mL 纳氏比色管内，加入 5mL TBA 溶液，混匀，加塞，置于 90℃水浴内保温 40min，取出，冷却 1h，移入小试管内，离心 5min，上清液倾入 25mL 纳氏比色管内，加入 5mL 三氯甲烷，摇匀，静置，分层，吸出上清液于 538nm 波长处比色（同时做空白试验）。用含量分别为 1μg、2μg、3μg、4μg、5μg 的丙二醛标准溶液作上述步骤处理，根据浓度与吸光度关系作标准曲线。

$$丙二醛含量(mg\%)=A/10 \tag{14-12}$$

式中 A——猪油的相应浓度。

(3) 说明与讨论 TBA测定法与酸败食品感官评定的相关性要好于过氧化值法，但是与过氧化值测定一样，所测定的只是氧化的中间产物（如丙醛与其他化合物可迅速发生反应）。另一个替代上述分光光度法的测定方法是高效液相色谱法分析蒸馏物中丙醛的含量。

14.4.3 己醛值测定

脂类氧化期间会形成各种产物，常见的产物为己醛。顶空法测定己醛是检验脂类氧化程度的有效方法之一。该法通常直接采用顶空取样分析，这就需要从置有待测样品的密闭容器的顶空获得一定体积的蒸气来进行色谱分析。

14.5 脂类氧化动态分析法

因为脂类和食品原料的固有性质与外部因素不同，所以它们抗腐败变质的稳定性各不相同。加速测定法是人为地给待测样品提供热量、氧气、金属催化剂、光照或酶解等条件以加速脂类氧化。加速反应的主要问题是该法假设在提高的温度和人工条件下的反应与产品在实际储存温度条件下应发生的反应相同（而实际上有时会有不同）。另一个问题是要保证测定所用的仪器洁净，不含金属污染物以及以前残余的过氧化物。因此，如果脂类氧化是影响产品货架寿命的主要因素，在实际条件下测得的货架寿命应与脂类氧化稳定性的加速测定的结果相一致。

诱导期定义为能测出腐败前的时间期限或脂肪开始加速氧化前的时间期限。诱导期能通过测定油脂次级产物的最大值，或通过切线法作图来计算。诱导期的测定可以用于比较含不同种类脂肪的待测样品的氧化稳定性，或不同储藏条件下待测样品的氧化稳定性，以及测定各种抗氧化剂的功效。

14.5.1 烘箱法

烘箱法是一种常用的测定脂类氧化稳定性的加速测定法。该法是将一定质量的待测样品加热至某一温度（通常是60℃）。60℃是比较理想的储藏温度，因为脂肪在此温度下的氧化机理与室温下的完全相同，但在更高温度（如100℃）下脂肪发生氧化反应的机理就与之不同了。在60℃左右测定氧化稳定性获得的实验值与实际货架寿命的测定值很相近。

14.5.2 油稳定指数法和活性氧法

油稳定指数法（OSI）可测定油的诱导期。具体方法是将纯化的空气通入加热至一定温度的待测油脂样品（通常是110℃或130℃），然后将易挥发性酸（主要是甲酸）通入去离子水收集器，连续测定水的电导率。结果应注明测定所采用的温度及得到的诱导期的长短。

该方法最初是被设计用于测定抗氧化剂的功效。OSI法比烘箱法迅速，但后者测定结果与实际货架寿命更接近。OSI法还被开发用于低水分的休闲食品的测定（如土豆片和玉米饼），使其能适用于所有油脂待测样品的测定。

14.5.3 氧弹法

脂类氧化时会摄取周围环境中的氧，因此可通过测定置于密闭容器中的脂肪从氧化开始到耗尽氧所需的时间来衡量脂类的氧化稳定性。

与OSI法相比，氧弹法的优点是可直接采用食品原料进行测定，而不必再进行脂肪萃取。

14.6 脂类成分分析方法

食品或散装油脂中存在的脂类物质可通过测定其中各种组分以确定其功能特性，其中包括脂肪酸、甘油一酯、甘油二酯、甘油三酯、固醇（包括胆固醇）、脂溶性色素和维生素等。另一种方法是按照营养标签对脂肪的分类要求进行分类，具体分为总脂肪含量、饱和脂肪、多不饱和脂肪和单不饱和脂肪。此外，食品中可能还含有一种或多种不同于普通脂肪的低热量型脂类物质。例如，蔗糖聚酯、中链脂肪酸甘油酯和短链脂肪酸甘油酯。通过测定脂肪酸的组成还可计算得到总脂肪含量、饱和脂肪、碘价、皂化值等有关参数。

14.6.1 胆固醇

定量分析各种介质中的胆固醇的方法有很多，借助于研究资料，当前正在使用的分析方法操作简单，并且可用于分析某些特殊食品。

（1）原理　当固醇类化合物与酸作用时，可脱水并发生聚合反应，产生颜色物质。因此可先对食品样品进行提取和皂化，用硫酸铁矾试剂作为显色剂，测定食品中胆固醇的含量（参照GB/T 5009.128—2003）。

（2）操作步骤

① 胆固醇标准曲线　吸取胆固醇标准使用液（100μg/mL）0.0、0.5mL、1.0mL、1.5mL、2.0mL，分别置于10mL试管内，在各管内加入冰醋酸使总体积皆达4mL。沿管壁加入2mL铁矾显色液，混匀，在15～90min内，于560～575nm波长下比色。以胆固醇标准浓度为横坐标，吸光度值为纵坐标做标准曲线。

② 胆固醇的测定　根据食品种类分别用索氏脂肪提取法、研磨浸提法和罗高氏法提取脂肪，并计算出100g食品中的脂肪含量。将提取的油脂3～4滴（约含胆固醇300～500μg）置于25mL试管内，准确记录其质量。加入4mL无水乙醇、0.5mL 500g/L氢氧化钾溶液，在65℃恒温水浴中皂化1h。皂化时每隔20～30min振摇一次使皂化完全。皂化完毕，取出试管，冷却。加入3mL 50g/L氯化钠溶液、10mL石油醚，盖紧玻塞，在电动振荡器上振摇2min，静置分层（一般约需1h以上）。取上层石油醚液2mL，置于10mL具塞试管内，在65℃水浴中用氮气吹干，加入4mL冰醋酸、2mL铁矾显色液，混匀，放置15min后在560～575nm波长下比色，测得吸光度，在标准曲线上查出相应的胆固醇含量。

（3）计算

$$X=\frac{A\times V_1\times c}{V_2\times m}\times\frac{1}{1000} \tag{14-13}$$

式中 X——试样中胆固醇含量，mg/100g；

A——测得的吸光度值在胆固醇标准曲线上的胆固醇含量，μg；

V_1——石油醚总体积，mL；

V_2——取出的石油醚体积，mL；

m——称取食品油脂试样量，g；

c——试样中油脂含量，g/100g；

1/1000——折算成每100g试样中胆固醇质量，mg。

测定结果表示到小数点后一位。

（4）说明与讨论　由于许多测定胆固醇的分光光度法缺乏特异性，因此推荐使用GC法定量测定胆固醇含量。可以采用的分析方法还有其他 GC 法、HPLC 法和酶分析法，例如，针对冷冻食品和肉制品而建立的胆固醇测定法，直接皂化待测样品。该法与以前使用 AOAC 法的分离方法相比，速度更快，而且还避免了使用有毒溶剂。

14.6.2 脂肪酸组分和脂肪酸甲酯

食品中脂肪酸组分的种类及数量通常可采用先萃取脂类后再经毛细管气相色谱法测定。

(1) 原理　在 GC 分析前，为了增加脂类的挥发性，先对甘油三酯和磷脂进行皂化反应，使其水解成脂肪后，再将其甲酯化成脂肪酸甲酯（FAME）。

(2) 操作步骤　待测样品与正己烷-异丙醇（3∶2，体积比）之类的溶剂混合后均质，萃取待测样品中的脂类，蒸馏去除溶剂。然后萃取物再与氢氧化钠、甲醇、三氟化硼和正庚烷混合后回流蒸馏（也可用硫酸代替三氟化硼），生成 FAME。取上层正庚烷溶液，用无水硫酸钠干燥，稀释至 5%～10%，最后采用 GC 法分析测定。

(3) 说明与讨论　确定一个产品的脂肪酸组成，具体的计算指标包括：饱和脂肪酸的质量分数；不饱和脂肪酸的质量分数；单不饱和脂肪酸的质量分数；多不饱和脂肪酸的质量分数；同分异构体脂肪酸的质量分数等。然而，有些脂肪酸组成（例如顺式和反式脂肪酸以及同分异构体分离）仅靠 GC 分析法很难测定，因此需用更加精确的方法测定。

14.6.3 顺,顺-多不饱和脂肪酸

虽然脂肪酸组成的测定可作为计算待测样品中多不饱和脂肪酸质量分数的方法，但它并不是营养标签所要求的顺,顺-多不饱和脂肪酸（PUFA）特有的测定方法。

(1) 原理　皂化后的脂肪酸采用脂肪氧化酶处理，这种酶能够打开顺,顺-1,4-亚甲基的二烯结构（—CH ═CH—CH—CH ═CH—），形成一个共轭双烯（—CH ═CH—CH ═CH—CH—），进而可用分光光度法测定其吸光度。

(2) 操作步骤　脂类萃取物经皂化反应后，加入脂肪氧化酶反应 30min，并在 234nm 波长下测定吸光度。

(3) 说明与讨论　含有顺顺亚甲基双键的脂肪酸定义为顺,顺-多不饱和脂肪酸（PUFA3），对于 PUFA3 来说，虽然该酶学分析方法耗时较长，但该方法已经足以满足用于营养标签的 PUFA 的分析要求了。

14.6.4 反式脂肪酸同分异构体

绝大部分从植物原料中提取的天然油脂一般只含有非共轭的顺式双键，而从动物原料中提取的油脂可能含有少量的反式双键。由于反式同分异构体的热动力学性质更稳定，在油脂经历了氧化作用或加工工艺过程中的萃取、加热和氢化反应后，会形成额外的反式双键。

(1) 原理　根据样品在红外光谱 $966cm^{-1}$ 处的吸收峰可测定样品中的反式脂肪酸的浓度。

(2) 操作步骤　先将液体待测样品甲酯化，然后溶解于适当的溶剂中（如二硫化物），反式脂肪酸在 $1050\sim900cm^{-1}$ 之间有吸收光谱，所以可用红外光谱法来测定。反式油酸可作为外标物用来测定反式双键的含量。

(3) 说明与讨论　上述的测定方法只能测定非共轭的反式同分异构体，且限于测定反式同分异构体含量不少于 0.5% 的待测样品。

14.6.5 TLC 法分离脂类组分

(1) 操作步骤　TLC 法是以硅胶 G 作为吸附剂，己烷-乙醚-甲酸（80∶20∶2，体积比）作为展开剂，用 2,7-二氯荧光黄的甲醇溶液喷洒在薄板上，在黑色背景下，用紫外线照射后，脂肪各种组分呈现黄色谱带。

（2）说明与讨论　该方法可以快速测定在脂类萃取液中存在的各种脂肪组分。如果为了进行小规模待测样品制备，可以在 TLC 薄板上刮下某些区带，以便于用 GC 分析法或其他方法进行更进一步的分析。通过参数的改变，TLC 可以用于分离各种脂类物质。

小结

本章介绍的有关测定方法有助于了解在食品中脂类和油脂的性质。这些方法可用来测定脂类的某些性质，如熔点、烟点、闪点、燃点、色泽、不饱和度、脂肪酸链的平均长度和极性组分的含量等。而通过过氧化值、TBA 值和己醛值的测定可了解脂类的氧化状况，OSI 值可用来预测脂类对氧化的敏感度和抗氧化剂的功效。脂类部分（包括脂肪酸、甘油酯、磷脂和胆固醇）常常采用色谱技术如 GC 和 TLC 法来分析。

本章讨论的方法仅仅是众多用于测定脂类的分析方法中的一小部分，时间、经费、仪器设备的可用性、要求达到的准确性和分析目的都将影响油脂和含脂食品性质的分析方法的选择。

参考文献

[1] 侯曼玲. 食品分析. 北京：化学工业出版社，2004.
[2] 高向阳. 食品分析与检验. 北京：中国计量出版社，2006.
[3] Belitz H D，Grosch W. Food Chemistry. Springer-Verlag. Berlin，1987.
[4] Pomeranz Y，Meloan C F. Food Analysis：Theory and Practice. 3rd ed. Wan Nostrand Reinbold. New York，1994.

附录

GB/T 5009.6—2003 食品中脂肪的测定
GB/T 5009.46—2003 乳与乳制品卫生标准的分析方法
GB/T 5009.37—2003 食用植物油卫生标准的分析方法
GB/T 5009.202—2003 食用植物油煎炸过程中的极性组分（PC）的测定
GB/T 5009.181—2003 猪油中丙二醛的测定
GB/T 5009.128—2003 食品中胆固醇的测定

第15章　蛋白质与氨基酸的测定

15.1　绪论

蛋白质是生命的物质基础，没有蛋白质就没有生命。因此，它是与生命及与各种形式的生命活动紧密联系在一起的物质。蛋白质相对分子质量的变化范围通常为5000～1000000，它们包括氢、碳、氮、氧和硫等元素，蛋白质由20种常见氨基酸组成，蛋白质中的氨基酸残基是由多肽键连接的。机体中的每一个细胞和所有重要组成部分都有蛋白质参与。蛋白质占人体质量的16.3%，即一个体重为60kg的成年人其体内约有蛋白质9.8kg。人体内蛋白质的种类很多，且性质、功能各异，它们在体内不断进行代谢与更新。食品中的蛋白质种类非常复杂，其中很多已经被纯化和定性。蛋白质的食物来源可分为植物性蛋白质和动物性蛋白质两大类。植物蛋白质中，谷类含蛋白质10%左右，其含量不算高，但由于是人们的主食，所以仍然是膳食蛋白质的主要来源。豆类含有丰富的蛋白质，特别是大豆的蛋白质含量高达36%～40%，氨基酸组成也比较合理，在体内的利用率较高，是植物蛋白质中非常好的蛋白质来源。蛋类蛋白质含量为11%～14%，是优质蛋白质的重要来源。奶类（牛乳）一般含蛋白质3.0%～3.5%，是婴幼儿蛋白质的最佳来源。肉类蛋白是指禽、畜和鱼的肌肉蛋白。新鲜肌肉蛋白质含量为15%～22%，动物蛋白质营养价值优于植物蛋白质，是人体蛋白质的重要来源，具体数据见表15-1。

食品中的蛋白质含量是食品质量的最重要指标之一。测定食品中蛋白质的含量，对于合理开发利用食品资源、提高产品质量、优化食品配方、指导经济审核及生产过程控制均具有重要意义。随着食品科学的发展和营养知识的普及，食品蛋白质中必需氨基酸含量的高低及氨基酸的构成也愈来愈得到人们的重视。因此，食品及其原料中氨基酸的分离、鉴定和定量对食品加工工艺的改革，对保健食品的开发及合理配膳等工作都具有积极的指导作用。

表15-1　部分食品中的蛋白质含量

食品种类	蛋白质的含量（以湿基计）/%	食品种类	蛋白质的含量（以湿基计）/%
谷类和面食		水果和蔬菜	
大米(糙米、长粒、生)	7.9	草莓(生)	0.6
大米(白米、长粒、生、强化)	7.1	莴苣(冰、生)	1.0
小麦粉(整粒)	13.7	马铃薯(整粒、肉和皮)	2.1
玉米粉(整粒、黄色)	6.9	豆类	
意大利面条(干、强化)	12.8	大豆(成熟的种子、生)	36.5
玉米淀粉	0.3	豆(腰子状、所有品种、成熟的种子、生)	23.6
乳制品		豆腐(生、坚硬)	15.8
牛乳(整体、液体)	3.3	豆腐(生、均匀)	8.1
牛乳(去奶油、干)	36.2	肉、家禽、鱼	
乳酪(黄色硬干酪)	24.9	牛肉(颈肉、烤前腿)	18.5
酸奶酪(普通的、低脂)	5.3	牛肉(腌制、干牛肉)	29.1
水果和蔬菜		鸡(鸡胸肉、烤或煎、生)	23.1
苹果(生、带皮)	0.2	火腿(切片、普通的)	17.6
芦笋(生)	2.3	鸡蛋(生、全蛋)	12.5
		鱼(太平洋鳕鱼、生)	17.9
		鱼(金枪鱼、白色、罐装浸油、滴干的固体)	26.5

15.2 食品中蛋白质的分离

蛋白质分离对食品领域的研究十分重要，本节将讨论的几种分离技术中，有的已应用于食品的工业化生产中，有的则只适用于实验室纯化，这些技术是利用了蛋白质的溶解度、相对分子质量大小、电荷、吸附特性和与其他离子的生物亲和力等生化性质的不同而进行分离。

在开始纯化前，要尽可能地多了解蛋白质的生化性质，如相对分子质量、等电点（p*I*）、溶解度和变性温度等。第一步纯化要尽量处理较大量样品，这样以便后期获得较多的目的蛋白，常用的方法是利用蛋白质不同的溶解度进行分离。一般每一步分离都会使用不同的纯化方法，最常用的纯化方法有沉淀、排阻色谱和离子交换色谱。

15.2.1 沉淀分离技术

沉淀分离的原理是利用了蛋白质在溶液中的不同溶解度。蛋白质的溶解度取决于分子中氨基酸的类型和电荷数，通过改变缓冲液离子强度、pH、温度或介电常数而改变蛋白质的溶解度。这些分离技术具有相对快速而又通常不影响其他食品组分的优点，沉淀分离技术常用于蛋白质初步纯化。

15.2.1.1 盐析

往某些蛋白质溶液中加入某些无机盐溶液后，可以降低蛋白质的溶解度，使蛋白质聚集从而从溶液中析出，这种作用叫做盐析。低浓度的盐通常会增加蛋白质的溶解度，当浓度进一步增加时，蛋白质则会沉淀。利用不同蛋白质在盐溶液中的溶解度的差异能够从复杂的混合物中分离出蛋白质，尽管 NaCl 或 KCl 也可以盐析蛋白质，但 $(NH_4)_2SO_4$ 因它的高度可溶性常被采用。一般采用两步得到最大的分离效率：第一步，加 $(NH_4)_2SO_4$ 使其浓度恰好低于沉淀目的蛋白质的要求。溶液离心时，只有其他较少的可溶性蛋白沉淀出来，而目标蛋白却留在上清液中。第二步加 $(NH_4)_2SO_4$ 使其浓度恰好高于沉淀目标蛋白的要求，当溶液离心时，其他更多的可溶性蛋白还留在上清液中，而目标蛋白却已经沉淀出来，这个方法的缺点是沉淀蛋白会被大量盐污染，经常需要在溶于缓冲液前脱盐。

15.2.1.2 有机溶剂分级分离

在一定 pH 和离子强度的条件下，蛋白质的溶解度是溶液介电常数的函数；因此，在不同的有机溶剂一水的混合体系中，蛋白质以溶解度的差异而得到分离。乙醇或丙酮等与水互溶有机溶剂的加入，可降低水相溶液的介电常数及大部分蛋白质的溶解度。有机溶剂增加了蛋白质分子上不同电荷的引力，导致蛋白质的聚集和沉淀，有机溶剂沉淀蛋白质的最佳体积分数为 5%～60%，溶剂分级分离通常在 0℃或更低温度下操作，以防有机溶剂和水混合后，因温度高而发生蛋白质变性，加入有机溶剂时要搅拌均匀，防止局部浓度过大。

15.2.1.3 等电点沉淀

等电点（p*I*）定义为溶液中的蛋白质所带静电荷为零时的 pH。蛋白质在其等电点时因分子间静电斥力的消失而发生聚集和沉淀，不同的蛋白质具有不同的 p*I*。因此可通过调节溶液 pH 使蛋白质逐个分离出来。当溶液的 pH 调节到某个蛋白质的 p*I* 时，该蛋白质就沉淀下来，而其他不同 p*I* 的蛋白质还留在溶液中。沉淀的蛋白质还可溶解于另一个不同 pH 的溶液中。

15.2.1.4 杂蛋白的变性

当蛋白质溶液高于某个温度或调节 pH 至高酸性或高碱性时，许多蛋白质会发生变性并从溶液中沉淀出来。能在高温或极端 pH 条件下呈稳定状态的蛋白质采用此技术最易得到分离，因为许多杂蛋白已经沉淀出来，而目的蛋白质依然处于溶解状态。

15.2.1.5 适用范围及特点

以上所述的分离技术是分离蛋白质的常用方法。工业化生产中利用溶解度差异分离蛋白质最成功的例子是浓缩蛋白产品。大豆浓缩蛋白就是利用前述的几种方法从去脂大豆粕中制取得到的。使用体积分数为 60%的乙醇溶液，并调节 pH 至 4.5（这是大部分大豆蛋白的 p*I*）或者湿热变性使大豆蛋白质从大豆粕的其他可溶性成分中沉淀出来，使用这些方法可以生产出蛋白质含量超过 65%的蛋白产品，两种或三种方法结合使用可生产蛋白质含量超过 90%的大豆分离蛋白。

15.2.2 吸附色谱分离法

吸附色谱是利用固定相的特殊基团对溶质吸附能力的差异而实现对混合物的分离，整个分离过程是流动相与溶质分子竞争进而与固定相结合的过程。以下介绍两种典型的吸附色谱：离子交换色谱和亲和色谱。

15.2.2.1 离子交换色谱

离子交换色谱中的固定相是一些带电荷的基团，这些带电基团通过静电相互作用与带相反电荷的离子结合。如果流动相中存在其他带相反电荷的离子，按照质量作用定律，这些离子将与结合在固定相上的反离子进行交换。固定相基团带正电荷的时候，其可交换离子为阴离子，这种离子交换剂称为阴离子交换剂；固定相的带电基团带负电荷，可用来与流动相交换的离子就是阳离子，这种离子交换剂叫做阳离子交换剂。

目的蛋白首先在一定条件下（离子强度、pH）吸附至离子交换树脂，在此条件下目的蛋白质与树脂的亲和力最大，带不同电荷的杂蛋白则通过离子交换柱而未被吸附。随着洗脱缓冲液组分的变化，蛋白质的电荷也随之变化，导致与离子交换树脂的亲和力下降。结合至离子交换柱上的目标蛋白质通过洗脱液的离子强度和 pH 的梯度变化而选择性地从柱上洗脱下来。

离子交换色谱主要用于可电离化合物的分离，例如，氨基酸自动分析仪中的色谱柱，多肽的分离、蛋白质的分离，核苷酸、核苷和各种碱基的分离等。

15.2.2.2 亲和色谱

亲和色谱也称亲和层析，是吸附色谱的一种，是一种利用固定相中的配体与目的蛋白质的特异性结合来分离的方法。配体的定义是对蛋白质具有可逆的、专一的亲和结合力的分子，配体包括酶抑制因子、酶底物、辅酶、抗体以及某些染料。共价结合的配体可从商店购买或在实验室自行制备。

蛋白质在与配体结合力达到最大的缓冲液条件（pH、离子强度、温度和蛋白质浓度）下，经过含有与固定相结合的配体的柱子，没有与配体结合的杂蛋白和分子则被洗脱下来。结合的蛋白质随后通过改变洗脱缓冲液的 pH、温度、盐浓度，来降低蛋白质与结合的配体间的亲和力，从而从柱上解吸或洗脱下来。

亲和色谱是一种高效分离技术，是仅次于离子交换较常用的蛋白质纯化方法，它通常只需要一步即可得到纯度较高的目的蛋白。虽然有报道说其纯化倍数可高达 1000 倍，但一般而言亲和色谱平均纯化倍数大约为 100 倍，因此亲和色谱技术比纯化倍数小于 12 倍的排阻色谱、离子交换和其他分离方法更有效。但亲和色谱的原料往往比其他分离介质昂贵。

15.2.2.3 适用范围及特点

亲和色谱的用途很广泛，可以用来从细胞提取物中分离纯化核酸、蛋白，还可以从血浆中分离抗体。分离重组蛋白就经常使用亲和色谱。亲和色谱在实验室分析中有许多用途，也可以用于蛋白质制剂的工业化制备，但由于生产成本昂贵，通常不用于工业化生产食品蛋白质配料。

亲和色谱可纯化多种糖蛋白。其较为成功的应用实例是利用凝集素与碳水化合物的亲和力从复杂的混合物中分离糖蛋白，可应用于色谱柱的凝集素如伴刀豆球蛋白A，该蛋白是碳水化合物结合蛋白，能连接在固定相上用来结合糖蛋白的碳水化合物部分，一旦糖蛋白结合到柱上，可用含过量凝集素的洗脱缓冲液洗脱，糖蛋白优先与自由状态的凝集素结合，并从柱上解吸而洗脱下来。

15.2.3 利用相对分子质量差异的分离

透析、排阻色谱和超滤分离蛋白质的原理是利用蛋白质间相对分子质量之间的差异。这些方法已经用于分离、浓缩、纯化生物、医药、食品工业中的蛋白质。

15.2.3.1 透析

透析是通过小分子经过半透膜扩散到水（或缓冲液）的原理来分离溶液中蛋白质的方法。进行透析时，蛋白质溶液放入透析袋后，将透析袋两端密封，放进大体积的水或缓冲液(比透析袋中的溶液体积要大500倍以上)，慢慢搅拌，低相对分子质量的溶质从袋中扩散出来，同时缓冲液也扩散至袋中，透析方法虽然简单，但耗时较长。通常至少需要12h以上，其间还要换一次缓冲液。

15.2.3.2 排阻色谱

排阻色谱是利用具有网状结构的凝胶的分子筛作用，根据被分离物质的相对分子质量大小进行分离。蛋白质溶液经过固定相为惰性的多孔网状结构的填充柱，固定相多由琼脂糖或葡聚糖交联形成，大于固定相孔径的分子将快速通过柱子，先从柱子上洗脱下来，小分子滞留在固定相的孔内，移动非常慢，中等大小的分子和多孔固定相作用，在适当的时间段内洗脱下来。

排阻色谱技术已经用于工业化的生产中，每种凝胶固定相产品都有相应的相对分子质量有效分离范围。排阻色谱还可用来脱盐，通过对未知蛋白质和几个已知相对分子质量的蛋白质进行排阻色谱分析，使用已知相对分子质量的标准样制作标准曲线，以标准蛋白质的洗脱体积对应其相对分子质量的对数作图得到一条直线，通过待测蛋白质的洗脱体积即可计算其相对分子质量，排阻色谱技术测定相对分子质量的误差小于10%。当未知蛋白的流体力学半径与标样蛋白差别很大时，其最终结果可能会产生较大误差。

15.2.3.3 超滤

超滤是一种以压力为推动力的膜分离技术，可以分离相对分子质量大小不同的溶质。此法与透析相似，但速度要快得多，常用的半透膜的截留分子量范围为500～300000Da。分子质量大的部分被截留成为浓缩保留部分，而小分子则越过膜成为滤过液。超滤成本低廉，操作条件温和。

15.2.3.4 适用范围及特点

透析和排阻色谱主要用于实验室分析，透析常用于在蛋白质样品电泳前的脱盐。排阻色谱在工业化生产中多被用于药用蛋白质的分离纯化。超滤在实际生产中应用较广泛，目前已应用于乳清蛋白的分离以及一些生物大分子的纯化，如人胎盘白蛋白。目前国外生产超滤膜和超滤装置最有名的厂家是美国的Milipore公司和德国的Sartorius公司。

15.2.4 电泳分离

混合物中不同的带电粒子会在电场的作用下以不同的速度向不同的方向迁移，从而使混合物中各组分分离。电泳技术主要包括区带电泳、等电聚焦电泳、毛细管电泳。

15.2.4.1 聚丙烯酰胺凝胶电泳

（1）原理 电泳是指溶液中带电分子在电场中向着与其电性相反的电极的迁移。蛋白质电泳最常见的类型是区带电泳，蛋白质是通过水溶性缓冲液在称为凝胶的固相多聚介质中的迁移而得到分离的。蛋白质区带电泳最常用的介质是聚丙烯酰胺凝胶，其他介质有淀粉和琼脂糖。凝胶介质能用玻璃管制成管状或用两块玻璃平板制成板状。

分离取决于介质中蛋白质所受的摩擦力和蛋白质分子的电荷数，如下列公式所示：

$$\text{迁移率}=\frac{\text{使用电压}\times\text{分子静电荷}}{\text{分子摩擦阻力}} \tag{15-1}$$

蛋白质所带电荷取决于溶液的 pH 和它们本身的等电点，因此如果溶液的 pH 低于等电点，蛋白质将带正电荷。蛋白质所带的电荷和电泳所用的电压大小将决定蛋白质在电场中迁移的快慢。电压越高，蛋白质所带电荷越多，在电场中的迁移也越大。同时相对分子质量大小和分子的形状决定了蛋白质的 Stokes 半径，也决定了蛋白质在凝胶介质中的迁移距离。当 Stokes 半径增大而导致分子摩擦阻力增加时，蛋白质的迁移率就会降低，因此较小分子的蛋白质在凝胶介质中有较快的迁移趋势。

常用于蛋白质分离的电泳形式是变性电泳。聚丙烯酰胺凝胶电泳（PAGE）加上阴离子去垢剂十二烷基硫酸钠（SDS），使蛋白质按照其亚基的分子大小来分离。蛋白质在含有 SDS 和还原剂的缓冲液中溶解并解聚成亚基，还原剂如巯基乙醇或二硫苏糖醇，可还原亚基内或亚基之间的二硫键，不同的蛋白质结合 SDS 后都成为带负电荷的分子，最终分离只与蛋白质的相对分子质量有关。非变性电泳是另一种常用的蛋白质电泳方法，在非变性电泳中，不同蛋白质按照其自然状态时所带的电荷数、相对分子质量和分子形状来分离。

（2）方法概述 电泳设备必须有一个电源、含有聚丙烯酰胺凝胶的介质和两个缓冲液槽等装置。电源通过提供恒流、恒压和恒功率来制造电场，电极缓冲液维持 pH 以保持蛋白质适当的电荷，并通过聚丙烯酰胺凝胶进行传导。

通常使用不连续凝胶来提高蛋白质混合物的分离度。不连续凝胶包括大孔径的浓缩胶（通常为质量分数 3%～5%的丙烯酰胺）和小孔径的分离胶。浓缩胶可在蛋白质进入分离胶前压缩或浓缩蛋白质至非常狭窄的区带。在 pH6.8 时，电极缓冲液中的氯离子（高负电荷）和甘氨酸离子（低负电荷）形成电压梯度，并在两种离子间把蛋白质压缩成狭窄的区带，当蛋白质迁移至不同 pH 的分离胶时，电压梯度被打破，使蛋白质得到分离。

分离胶孔径大小的选择取决于目标蛋白的相对分子质量，并通过调节溶液中的丙烯酰胺浓度来改变，蛋白质通常用质量分数为 4%～15%丙烯酰胺的分离胶来分离。质量分数 15%的丙烯酰胺分离胶经常用于分离相对分子质量低于 50000 的蛋白质。相对分子质量大于 500000 的蛋白质则经常采用丙烯酰胺质量分数为 7%的分离胶进行分离。而梯度凝胶即丙烯酰胺浓度从胶的顶部到底部呈梯度增加，经常用于分离相对分子质量范围较宽的混合物中的蛋白质，可提高电泳的分辨率。

电泳分离前，在浓缩胶的顶部加入溶解于适当上样缓冲液中的蛋白质样品加，溴酚蓝示踪指示剂混合于蛋白质溶液中，电泳过程中这种小分子指示剂迁移在蛋白质的前面，用来观察电泳的进程。电泳结束以后，凝胶上的区带一般用考马斯亮蓝或银染色剂染色等蛋白质染色剂进行染色。当然，特殊的酶染色或抗体也能用于检测蛋白质。

每种蛋白质的相对迁移率（R_m）计算如下：

$$R_m=\frac{\text{从分离胶开始的蛋白质迁移距离}}{\text{从分离胶开始示踪指示剂的迁移距离}} \tag{15-2}$$

（3）适用范围及特点　电泳经常用于确定食品中蛋白质的组分，例如：大豆浓缩蛋白和乳清浓缩蛋白产品中不同成分的蛋白质可通过不同的分离技术来测定。电泳技术也能测定蛋白质提取物的浓度。SDS－PAGE 可测定蛋白质亚基，其测定亚基相对分子质量的误差为 5%，但高电荷的蛋白质或糖蛋白引起的误差可能较大。不同相对分子质量范围的蛋白质标样都有市售，蛋白质标准相对分子质量的对数对它们相应的 R_m 值作图可得标准曲线，在标准曲线上由未知蛋白对应的 R_m 值就可查到其相对分子质量值。

15.2.4.2　毛细管电泳

（1）原理　毛细管电泳是一种以毛细管为分离通道、以高压直流电场为驱动力的新型液相分离技术。毛细管电泳分离蛋白质的原理类似于传统电泳技术，蛋白质根据在电场中的电荷或分子大小得到分离。毛细管与传统电泳的主要不同之处在于毛细管代替了载有聚丙烯酰胺凝胶介质的玻璃管或夹板。毛细管中的电渗流会影响在电泳中蛋白质的分离。

（2）方法概述　毛细管电泳系统由进样系统、毛细管、高压电源、检测器和两个缓冲液槽组成。操作时，先把样品溶液加入进样口缓冲液槽，然后在毛细管上加上低压力或低电压，直至分析所需样品的体积被载入毛细管柱，毛细管柱是由直径从 25～100μm 不等的熔融石英制成，柱长从几厘米至 100cm，窄径柱采用高电场（100～500V/cm），由于其散热效率非常高，分析时间缩短至 10～30min。

在普通电泳结束后，蛋白质区带经染色后并不能马上显示出来，而在毛细管电泳中，检测器的使用取代了染色法，当蛋白质组分在毛细管柱中迁移通过检测器时就被检测到了。尽管也可以使用荧光和电导检测器，但最普遍使用的还是紫外－可见光检测器。

（3）适用范围及特点　毛细管电泳是一门较新的技术，目前主要应用于药用蛋白的分离和鉴定。毛细管区带电泳已用于牛乳蛋白质、大豆蛋白质和谷物蛋白质等食品领域蛋白质的分离。

15.3　蛋白质的测定方法

15.3.1　蛋白质的定量测定

根据蛋白质的性质和成分，测定蛋白质含量的方法可分为两大类：一类是利用蛋白质的共性，即含氮量、肽键和折射率等测定蛋白质含量，例如凯氏定氮法、双缩脲法、福林-酚法、水杨酸比色法等；另一类是利用蛋白质中特定氨基酸残基、酸性基团、碱性基团和芳香基团等测定蛋白质含量，如紫外线吸收法、阴离子染色法等。

15.3.1.1　常量凯氏定氮法

因食品种类繁多，食品中蛋白质含量各异，特别是其他成分，如碳水化合物、脂肪和维生素等干扰成分很多，因此蛋白质含量测定最常用的方法是凯氏定氮法。它是测定总有机氮的最准确和操作较简便的方法之一。这种方法在国内外应用相当普遍，但由于样品中常含有少量非蛋白质的含氮化合物，这种方法测定的结果是样品中的粗蛋白含量。此法为国标方法（GB/T 5009.5—2003 方法 1）。

（1）原理　在凯氏定氮过程中，样品中的蛋白质和其他有机成分在催化剂存在下，被硫酸消化，总有机氮转化成硫酸铵，然后中和消化液，并将氨蒸馏至硼酸溶液中形成硼酸铵，用标准酸溶液滴定，测出样品转化后的氮含量，然后推算出蛋白质含量。

① 消化　样品与硫酸一起加热消化，硫酸使有机物脱水，并破坏有机物，使有机物中的 C、H 氧化为 CO_2 和 H_2O，以蒸汽的形式逸出，其中氮和硫酸反应生成了不挥发的硫酸

铵，留在酸性溶液中。反应方程式如下：

$$2NH_2(CH_2)_2COOH + 13H_2SO_4 = (NH_4)_2SO_4 + 6CO_2\uparrow + 12SO_2\uparrow + 16H_2O$$

在消化反应中为加速蛋白分解常常要加入硫酸钾和硫酸铜。加入硫酸钾可以提高溶液的沸点而加快有机物的分解。一般纯硫酸的沸点为340℃左右，加入硫酸钾以后，可使温度提高到400℃以上。硫酸铜则起催化剂的作用，除硫酸铜外，还有氧化汞、汞、二氧化钛、硒粉等，但应用最广泛的是硫酸铜。

此反应不断进行，待有机物全部被消化完后，不再有硫酸亚铜（Cu_2SO_4）生成，溶液呈现清澈的蓝绿色。故硫酸铜除了具催化剂作用外，还可以指示消化终点的到达。

② 蒸馏　在消化完全的样品溶液中加入浓氢氧化钠使其呈碱性，加热蒸馏，即可释放出氨气，反应方程式如下：

$$2NaOH + (NH_4)_2SO_4 = 2NH_3\uparrow + Na_2SO_4 + 2H_2O$$

③ 吸收与滴定　加热蒸馏所放出的氨，可用硼酸溶液进行吸收，待吸收完全后，再用盐酸标准溶液滴定，因硼酸呈微弱酸性，用酸滴定不影响指示剂的变色反应，但它有吸收氨的作用。吸收与滴定反应方程式如下。

$$2NH_3 + 4H_3BO_3 = (NH_4)_2B_4O_7 + 5H_2O$$

$$(NH_4)_2B_4O_7 + 5H_2O + 2HCl = 2NH_4Cl + 4H_3BO_3$$

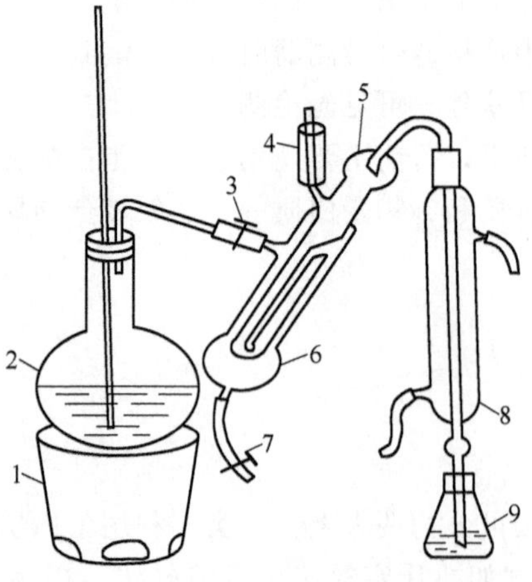

图 15-1　常量凯氏定氮蒸馏装置图

1—电炉；2—水蒸气发生器（2L平底烧瓶）；3—螺旋夹；4—小漏斗及棒状玻璃塞；5—反应室；6—反应室外层；7—橡皮管及螺旋夹；8—冷凝管；9—冷凝液接收瓶

（2）方法概述

① 仪器与试剂　常量凯氏定氮消化、蒸馏装置如图15-1所示。

浓硫酸，硫酸铜，硫酸钾，20g/L硼酸溶液，400g/L氢氧化钠溶液，0.0500mol/L盐酸标准溶液。

混合指示剂：一份甲基红乙醇溶液（1g/L）与5份溴甲酚绿乙醇溶液（1g/L），临用时混合；也可用2份甲基红乙醇溶液（1g/L）与1份亚甲基蓝乙醇溶液（1g/L）临用时混合。

② 分析步骤

a. 样品处理。称取0.20～2.00g固体样品或2.00～5.00g半固体样品或吸取10.00～25.00mL液体样品（约相当氮30～40mg），移入干燥的100mL或500mL凯氏烧瓶中，加入0.2g硫酸铜、6g硫酸钾及20mL浓硫酸，稍摇匀后于瓶口放一小漏斗，将瓶以45°角斜支于有小孔的石棉网上。小心加热，待内容物全部炭化，泡沫完全停止后，加强火力，并保持瓶内液体微沸，至液体呈蓝绿色澄清透明后，再继续加热0.5～1h取下放冷，用少量水将消化液稀释至100mL，混匀备用。同时做试剂空白试验。

b. 测定。装好定氮装置，于水蒸气发生瓶内装水约至2/3处，加入数粒玻璃珠，加甲基红指示液数滴及数毫升硫酸，以保持水呈酸性，加热煮沸水蒸气发生瓶内的水。

c. 向接收瓶内加入10mL硼酸溶液（20g/L）及1～2滴混合指示液，并使冷凝管的下端插入液面下。样品处理液由小漏斗流入反应室，并以少量水洗涤小玻杯使流入反应室内，塞紧棒状玻塞。将10mL氢氧化钠溶液（400g/L）倒入小玻杯，提起玻塞使其缓缓流入反应室，立即将玻塞盖紧，并加水于小玻杯以防漏气。夹紧螺旋夹，开始蒸馏。蒸气通入反应室使氨通过冷凝管而进入接收瓶内，当冷凝管流出第一滴馏出液开始，计时蒸馏5min。移动接收瓶，使冷凝管下端离开液面，再蒸馏1min，然后用少量水冲洗冷凝管下端外部。取下接收瓶，以硫酸或盐酸标准滴定溶液（0.05mol/L）滴定至灰紫色或蓝紫色为终点。同时吸取10mL试剂空白消化液按上述步骤操作进行空白试验。

结果按式（15-3）进行计算：

$$X(\%)=\frac{c\times(V_1-V_2)\times M_N F\times 100}{W\times 1000} \qquad (15\text{-}3)$$

式中　X——样品中蛋白质的质量分数，%；

V_1——样品消耗盐酸标准液的体积，mL；

V_2——试剂空白消耗盐酸标准液的体积，mL；

c——盐酸标准液的浓度，mol/L；

M_N——氮的摩尔质量，14.01g/mol；

W——样品的质量或体积，g或mL；

F——氮换算为蛋白质的系数，部分食品的蛋白质换算系数见表15-2。

表15-2　部分食品的蛋白质换算系数

食品种类	蛋白质含量/%	换算系数
蛋或肉	16.0	6.25
牛　奶	15.7	6.38
小　麦	18.76	5.33
玉　米	17.70	5.56
燕　麦	18.66	5.36
大　豆	18.12	5.52
大　米	19.34	5.17

（3）适用范围及特点　凯氏定氮法的普遍适用性、精确性和可重复性已经得到了广泛认可。它已经被确定为检测食品中蛋白质含量的标准方法。但是，这种方法并不能给出真实的蛋白质含量，因为所测定的氮可能不仅仅是由蛋白质转化来的。

（4）说明与讨论　一般样品中尚有其他含氮物质，列出的蛋白质为粗蛋白。若要测定样品的蛋白氮，则需向样品中加入三氯乙酸溶液，使其最终浓度为5%，然后测定未加入三氯乙酸的样品及加入三氯乙酸溶液后样品上清液中的含氮量，进一步算出蛋白质含量，蛋白氮＝总氮－非蛋白氮。

① 所用试剂要用无氨蒸馏水配制。

② 样品消化应在通风橱内进行。

③ 消化过程中应注意转动凯氏烧瓶，利用冷凝的酸液将附在瓶壁上的炭粒冲下，以促进消化完全。

④ 样品消化时，如泡沫太多，可加少量辛酸或液体石蜡去泡，防止样品溢出。

⑤ 样品消化液不易澄清透明时，可将凯氏烧瓶冷却，加入H_2O_2 2～3mL后再加热。

⑥ 样品消化至透明后，继续消化30min即可，但对于难以氨化的氮化合物的样品，应适当延长消化时间。有机物如完全分解，消化液呈蓝色或浅绿色，但含铁量多时，呈较深绿色。

⑦ 蒸馏装置要密闭不漏气，严防氨逸出。蒸馏过程中不得中途间断，以免样品液发生倒吸。

⑧ 蒸馏前若加碱量不足，消化液呈蓝色不生成氢氧化铜沉淀，此时需要再增加氢氧化钠用量。

⑨ 蒸馏完毕后，应先将冷凝管下端提离液面清洗管口，再蒸 1min 后关掉热源，否则可能造成吸收液倒吸。

⑩ 操作过程中要严防酸、碱污染硼酸吸收液，否则会造成较大的测定误差。混合指示剂在碱性溶液中为绿色，在中性溶液中呈灰色，在酸性溶液中呈红色。

15.3.1.2 微量凯氏定氮法

微量法与常量法操作方法基本相同，与常量凯氏定氮法相比，微量法适用于蛋白质含量较少的样品，因此两种方法中用于滴定的盐酸溶液浓度不同，常量法为 0.05mol/L、微量法为 0.01mol/L。

15.3.1.3 双缩脲法

（1）原理 当脲被缓慢加热到 150～160℃时，可由两个分子间脱去一个氨分子而生成二缩脲（双缩脲），反应如下：

$$H_2NCONH_2 + H—N(H)—CO—NH_2 \xrightarrow{150\sim160℃} H_2NCONHCONH_2 + NH_3\uparrow$$

双缩脲与碱及少量硫酸铜溶液作用生成紫红色配合物，称为双缩脲反应。蛋白质分子中的肽键与双缩脲结构相似，在碱性条件下，铜离子和多肽（至少有两个肽键，如双缩脲、多肽和所有的蛋白质）生成的配合物呈紫红色，吸收波长为 560nm，比色所得的吸光度值和样品中蛋白质的含量成正比。

（2）方法概述

① 试剂与仪器：

a. 分光光度计，离心机。

b. 碱性硫酸铜溶液

以甘油为稳定剂：将 10mL 10mol/L 氢氧化钾溶液和 3mL 甘油加到 937mL 蒸馏水中，剧烈搅拌，同时缓慢加入 50mL 40g/L 硫酸铜（$CuSO_4 \cdot 5H_2O$）溶液。

以酒石酸钾钠为稳定剂：将 10mL 10mol/L 氢氧化钾溶液和 20mL 250g/L 酒石酸钾钠溶液加到 930mL 蒸馏水中，剧烈搅拌，同时缓慢加入 40mL 40g/L 硫酸铜溶液。

② 分析步骤

a. 标准曲线的绘制：采用牛血清白蛋白作为标准蛋白质样品。按蛋白质含量 40mg、50mg、60mg、70mg、80mg、90mg、100mg 和 110mg 分别称取混合均匀的标准蛋白质样于 8 支 50mL 纳氏比色管中，然后各加入 1mL 四氯化碳，再用碱性硫酸铜溶液准确稀释至 50mL，振摇 10min，静置 1h，取上层清液离心 5min，取离心分离后的透明液于比色皿中，在 560nm 波长下以蒸馏水作参比液调节仪器零点并测定各溶液的吸光度 A，以蛋白质的含量为横坐标、吸光度 A 为纵坐标绘制标准曲线。

b. 样品的测定：准确称取样品适量（即使得蛋白质含量在 40～110mg 之间）于 50mL 纳氏比色管中，加 1mL 四氯化碳，按上述步骤显色后，在相同条件下测其吸光度 A，进而由此求得蛋白质含量。结果计算：

$$X = \frac{m_1 \times 100}{W} \tag{15-4}$$

式中 X——蛋白质含量，mg/100g；

m_1——由标准曲线上查得的蛋白质质量，mg；

W——样品质量，g。

（3）适用范围及特点 双缩脲法是测定蛋白质浓度常用方法之一；此法简单快速，分析对象也较广泛，适于快速分析。在生物化学领域中测定蛋白质含量时常用此法。本法亦适用于豆类、油料、米谷等作物种子及肉类等样品测定。

双缩脲法受蛋白质特异性的影响较小，除组氨酸以外，其他的游离氨基酸和二肽化合物均不显色；除双缩脲、一亚氨基双缩脲、二亚氨基双缩脲、氨醇、氨基酰胺、丙二酰胺等少数化合物以外，非蛋白质均不显色。双缩脲试剂经改进后，对于富含淀粉的粮食样品，可不预先提取蛋白质而直接进行测定。若将反应温度提高到60℃，则反应时间可缩短到5min左右。但该法灵敏度高，样品用量大，而且事先要用凯氏定氮法测蛋白质含量，绘制出标准曲线或计算回归方程，比较麻烦。

（4）说明与讨论

① 蛋白质的种类不同，对发色程度的影响不大。

② 标准曲线绘制和样品测定应使用同一台分光光度计。

③ 每次测定都要再做标准曲线。

④ 有大量脂肪性物质同时存在时，会产生浑浊的反应混合物，这时可用乙醇或石油醚使溶液澄清后离心，取上清液再测定。

⑤ 样品中有不溶性成分存在时，会给比色测定带来困难。此时可先将蛋白质抽出后再进行测定。

⑥ 当肽链中含有脯氨酸时，若有大量糖类共存，则显色不好，会使测定值偏低。

⑦ 必须于显色后30min内比色测定。30min后，可能会有雾状沉淀发生。各管由显色到比色的时间应尽可能一致。

15.3.1.4 紫外波长吸收法

（1）原理 蛋白质在波长280nm处有强烈吸收，这是由于蛋白质中有色氨酸和酪氨酸残基存在。由于存在于每一种食品的蛋白质中色氨酸和酪氨酸的含量相当恒定，在280nm处，吸光度和蛋白质浓度（3～8mg/mL）成线性关系，所以可用比色法测定蛋白质的浓度。

（2）方法概述

① 标准曲线绘制：精确称取蛋白质标准品2.00g，置于50mL烧杯中，加入0.1mol/L柠檬酸溶液30mL，不断搅拌10min使其充分溶解，用四层纱巾过滤于玻璃离心管中，以3000～5000r/min的速度离心5～10min。倾出上清液。分别吸取0.5mL、1.0mL、1.5mL、2.0mL、2.5mL、3.0mL于10mL容量瓶中，各加入8mol/L尿素的氢氧化钠溶液至刻度，充分振荡2min，若浑浊，再次离心直至透明为止。将透明液置于比色皿中，以8mol/L尿素的氢氧化钠溶液作参比液，在280nm波长处测定各溶液的吸光度A。吸光度A为纵坐标，绘制标准曲线。

② 样品测定：精确称取试样1.00g，如前处理，吸取的每毫升样品溶液中含有约3～8mg的蛋白质。按标准曲线绘制的操作条件测定其吸光度，从标准曲线中查出蛋白质的质量数。

结果按式（15-5）计算：

$$W(\%)=\frac{m_1}{m}\times 100 \tag{15-5}$$

式中 W——样品中蛋白质的质量分数，%；

m_1——从标准曲线上查得的蛋白质质量，mg；

m——测定样品溶液所相当于样品的质量，mg。

（3）特点　此法的特点是测定蛋白质含量的准确度较差，干扰物质多，在用标准曲线法测定蛋白质含量时，对那些与标准蛋白质中酪氨酸和色氨酸含量差异大的蛋白质，有一定的误差。故该法适于用测定与标准蛋白质氨基酸组成相似的蛋白质。但是因为不同的蛋白质和核酸的紫外吸收是不相同的，虽然经过校正，测定的结果还是存在一定的误差。本法用于测定牛乳、小麦粉、糕点、豆类、蛋黄及肉制品中的蛋白质质量分数。测定糕点时，应将表皮的颜色去掉。此外，进行紫外吸收法测定时，由于蛋白质的紫外吸收常因 pH 的改变而有变化，因此要注意溶液的 pH 值，测定样品时的 pH 要与测定标准曲线的 pH 相一致。

（4）说明与讨论

① 该方法敏感度低，要求蛋白质的浓度较高。

② 温度对蛋白质水解有影响，操作温度应控制在 20～30℃。

③ 核酸在 280nm 处也有紫外吸收，纯蛋白质和纯核酸的 280nm/260nm 紫外吸收比分别为 1.75 和 0.5。如果知道 280nm/260nm 的值，就能校正核酸在 280nm 处的吸收值。也可通过比较 235nm 和 280nm 的不同吸收值来校正。若样品中含有嘌呤、嘧啶及核酸等吸收紫外光的物质，会出现较大的干扰。核酸的干扰可以通过查校正表，再进行计算的方法，加以适当校正。

④ 不同种类食品的蛋白质中，芳香族氨基酸的含量明显不同，因此不同食品的标准曲线差别较大。

⑤ 样品溶液必须纯净无色，因微粒引起的溶液浑浊会导致紫外吸收虚假增加。此法适用于相对纯净的体系。

⑥ 测定牛乳样品时的操作步骤为：准确吸取混合均匀的样品 0.2mL 于 25mL 纳氏比色管中，用 95%～97%冰醋酸为参比，用 1cm 比色皿于 280nm 处测定吸光度，并用标准曲线法确定蛋白质含量。

15.3.1.5　福林-酚比色法

（1）原理　福林-酚法中蛋白质与福林-酚试剂反应，生成的复合物呈蓝色。其中蛋白质中的肽键与碱性铜离子反应形成双缩脲反应，同时蛋白质中存在的酪氨酸和色氨酸同磷钼酸-磷钨酸试剂反应产生颜色，在 750nm（对低浓度蛋白质有较高的灵敏度）或 500nm（对高浓度蛋白质有较高的灵敏度）处比色读数。最初的方法经改进后，改善了蛋白质浓度与吸光度的线性关系。

（2）方法概述

① 将待测的蛋白质样品稀释成适合的浓度（20～100μg/mL）。

② 加入酒石酸钾钠-碳酸钠溶液。

③ 冷却并在室温下放置 10min 后，加入硫酸铜-酒石酸钾钠-氢氧化钠溶液。

④ 加入新配制的福林-酚试剂，然后混匀反应液，在 50℃保温 10min。

⑤ 在 650nm 处比色读数。

⑥ 建立一个牛血清白蛋白（BSA）的标准曲线以计算未知蛋白质的浓度。

（3）适用范围及特点　因为福林-酚法简单、灵敏，较双缩脲法灵敏 50～100 倍，较 280nm 紫外吸收法灵敏 10～20 倍，已被广泛应用于蛋白质的生物化学中。然而，一般不用于测定未从食品混合物中纯化的蛋白质。

（4）说明与讨论

① 进行测定时，加费林试剂要特别小心，因为Folin试剂仅在酸性pH条件下稳定，但此实验的反应只是在pH10的情况下发生，所以当加福林-酚试剂时，必须立即混匀，以便在磷钼酸-磷钨酸试剂被破坏之前即能发生还原反应，否则会使显色程度减弱。

② 测定结果较少受到样品浑浊度的影响。特异性要高于其他大多数方法。操作相对简单，可以在1～1.5h内完成。

③ 由于下列因素，福林-酚法在某些应用中需采用标准曲线进行校正。

a. 反应产生的颜色比双缩脲法更易因蛋白质的种类不同而发生变化。

b. 反应最终的颜色深浅并不直接与蛋白质浓度成正比。

c. 蔗糖、脂类、磷酸盐缓冲液、单糖、高浓度的还原糖、硫酸铵、巯基化合物和已胺会不同程度地干扰反应。

④ 此法也适用于酪氨酸和色氨酸的定量测定。

15.3.1.6 考马斯亮蓝比色法

（1）原理 当考马斯亮蓝G-250与蛋白质相结合时，染色剂会从红色变成蓝色，其最大吸收波长从465nm变化至595nm，在595nm处的吸光度与样品中蛋白质的浓度成正比。

（2）方法概述

① 称取10mg牛血清白蛋白（BSA），溶于蒸馏水并定容至100mL，制成100μg/mL的原液。Bradford试剂的配制：称取100mg考马斯亮蓝G-250，溶至50mL 90%的乙醇中，再加入85%的磷酸100mL，蒸馏水定容到1000mL。

② 含有蛋白质（1～100μg/mL）的样品和标准BSA溶液分别与Bradford试剂混合。

③ 在595nm处读取吸光度并扣除空白。

④ 样品中的蛋白质浓度可通过BSA的标准曲线来计算。

（3）适用范围及特点 该方法已经成功用于测定麦芽汁、啤酒产品和马铃薯块茎中的蛋白质含量。此方法可改善测定微量蛋白质的结果。该法快速、灵敏，且比福林-酚法较少受其他因素干扰，已广泛应用于蛋白质纯化过程中的含量测定。

（4）说明与讨论

① 该方法快速，反应可在2min内完成。重现性好，灵敏度高，比福林-酚法要高好几倍。考马斯亮蓝染色可以达到0.2～0.5μg（200～500ng），最低可检出0.1μg蛋白，不受阳离子如K^+、Na^+和Mg^{2+}等的干扰，不受硫酸铵干扰，不受多酚和碳水化合物干扰，如蔗糖等。可测定相对分子质量大约等于或高于4000的蛋白质。

② 受非离子和离子型去垢剂的干扰，如三硝基甲苯（Triton）X-100和十二烷基硫酸钠。而由于少量的（0.1%）去垢剂的存在而导致的结果偏差可用适当的控制条件来校正。蛋白质-染色剂的复合物可与石英比色皿结合，因此必须使用玻璃或塑料比色皿。反应颜色随不同种类的蛋白质而变化，因此，必须仔细地选择作为标准的蛋白质。

③ 由于各种蛋白质中的精氨酸和芳香族氨基酸的含量不同，因此考马斯亮蓝染色法用于不同蛋白质测定时有较大的偏差

④ 比色应在出现蓝色2min至1h内完成，蛋白质与考马斯亮蓝G-250结合的反应十分迅速，在2min左右反应达到平衡；其结合物在室温下1h内保持稳定。因此测定时，不可放置太长时间，否则将使测定结果偏低。

⑤ 考马斯亮蓝和皮肤中蛋白质通过范德华力结合，反应快速，并且稳定，无法用普通试剂洗掉。待一两周左右，皮屑细胞自然衰老脱落即可无碍。

15.3.1.7 阴离子染色法

(1) 原理 含蛋白质的样品溶于缓冲液中和已知的过量阴离子染色剂混合，蛋白质与染色剂形成不溶性复合物。反应平衡后，离心或过滤除去不溶性的复合物，再测定溶液中未结合的可溶性染色剂。

阴离子磺酸基染色剂，包括酸性十二号橙、橙黄G和酰黑10B，都可以和基本氨基酸残基中的阳性基团（如组氨酸中的咪唑基、精氨酸中的胍基和赖氨酸中的ε-氨基等），以及蛋白质中游离的氨基酸终端基团结合，未结合的染色剂与样品中蛋白质的含量成反比。

(2) 方法概述 准确称取一定量粉碎样品（所含蛋白质质量为370～430mg），作标样用时称4份（2份凯氏法、2份染料结合法）。如样品脂肪含量高，应先用乙醚脱脂，然后再测定。将2份样品放入组织捣碎机中。准确加入吸光度为0.320的染料溶液200mL，缓慢搅拌4min。将结合后的样品溶液用铺有玻璃棉的布氏漏斗自然过滤，或用G_2熔结玻璃漏斗抽滤，静置20min取上清液4mL，用水定容至100mL。摇匀，取出部分溶液离心5min（20000r/min）。取离心后的澄清透明溶液，用1cm比色皿，以蒸馏水为参比液于615nm波长处测定吸光度。

(3) 适用范围及特点 阴离子染色法已经用来测定牛奶、小麦面粉、大豆制品和肉制品中的蛋白质。该方法快速（10min或更短），费用便宜，结果相对比较准确。因为染色剂不与不可利用的赖氨酸结合，因此可用于测定谷物产品在加工过程中可利用赖氨酸的含量，而赖氨酸是谷物产品中的限制氨基酸，所以可利用赖氨酸含量代表谷物产品的蛋白质营养价值。不用腐蚀性试剂。不需测定非蛋白氮，比凯氏定氮法更精确。

但此方法灵敏度低，需要毫克级的蛋白质。

(4) 说明与讨论

① 蛋白质因基本氨基酸不同而具有不同的染色容量，因此，对于待测食品需要制作标准曲线。

② 绘制完整的标准曲线可供同类样品长期使用，而不需要每次测样时都作标准曲线。

③ 在样品溶解性能不好时，也可用此法测定。

④ 本法具有较高的经验性，故操作方法必须标准化。

⑤ 本法所用染料还包括橙黄G和溴酚蓝等。

⑥ 因一些非蛋白组分结合染色剂（如淀粉）或蛋白质（如钙或磷）而造成最后结果的偏差。钙和重金属离子引起的问题可用含有草酸的缓冲试剂来解决。

15.3.1.8 其他常用方法

(1) 杜马斯法（燃烧法）

① 原理 样品在高温下（700～800℃）燃烧，释放的氮气由带热导检测器（TCD）的气相色谱仪测定。测得的氮含量转换成样品中的蛋白质含量。

② 方法概述 样品（大约100～500mg）称量后置于样品盒中，放入具有自动装置的燃烧反应器中，释放的氮气由内置的气相色谱仪测定。

③ 适用范围 燃烧法适用于所有种类的食品。

④ 说明与讨论

a. 燃烧法是凯氏定氮法的一个替代方法。

b. 全程不需要使用任何有害化合物。

c. 可在3min内完成。

d. 自动化仪器可在无人看管状态下一次性分析多达 150 个样品。

e. 仪器价格昂贵。

（2）红外光谱法

① 原理　红外光谱法测定由食品或其他物质中分子引起的辐射吸收（近红外、中红外、远红外区）。食品中不同的功能基团吸收不同频率的辐射。对于蛋白质和多肽，多肽键在中红外波段（6.47μm）和近红外（NIR）波段（如 3300～3500nm，2080～2220nm，1560～1670nm）的特征吸收可用于测定食品中的蛋白质含量。针对所要测定的成分，用红外波长光辐射样品，通过测定样品反射或透射光的能量（反比于能量的吸收）可以预测其成分的浓度。

② 适用范围　红外牛奶分析仪采用中红外光谱法测定牛奶蛋白质含量，同时近红外光谱仪也广泛应用于食品蛋白质的分析中（如谷物、谷类制品、肉类和乳制品中）。这些仪器非常昂贵，且必须经适当的调试。但分析人员只需经最低程度的培训就可以快速分析样品（30s～2min）。

15.3.1.9　常用方法的比较

应针对具体的应用、灵敏度、精确度、重现性以及食品的物化性质来考虑选择适用的测定方法，数据应仔细地阐明以反映其实际结果。表 15-3 为各种常用方法的比较。

表 15-3　常用蛋白质含量测定方法的比较

方法	不同种类蛋白的差异	最大吸收波长/nm	特　点
凯氏定氮	小		标准方法，准确，操作麻烦，费时，灵敏度低，适用于标准的测定
紫外分光光度	大	280，205	灵敏，快速，不消耗样品，核酸类物质有影响
双缩脲	小	540	重复性、线性关系好，灵敏度低，测定范围窄，样品需要量大
福林-酚	大	750	灵敏，费时较长，干扰物质多
考马斯亮蓝 G-250	大	595	灵敏度高，稳定，误差较大，颜色会转移
红外光谱	小		灵敏度较低，分析速度最快，但仪器非常昂贵
杜马斯	小		灵敏度较低，样品基本无需处理
阴离子染色法	大	615	灵敏度较低，操作方法必须标准化

15.4　食品中氨基酸的测定

食品中氨基酸成分非常复杂，常规检测一般只测定总氨基酸含量，通常采用酸碱滴定法来完成。色谱技术的发展为各种氨基酸的分离纯化以及定量检测提供了有力的工具。鉴定和定量氨基酸现在通常采用氨基酸自动分析仪来完成。

15.4.1　氨基酸总量的测定

15.4.1.1　甲醛滴定法

（1）原理　氨基酸具有酸性的羧基（—COOH）和碱性的氨基（$—NH_2$），它们相互作用而使氨基酸成为中性的内盐。加入甲醛溶液时，$—NH_2$ 与甲醛结合，其碱性消失。这样就可以用强碱标准溶液滴定羧基，并用间接的方法测定氨基酸总量。

（2）方法概述

① 试剂　体积分数为 20％的中性甲醛溶液：以百里酚酞作指示剂，用氢氧化钠溶液将

20%甲醛中和至淡蓝色。0.05mol/L 氢氧化钠标准溶液。

② 分析步骤　吸取含氨基酸约 20mg 的样品溶液于 100mL 容量瓶内，加水至刻度，混匀后吸取 20.00mL 置于 200mL 烧杯中，加水 60mL，开动磁力搅拌器，用 0.0500mol/L 氢氧化钠标准溶液滴定至酸度计指示 pH8.2，记录消耗氢氧化钠标准溶液的体积，可用来计算总酸含量。

加入 10.00mL 中性甲醛溶液，混匀，用氢氧化钠标准溶液继续滴定至 pH9.2，记录消耗氢氧化钠标准溶液体积 V_1。

同时取 80mL 蒸馏水置于 200mL 洁净烧杯中，先用氢氧化钠标准溶液调至 pH8.2，再加入 10.0mL 中性甲醛溶液，用 0.0500mol/L 氢氧化钠标准溶液滴至 pH9.2，记录消耗氢氧化钠标准溶液的体积 V_2。结果按式（15-6）计算：

$$w(\%)=\frac{(V_1-V_2)\times c\times 0.01401}{m\times\frac{20}{100}}\times 100 \tag{15-6}$$

式中　w——样品中氨基酸的质量分数，%；

V_1——样品中稀释液加甲醛滴定至终点（pH9.2）所消耗的氢氧化钠标准溶液的体积，mL；

V_2——空白试验加入甲醛后滴定至终点所消耗的氢氧化钠标准溶液的体积，mL；

c——氢氧化钠标准溶液的浓度，mol/L；

m——测定所用样品溶液所相当的样品质量，g；

0.01401——氮的毫摩尔质量，g/mmol。

（3）说明与讨论

① 本法准确快速，可用于各类样品游离氨基酸质量分数测定。

② 浑浊和色深样液可不经处理而直接测定。

③ 脯氨酸与甲醛作用时产生不稳定的化合物，使结果偏低；酪氨酸含有酚羟基，滴定时也会消耗一些碱而致使结果偏高。

④ 利用甲醛滴定法可以用来测定蛋白质的水解程度。随着蛋白质水解度的增加，滴定值也增加，当蛋白质水解完成后，滴定值不再增加。

⑤ 中性甲醛溶液在临用前配制，若已放置一段时间，则在使用前需要重新中和。

⑥ 发酵工业中常用此法测定发酵液中氨基态氮质量分数的变化，并以此作为控制发酵生产的指标之一。

15.4.1.2　茚三酮吸光光度法

（1）原理　氨基酸在碱性溶液中能与茚三酮作用，生成蓝紫色化合物（除脯氨酸外均有此反应），可用吸光光度法测定。该蓝紫色化合物的颜色深浅与氨基酸质量分数成正比，其最大吸收波长为 570nm，故据此可以测定样品中氨基酸质量分数。以下是测定茶叶中游离氨基酸含量的国标测定方法（GB/T 8314—2002）。

（2）方法概述

① 茶氨酸或谷氨酸标准液的配制：称取 100mg 茶氨酸或谷氨酸溶于 100mL 水中，作为母液。准确称取 5mL 母液，加水定容至 50mL 作为工作液（0.1mg/mL）。试验所用其他试剂及仪器见国标。

② 分析步骤

a. 试液制备　称取 1.0g（准确至 0.0001g）磨碎茶样，置于 500mL 烧瓶中。加 4.5g 氧化镁及300mL沸水，于沸水浴中加热，浸提20min（每隔5min摇动一次），浸提完毕后立即趁热减压过滤，滤液移入500mL容量瓶中，冷却后，用水定容至刻度，混匀。取一部分试液，通过0.45μm滤膜过滤，待用。

b. 测定　准确吸取试液1mL，注入25mL的容量瓶中，加0.5mL pH8.0磷酸盐缓冲液和0.5mL，20g/L茚三酮溶液，在沸水浴中加热15min。待冷却后加水定容至25mL。放置10min后，用5mm比色杯，在570nm处，以试剂空白溶液作参比，测定吸光度A。

c. 氨基酸标准曲线的制作　分别吸取0.0，1.0mL，1.5mL，2.0mL，2.5mL，3.0mL氨基酸工作液于一组25mL容量瓶中，各加水4mL、pH8.0磷酸盐缓冲液0.5mL和20g/L茚三酮溶液0.5mL，在沸水浴中加热15min，冷却后加水定容至25mL，按上一步的操作测定吸光度A。将测得的吸光度与对应的茶氨酸或谷氨酸浓度绘制标准曲线。

d. 计算方法　茶叶中游离氨基酸含量以干态质量分数表示，按式（15-7）计算：

$$\text{游离氨基酸总量(以茶氨酸或谷氨酸计)}(\%)=\frac{\frac{C}{1000}\times\frac{L_1}{L_2}}{M_0\times m}\times 100 \qquad (15\text{-}7)$$

式中　L_1——试液总量，mL；

L_2——测定用试液量，mL；

M_0——试样量，g；

C——根据吸光值从标准曲线上查得的茶氨酸或谷氨酸的质量，mg；

m——试样干物质含量，%。

（3）说明与讨论

① 通常采用的样品处理方法为：准确称取粉碎样品5～10g或吸取液体样品5～10mL，置于烧杯中，加入50mL蒸馏水和5g左右活性炭，煮沸，过滤。用30～40mL热水洗涤活性炭。收集滤液于100mL容量瓶中，加水至刻度，摇匀备测。

② 茚三酮受阳光、空气、温度、湿度等影响而被氧化呈淡红色或深红色，使用前须进行纯化。方法如下：取10g茚三酮溶于40mL热水中，加入1g活性炭，摇动1min，静置30min后过滤。将滤液放入冰箱中过夜，即出现蓝色结晶，过滤，用2mL冷水洗涤结晶，置干燥器中干燥，装瓶备用。

15.4.1.3　非水溶液滴定法

（1）原理　氨基酸的非水溶液滴定法是氨基酸在冰醋酸中用高氯酸的标准溶液滴定其含量。根据酸碱质子学说：一切能给出质子的物质为酸，一切能接受质子的物质为碱；弱碱在酸性溶剂中碱性显得更强，而弱酸在酸性溶剂中酸性也显得更强，因此本来在水溶液中不能滴定的弱碱或弱酸，如果选择合适的溶剂使其强度增加，则可以顺利地滴定。氨基酸有氨基和羧基，在水中呈中性，而在冰醋酸中就能接受质子显示出碱性，因此可以用高氯酸等强酸进行非水滴定。

（2）方法概述

① 直接法（适用于一切能溶解冰醋酸的氨基酸）：精确称取氨基酸样品50mg左右，溶解于20mL冰醋酸中，加2滴甲基紫指示剂，用0.100mol/L高氯酸标准液滴定（用10mL体积的微量滴定管），终点为紫色刚消失，呈现蓝色。空白管为不含氨基酸的冰醋酸溶液，滴定至同样的终点颜色。

② 回滴法（适用于不易溶于冰醋酸而溶解于高氯酸的氨基酸）：精确称取氨基酸样品

30～40mg，溶解于5mL 0.1mol/L高氯酸标准液中，加2滴甲基紫指示剂，剩余的酸以乙酸钠标准溶液滴定，颜色由黄，经过绿、蓝至初次出现不退的紫色为终点。

(3) 适用范围　本法适用于氨基酸成品的含量滴定。允许测定的范围是几十毫克的氨基酸。

(4) 说明与讨论

① 能溶解于冰醋酸的氨基酸，可以用直接滴定法的有丙氨酸、精氨酸、甘氨酸、组氨酸、亮氨酸、甲硫氨酸、苯丙氨酸、色氨酸、缬氨酸、异亮氨酸、苏氨酸。不易溶于冰醋酸，但能溶解于高氯酸可以用回滴法测定的有赖氨酸、丝氨酸、胱氨酸、半胱氨酸。

② 谷氨酸和天冬氨酸在高氯酸溶液中也不能溶解，可以将样品溶解于2mL甲酸中，再加20mL冰醋酸，直接用高氯酸标准溶液进行滴定。

15.4.2 食品中氨基酸的组分测定

15.4.2.1 氨基酸自动分析仪法

(1) 原理　氨基酸的组分分析，现在广泛地采用离子交换法，并由自动化的仪器来完成。其原理是利用各种氨基酸的酸碱性、极性和相对分子质量大小等性质，使用阳离子交换树脂在色谱柱上进行分离。当样液加入色谱柱顶端后，采用不同pH和离子浓度的缓冲溶液即可将它们依次洗脱下来。即先是酸性氨基酸和极性较大的氨基酸，其次是非极性的芳香性氨基酸，最后是碱性氨基酸。相对分子质量小的比相对分子质量大的先被洗脱下来。洗脱下来的氨基酸可用茚三酮显色，进而定量分析。

定量测定的依据是氨基酸和茚三酮反应生成蓝紫色化合物，其颜色深浅与各氨基酸的含量成正比。脯氨酸和羟脯氨酸则生成黄棕色化合物，可在其他波长处比色测定。

阳离子交换树脂是由聚苯乙烯和二乙烯经交联再磺化而成，其交联度为8。

(2) 方法概述

① 样品处理　测定各种游离氨基酸含量，可以在除去脂肪等杂质后，直接上柱进行分析。测定蛋白质的氨基酸组成时样品必须经过酸水解，使蛋白质完全变成氨基酸后才能上柱进行分析。

酸水解法：称取干燥的蛋白质样品数毫克，加5.7mol/L HCl 2mL，置于110℃烘箱内水解24h，然后除去过量的盐酸，加缓冲溶液稀释到一定体积，摇匀。取一定量的水解样品上柱进行分析。

如果样品中含有糖和淀粉、脂肪、核酸、无机盐等杂质，必须预先去除杂质后再进行酸水解处理。去除杂质的方法如下。

a. 去糖和淀粉　把样品用淀粉酶水解，然后用乙醇溶液洗涤，得蛋白质沉淀物。

b. 去脂肪　先把干燥的样品研碎，用丙酮或乙醚等有机溶剂离心或过滤抽提，得蛋白质沉淀物。

c. 去核酸　将样品在100g/L氯化钠溶液中，85℃加热6h，然后用热水洗涤后过滤，将固形物用丙酮干燥即可。

d. 去无机盐　样品经水解后含有大量无机盐，用阳离子交换树脂进行去盐处理。其方法是：先用1mol/L盐酸使国产732型树脂转成H型，然后用水洗至中性。装在一根小柱内。将去除盐酸的水解样品用水溶解后上柱，并不断用水洗涤，直至洗出液中无氯离子为止（用硝酸银溶液检查）。此时氨基酸全被交换在树脂上，而无机盐被洗去，最后用2mol/L的氨水溶液把交换的氨基酸洗脱下来。收集洗脱液进行浓缩、蒸干，然后上柱进行分析。

② 样品分析　经处理后的样品上柱分析，上柱的样品量根据所用自动分析仪的灵敏度

来确定，一般为每种氨基酸 0.1μmol 左右（水解样品干重为 0.3mg 左右）。对未知蛋白质含量的样品，水解后必须预先测定氨基酸的大致含量后才能分析，否则会出现过多或过少的现象。测定必须在 pH5～5.5、100℃下进行，反应进行时间为 10～15min，生成的紫色物质在 570nm 波长下进行比色测定，生成的黄色化合物在 440nm 波长下进行比色测定。做一个氨基酸全分析一般只需 1h 左右，同时将几十个样品装入仪器，自动按序分析，最后自动计算给出精确的数据。仪器精确度在±（1%～3%）。

根据峰出现的时间可以确定氨基酸的种类。从峰的高度和宽度可以计算出各种氨基酸的精确含量。带有数据处理机的仪器，各种氨基酸的定量结果能自动打印出来。

（3）说明与讨论

① 显色反应用的茚三酮试剂会随着时间推移发色率会降低。因此，在较长时间的测样过程中，应随时用已知浓度的氨基酸标准溶液上柱测定，以检验其变化情况。

② 运用反相色谱原理制造的氨基酸分析仪可以在 12min 内完成 17 种氨基酸的分离和定量，且具有灵敏度高（最小检出量可达 1pmol）、重现性好以及一机多用等优点。

15.4.2.2　高效液相色谱法

高效液相色谱法适于分析沸点高、相对分子质量大、热稳定性差的物质和生物活性物质，用于氨基酸的分析已进行了大量的研究工作，并已取得了广泛应用。由于大多数氨基酸无紫外吸收及荧光发射特性，而紫外吸收检测器（UVD）和荧光检测器（FD）又是高效液相色谱（HPLC）仪的最常用配置，故需将氨基酸进行衍生化，使其可以利用紫外吸收或荧光检测器进行测定。

氨基酸的衍生可分为柱前衍生和柱后衍生。柱后衍生需额外的反应器和泵，故氨基酸的 HPLC 测定多采用柱前衍生法，这是因为比起柱后衍生法它的优点有：固定相采用 C_{18} 或其他疏水物，可分辨分子结构细小的差异；反相洗脱，流动相为极性溶剂，如甲醇、乙二腈等，避免对荧光检测的干扰，可提高灵敏度及速度；一机多用。

下面以 Waters 推出的 ACCQ. tag 法为例来介绍。

（1）原理　含蛋白质的样品，加入 6mol/L HCl 溶液 110℃水解 24h，用内标 α-氨基丁酸（AABA）稀释和过滤后，取一小部分用 6-氨基喹啉-*N*-羟基丁二酰亚胺氨基甲酸酯（AQC）衍生，用反相液相色谱分析。

（2）方法概述

① 仪器与主要试剂　高效液相色谱仪，带紫外检测器、梯度洗脱、温控装置；ACCQ. tag 氨基酸分析柱；脱气、溶剂过滤、混合等附件与装置；Waters 公司 ACCQ-Flour 试剂包，衍生用；流动相试剂：由乙腈、EDTA、磷酸（H_3PO_4）等试剂配成，具体操作可参阅 Waters 公司 ACCQ. tag 法说明书。

② 分析步骤　称取样品置于水解试管中，加盐酸溶液。冷冻固化后抽真空，烧结封口，110℃下水解 22h，然后用水溶解。吸取溶解液 1～2mL 于蒸发试管中旋转蒸发至干（<50℃），并加入内标物（AABA）混合均匀。吸取一定量混合液加入 AQC 衍生试剂，密封后于 50℃下反应 10min，最后进 HPLC 仪测定。

（3）说明与讨论

① 此法由美国 Waters 公司推出，随机附带所需各种专用试剂包及附件。该法具有操作简便、灵敏度高的优点（可达 pmol 至 fmol 级）。

② 本法可同时测定各种氨基酸。

小结

本章介绍了基于蛋白质和氨基酸的特性来分离和测定蛋白质及氨基酸的方法。首先介绍了一些有关根据蛋白质的溶解度、相对分子质量大小、电荷特性和对其他生物分子亲和力的不同来分离和鉴定蛋白质的技术。然后介绍了一系列分析蛋白质含量和氨基酸含量的方法，不同方法的分析速度和灵敏度各不相同。不同食品体系的复杂性导致各种蛋白质分析方法都可能会不同程度地遇到一些问题，快速的测定方法可能适合于质量控制，而灵敏的测定方法则是微量蛋白质分析所需要，一般可以根据实际需要选择合适的方法进行分析。

参考文献

[1] S·苏珊娜·尼尔森著. 食品分析 [M]. 杨严俊译. 北京：中国轻工业出版社，2002.
[2] 张水华. 食品分析 [M]. 北京：中国轻工业出版社，2007.
[3] 吴谋成. 食品分析与感官评定 [M]. 北京：中国农业出版社，2002.
[4] 高向阳. 食品分析与检验 [M]. 北京：中国计量出版社，2006.
[5] 谢音. 食品分析 [M]. 北京：科学技术文献出版社，2006.
[6] 高彦飞，王红霞. 蛋白质及多肽C端测序的研究进展 [J]. 分析化学评述与进展，2007，35 (12)：1820-1826.
[7] 王喜平. 食品分析 [M]. 北京：中国农业出版社，2006.

附录

GB/T 5009.5—2003 食品中蛋白质的测定
GB/T 8314—2002 茶 游离氨基酸总量测定

第 16 章　维生素分析

16.1　绪论

维生素是一类维持人体生命所需的有机化合物，维生素一般都不能在人体内自行合成或合成量很少，必须从食品和补充剂中获得。若维生素摄入不足则会导致维生素缺乏症，例如，坏血病和癞皮病分别是由于缺乏维生素 C 和尼克酸所引起。根据维生素的溶解性能，通常将它们分为脂溶性维生素与水溶性维生素两大类。

脂溶性维生素指的是化学成分溶于脂肪或者脂溶剂而不溶于水，在食物中可与脂类共存的一类维生素，包括维生素 A、维生素 D、维生素 E 和维生素 K。

水溶性维生素包括维生素 B_1、维生素 B_2、维生素 B_6、维生素 B_{12}、维生素 PP（烟酸）和维生素 C 等。水溶性维生素存在于植物性食物中，都能溶于水，在食物中常以辅酶的形式存在。

维生素分析方法可分为下列几类：

① 涉及人体和动物的生物分析方法。

② 利用蛋白酶有机物、细菌和酵母的微生物学评价方法。

③ 包括分光光度法、荧光法、色谱法、酶法、免疫和放射等在内的物理化学分析方法。

在选择一个特定维生素的测定方法过程中，不仅要考虑包括准确度和精密度在内的各种因素，还必须考虑经济因素和样品处理的可操作性，同时也要考虑针对某些特定介质测定方法的应用范围。由于一些维生素对光线、氧气、pH 和热量等不利因素的敏感性，因此无论采用什么分析方法都需要采取适当的预防措施，以防止分析过程中维生素的破坏，在整个生物学评价方法的喂养阶段内都要对受试原料采用预防措施。同样，在使用微生物及物化分析法的提取以及分析中也必须采用。

16.2　水溶性维生素的分析

水溶性维生素包括维生素 B_1、维生素 B_2、维生素 B_6、维生素 B_{12}、维生素 PP（烟酸）和维生素 C 等。水溶性维生素广泛存在于动植物组织中，在食品中常以多种辅酶形式存在，满足组织的要求后，多余的量会从机体中排除。

16.2.1　维生素 B_1 的测定

维生素 B_1 又名硫胺素、抗神经炎素，主要存在于酵母、米糠、麦胚、花生、绿色蔬菜及牛乳和蛋黄中。硫胺素常以盐酸盐的形式存在，为白色晶体，溶于水，微溶于乙醇，不易被氧化，比较耐热，在酸性环境中相当稳定，但是在碱性环境中对热极不稳定。目前测定维生素 B_1 的方法主要有荧光分析法与高效液相色谱法。国标采用了荧光分析法（GB/T 5009.84—2003）。

16.2.1.1　荧光分析法

（1）原理　维生素 B_1 在碱性铁氰化钾溶液中被氧化成硫色素，在紫外线照射下，硫色素发出荧光。在给定的条件下，以及没有其他荧光物质干扰时，此荧光强度与硫色素量成正比，即与溶液中维生素 B_1 量成正比。如试样中含杂质过多，应经过离子交换剂处理，使硫胺素与杂质分离，然后以所得溶液作测定。反应式如下：

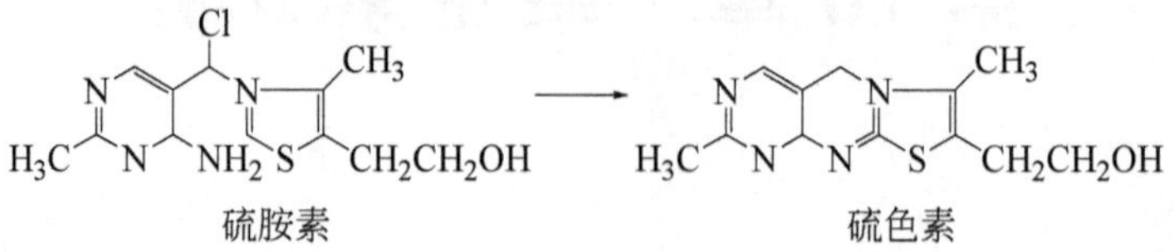

硫胺素 ⟶ 硫色素

（2）方法概述　试验所用试剂及仪器见 GB/T 5009.84—2003《食品中硫胺素（维生素 B_1）的测定》。分析步骤如下所述。

① 试样处理

a. 试样准备：试样采集后用匀浆机打成匀浆于低温冰箱中冷冻保存，用时将其解冻后搅匀使用。

b. 样品提取：准确称取一定量试样（估计其硫胺素含量约为 10～30μg，一般称取 2～10g 试样），置于 100mL 锥形瓶中，加入 50mL 0.1mol/L 或 0.3mol/L 盐酸溶解，放入高压锅中加热水解（121℃，30min），冷却后取出。用 2mol/L 乙酸钠调 pH 值至 4.5（以 0.4g/L 溴甲酚绿为外指示剂）。按每克试样加入 20mg 淀粉酶和 40mg 蛋白酶的比例加入淀粉酶和蛋白酶。于 45～50℃温箱过夜保温（约 16h）。冷却至室温，定容至 100mL，然后混匀过滤，即为提取液。

c. 净化：用少许脱脂棉铺于盐基交换管的交换柱底部，加水将棉纤维中气泡排出，再加约 1g 活性人造浮石使之达到交换柱的三分之一高度。保持盐基交换管中液面始终高于活性人造浮石。用移液管加入提取液 20～60mL，使通过活性人造浮石的硫胺素总量约为 2～5μg。加入约 10mL 热蒸馏水冲洗交换柱，弃去洗液。如此重复三次。加入 20mL 250g/L 酸性氯化钾（温度为 90℃左右），收集此液于 25mL 刻度试管内，冷却至室温，用 250g/L 酸性氯化钾定容至 25mL，即为试样净化液。重复上述操作，将 20mL 硫胺素标准使用液加入盐基交换管以代替试样提取液，即得到标准净化液。

d. 氧化：将 5mL 试样净化液分别加入 A、B 两个反应瓶。在避光条件下将 3mL 150 g/L氢氧化钠加入反应瓶 A，将 3mL 碱性铁氰化钾溶液加入反应瓶 B，各振荡约 15s，然后加入 10mL 正丁醇；将 A、B 两个反应瓶同时用力振荡 1.5min。重复上述操作，用标准净化液代替试样净化液。用黑布遮盖 A、B 反应瓶，静置分层后吸去下层碱性溶液，加入 2～3g 无水硫酸钠使溶液脱水。

② 测定

a. 荧光测定条件：激发波长 365nm；发射波长 435nm；激发波狭缝 5nm；发射波狭缝 5nm。

b. 依次测定下列荧光强度：

ⓐ 空白试样荧光强度（试样反应瓶 A）；

ⓑ 空白标准荧光强度（标准反应瓶 A）；

ⓒ 试样荧光强度（试样反应瓶 B）；

ⓓ 标准荧光强度（标准反应瓶 B）。

③ 结果计算

$$X=(U-U_b)\times\frac{c\times V}{S-S_b}\times\frac{V_1}{V_2}\times\frac{1}{m}\times\frac{100}{1000} \quad (16\text{-}1)$$

式中 X——试样中硫胺素含量，mg/100g；

U——试样荧光强度；

U_b——试样空白荧光强度；

S——标准荧光强度；

S_b——标准空白荧光强度；

c——硫胺素标准使用液质量浓度，μg/mL；

V——用于净化的硫胺素标准使用液体积，mL；

V_1——试样水解后定容之体积，mL；

V_2——试样用于净化的提取液体积，mL；

m——试样质量，g；

$\frac{100}{1000}$——试样含量由微克/克（μg/g）换算成毫克/100克（mg/100g）的系数。

计算结果保留两位有效数字。

（3）适用范围及特点　本方法适用于各类食品中硫胺素的测定，但是不适合有吸附硫胺素能力的物质和含有影响硫色素荧光物质的样品。检出限为0.05μg，线性范围为0.2～10μg。本方法操作简单、准确可靠。

（4）说明与讨论

① 硫色素对光敏感，因此操作必须在柔和的光线下进行。同时硫色素对热敏感，尤其在碱性条件下。

② 加热酸性氯化钾而不使其沸的原因是热氯化钾滤速较快，而不沸则是使其不致因过饱和而在洗涤中结晶析出阻塞交换柱。被洗下的硫胺素在酸性氯化钾中极其稳定，可保存一周以上。

③ 硫胺素在碱性环境中被铁氰化钾氧化成硫色素，振摇15s是为使其充分反应，这期间应保证黄色不退以证明铁氰化钾量充足不被其他还原性杂质反应，而强碱又可破坏硫胺素，所以除加入碱性铁氰化钾时边摇匀边加入外，其加入量一定不能过多，否则硫胺素被破坏。

④ 氧化是操作的关键步骤，操作中应保持加试剂的速度一致。

⑤ 硫色素能溶于正丁醇，在正丁醇中比在水中稳定，故用正丁醇等提取硫色素。萃取时振摇不宜过猛，以免乳化，不易分层。

⑥ 谷类物质不需酶分解，样品粉碎后用250g/L酸性氯化钾直接提取，氧化测定。

⑦ 一般样品中的维生素B_1有游离型的，也有结合型的（与淀粉、蛋白质等结合），所以需要用酸和酶水解，使结合型的变为游离型的，再用本方法测定。

16.2.2　维生素B_2的测定

维生素B_2又称核黄素，是机体中许多酶系统的重要辅基组成成分，在食品中以游离形式或磷酸酯等结合形式存在。膳食中的主要来源是各种动物性食品，其中以肝、肾、心、奶、蛋含量最多，其次是植物性食品的豆类和新鲜绿叶蔬菜。维生素B_2能溶于水，水溶液呈现强的黄绿色荧光，对空气、热稳定。游离核黄素对光敏感，特别是紫外线，可产生不可逆分解。测定维生素B_2的方法主要有荧光分光光度法、高效液相色谱法、微生物法等。其中国标采用荧光分光光度法（GB/T 5009.85—2003第一法）和微生物法（GB/T 5009.85—2003第二法）。

16.2.2.1　荧光方法

（1）原理　核黄素在440～500nm波长光照射下发生黄绿色荧光。在稀溶液中其荧光强度与核黄素的浓度成正比。在发射光波长 525nm 下测定其荧光强度。试液再加入低亚硫酸钠（$Na_2S_2O_4$），将核黄素还原为无荧光的物质，然后再测定试液中残余荧光杂质的荧光强度，两者之差即为食品中核黄素所产生的荧光强度。

（2）方法概述　试验所用试剂及仪器见 GB/T 5009.85—2003《食品中核黄素的测定》。分析步骤如下所述。

整个操作过程需避光进行。

① 试样处理

a. 试样的水解：准确称取 2～10g 样品（约含 10～200μg 核黄素）于 100mL 锥形瓶中，加 50mL 0.1mol/L 盐酸，搅拌直到颗粒物分散均匀。用 40mL 瓷坩埚为盖密封瓶口，置于高压锅内高压水解，1.03×10^5Pa 30min。水解液冷却后，滴加 1mol/L 氢氧化钠，取少许水解液，用 0.4g/L 溴甲酚绿检验呈草绿色，pH 为 4.5。

b. 试样的酶解：于含有淀粉的水解液加入 3mL 10g/L 淀粉酶溶液，于 37～40℃保温约 16h；含高蛋白的水解液，加 3mL 10g/L 木瓜蛋白酶溶液，于 37～40℃保温约 16h。

c. 过滤：上述酶解液定容至 100mL，用干滤纸过滤，此提取液在 4℃冰箱中可保存一周。

② 氧化去杂质　视试样中核黄素的含量取一定体积的试样提取液及核黄素标准使用液（约含 1～10μg 核黄素）分别于 20mL 的带盖刻度试管中，加水至 15mL。各管加 0.5mL 冰醋酸，混匀。加 30g/L 高锰酸钾溶液 0.5mL，混匀，放置 2min，使氧化去杂质。滴加 3%双氧水溶液数滴，直至高锰酸钾的褪色。剧烈振摇此管，使多余的氧气逸出。

③ 核黄素的吸附和洗脱

a. 核黄素吸附柱：硅镁吸附剂约 1g 用湿法装入柱，占柱长 1/2～2/3（约 5cm）为宜（吸附柱下端用一小团脱脂棉垫上），勿使柱内产生气泡，调节流速约为 60 滴/min。

b. 过柱与洗脱：将全部氧化后的样液及标准液通过吸附柱后，用约 20mL 热水洗去样液中的杂质。然后用 5.00mL 洗脱液将试样中核黄素洗脱并收集于一带盖 10mL 刻度试管中，再用水洗吸附柱，收集洗出之液体并定容至 10mL，混匀后待测荧光。

④ 测定　荧光度的测定：

a. 于激发光波长 440nm、发射光波长 525nm，测量试样管及标准管荧光值。

b. 待试样及标准的荧光值测量后，在各管的剩余液（约 5～7mL）中加 0.1mL 200g/L 低亚硫酸钠溶液，立即混匀，在 20s 内测出各管的荧光值，作各自的空白值。

⑤ 结果与计算

$$X=\frac{(A-B)\times S}{(C-D)\times m}\times f\times\frac{100}{1000} \tag{16-2}$$

式中　X——试样中核黄素的含量，mg/100g；

A——试样管荧光值；

B——试样管空白荧光值；

C——标准管荧光值；

D——标准管空白荧光值；

f——稀释倍数；

m——试样质量，g；

S——标准管中核黄素质量，μg。

（3）适用范围及特点　本方法适用于食物及饲料中核黄素的测定，对于脂肪含量过高及含有较多不易除去色素的样品不适用。检出限为0.006μg；线性范围为0.1～20μg。本方法操作简单，灵敏度高，是应用最普遍的方法。

(4) 说明与讨论

① 酶解的目的是为了使结合型的维生素 B_2 转化成游离型的维生素 B_2。

② 核黄素对光极其敏感，所有的操作需要避光进行。

③ 分析人员在提取过程中，应采用高锰酸盐氧化提取液中的杂质，以提高测定结果的准确性。虽然维生素 B_2 为水溶性维生素，但它不易溶于水，分析人员在准备标样时，要特别注意维生素 B_2 必须溶解完全。

④ 核黄素可被低亚硫酸钠还原成无荧光型；但振荡后很快就会被空气氧化成有荧光的物质，所以要立刻测定。

⑤ 用高锰酸钾氧化去杂质后，加入双氧水，除去多余的高锰酸钾时，要用力摇匀至高锰酸钾颜色褪去。若不能马上褪色则稍等一段时间。加入双氧水的含量不可过多，以免影响读数。

16.2.2.2　微生物法

(1) 原理　某些微生物的生长（繁殖）必须依赖某些维生素。例如干酪乳酸杆菌（*Lactobacillus casei*，简称L.C.）的生长需要核黄素，培养基中若缺乏这种维生素则该细菌不能生长。在一定条件下，该细菌生长情况以及它的代谢物乳酸的浓度与培养基中该维生素含量成正比，因此可以用酸度及浑浊度的测定法来测定试样中核黄素的含量。

方法概述见GB/T 5009.85—2003第二法。

(2) 适用范围及特点　本方法适用于食物及饲料中核黄素的测定。

(3) 说明与讨论　微生物法仅限于对水溶性维生素的分析测定，该方法对于每种维生素的测定都非常灵敏和专一。但是，微生物方法比较费时，严格遵守其分析步骤有助于得到精确的分析结果。

16.2.3　尼克酸的测定

尼克酸又名维生素 B_5、维生素PP、烟酸、抗癞皮病因子等，尼克酸是B族维生素中人体需要量最多的。它不但是维持消化系统健康的维生素，也是性激素合成不可缺少的物质。它包括烟酸（尼克酸）和烟酸胺（尼克酰胺），它们都是吡啶的衍生物，具有同样的生物效价并且在体内可以相互转化。

尼克酸的测定方法主要有微生物法、色谱法、比色法等。本书主要介绍微生物法（GB/T 5009.89—2003）。

(1) 原理　某一种微生物的生长，必需某种维生素，例如阿拉伯乳酸杆菌（*Lactobacillus arabinosus* 17-5，ATCC No.8014，简称 *Lact.A.*）生长需要烟酸，培养基中若缺乏这种维生素该细菌便不能生长。在一定条件下，该细菌生长的情况以及它的代谢产物乳酸的浓度与培养基中该维生素的含量成正比，因此可以用酸度或浑浊度的测定法来测定样品中烟酸的含量。

(2) 方法概述　实验所用试剂及仪器见GB/T 5009.89—2003《食品中烟酸的测定》。

① 基本培养基储备液　将下列试剂混合于500mL烧杯中，加水至450mL，用40%氢氧化钠溶液调节pH至6.8，以溴麝香草酚蓝作外指示剂，用水稀释至500mL。

酸解酪蛋白　50mL

胱氨酸、色氨酸溶液　50mL

腺嘌呤、鸟嘌呤、尿嘧啶溶液　10mL

D-泛酸钙、对氨基苯甲酸、吡哆醇溶液 10mL

核黄素、盐酸硫胺素、生物素溶液 10mL

甲盐溶液 10mL

乙盐溶液 10mL

无水葡萄糖 10g

无水乙酸钠 10g

(或结晶乙酸钠 $NaAc \cdot 3H_2O$) (16.6g)

② 琼脂培养基 将下列试剂混合于250mL锥形瓶中，加水至100mL，于水浴上煮至琼脂完全熔化，以溴麝香草酚蓝为外指示剂，用1mol/L盐酸趁热调节pH至6.8，尽快倒入试管中，每管3～5mL，塞好棉塞，于压力蒸汽消毒器内6.9×10^4Pa压力下灭菌15min。取出后竖直试管，待冷至室温于冰箱中保存。

无水葡萄糖 1.0g

乙酸钠（$NaAc \cdot 3H_2O$） 1.7g

蛋白胨（生化试剂） 0.8g

酵母提取物干粉（生化试剂） 0.2g

甲盐溶液 0.2mL

乙盐溶液 0.2mL

琼脂（细菌培养） 1.2g

③ 分析步骤

a. 接种液的制备 使用前一天，将*Lact. A.* 菌种由储备菌种管移种于已消毒的种子培养液中。在(37±0.5)℃恒温箱中保温16～24h，取出离心10min（3000r/min），倾去上清液，用已灭菌的生理盐水淋洗2次，再加10mL灭菌生理盐水，将离心管置于液体快速混合器上混合，使菌种成混悬体，将此液倒入已灭菌的注射器内，即配即用。

b. 样品制备 称取含烟酸约5～10μg的均匀样品，置于100mL锥形瓶中，加50mL 0.5mol/L硫酸，混匀，于1.03×10^5Pa压力下水解30min，取出冷至室温，用400g/L氢氧化钠溶液调节pH至4.5，以溴甲酚绿为外指示剂。将水解液移至100mL容量瓶中，定容，过滤。脂肪含量高的样品，用无水乙醚提取以除去脂肪。此样品水解液可在4℃冰箱中保存数周。取适量水解液于25mL具塞刻度试管中，用0.1mol/L氢氧化钠调节pH至6.8，以溴麝香草酚蓝作外指示剂，用水稀释至刻度，使溶液中烟酸含量约为50ng/mL，此液为样品试液。

c. 样品试液管的制备 每支试管中分别加入1.0mL、2.0mL、3.0mL、4.0mL样品试液，需作两组。每管加水稀释至5mL，再加入5mL基本培养基储备液。

d. 标准管的制备 每支试管中分别加入烟酸标准使用液（0.1μg/mL）0、0.5mL、1.0mL、1.5mL、2.0mL、2.5mL、3.0mL，需作三组。每管加水稀释至5mL，再加入5mL基本培养基储备液。

e. 灭菌 样品管和标准管均用棉塞塞好，于6.9×10^4Pa压力下灭菌15min。

f. 接种和培养 待试管冷至室温后，每管接种一滴种子液，于(37±0.5)℃恒温箱中培养约72h。

g. 滴定 将试管中培养液倒入50mL三角瓶，用5mL 0.01g/L溴麝香草酚蓝溶液分两次淋洗试管，洗液倒入该三角瓶，以0.1mol/L氢氧化钠溶液滴定，呈绿色即为终点，其pH约为6.8。

h. 结果与计算

$$X=\frac{cVF}{m}\times\frac{100}{1000} \tag{16-3}$$

式中　X——样品中烟酸的含量，mg/100g；

c——每毫升样品试液中烟酸含量的平均值，μg/mL；

V——样品水解液定容总体积，mL；

F——样品试液的稀释倍数；

m——试样质量，g；

$\frac{100}{1000}$——折算成每100g样品中烟酸质量，mg。

(3) 适用范围及特点　本方法适用于各类食物中烟酸的测定，检出限为10ng，线性范围为0.05～0.3μg。

(4) 说明与讨论

① 当管中尼克酸的量少于0.05μg或多于0.3μg，即超过标准曲线范围时所得到的数值不能用于计算。

② 试管应先用洗衣粉清洗后，用水冲净，再放入酸缸中浸泡1天左右，捞出后再用自来水和蒸馏水清洗干净，晾干，方可再用。

16.2.4　总维生素C的测定

维生素C又名抗坏血酸，广泛存在于植物组织中，新鲜的水果、蔬菜中其含量都很丰富。维生素C具有较强的还原性，对光敏感，氧化后的产物为脱氢抗坏血酸，仍具有生理活性，脱氢抗坏血酸不稳定，易发生不可逆反应，生成无生理活性的二酮基古洛糖酸，在维生素C的测定中将上述三者合计称为总维生素C，而将前两者合计称为有效维生素C。

目前，国内外用于食品中维生素C的测定主要有2,4-二硝基苯肼比色法、荧光法和2,6-二氯酚靛酚滴定法。在测定维生素C含量的国标方法中，荧光法（GB/T 5009.86—2003）为测定食物中维生素C含量的第一标准方法，2,4-二硝基苯肼法（GB/T 5009.86—2003）为第二方法。

16.2.4.1　荧光分析法

(1) 原理　试样中还原型抗坏血酸经活性炭氧化为脱氢抗坏血酸后，与邻苯二胺（OPDA）反应生成有荧光的喹喔啉（quinoxaline），其荧光强度与抗坏血酸的浓度在一定条件下成正比，以此测定食品中抗坏血酸和脱氢抗坏血酸的总量，脱氢抗坏血酸与硼酸可形成复合物而不与OPDA反应，以此排除试样中荧光杂质产生的干扰。

(2) 方法概述　试验所用试剂及仪器见GB/T 5009.86—2003《蔬菜、水果及其制品中总抗坏血酸的测定（荧光法和2,4-二硝基苯肼法）》。分析步骤如下所述。

① 试样制备　称取100g鲜样，加100mL偏磷酸-乙酸溶液。匀浆，用百里酚蓝指示剂调试匀浆酸碱度，使其pH为1.2。匀浆的取量需根据试样中抗坏血酸的含量而定，当试样液含量在40μg/mL～100μg/L之间，一般取20g匀浆，用偏磷酸-乙酸溶液稀释至100mL，过滤，滤液备用。

② 氧化处理　分别取试样滤液及100μg/mL的标准使用液各100mL于200mL带盖三角瓶中，加2g活性炭，振摇1min，过滤，弃去最初数毫升滤液，收集其余滤液，即为试样氧化液和标准氧化液，各取2个10mL标准氧化液和2个10mL试样氧化液，分

别作为“标准”及“标准空白”“试样”及“试样空白”。于“标准空白”及“试样空白”溶液中各加 5mL 硼酸-乙酸钠溶液，混合摇动 15min，用水稀释至 100mL，于 4℃ 冰箱内放置 2～3h。于“试样”及“标准”溶液中各加入 5mL 500g/L 乙酸钠溶液，用水稀释至 100mL，备用。

③ 标准曲线的制备　取上述“标准”溶液 0.5mL、1.0mL、1.5mL、2.0mL 标准系列，取双份分别置于 10mL 试管中，再用水补充至 2.0mL。

④ 荧光反应　取上述标准空白溶液、“试样空白”溶液及“试样”溶液各 2mL，分别置于 10mL 带盖的试管中，在暗室里迅速向各管中加入 5mL 邻苯二胺溶液，振摇混合，在室温下反应 35min，于激发光波长 338nm、发射光波长为 420nm 处测定荧光强度。标准系列荧光强度分别减去标准空白荧光强度为纵坐标，对应的抗坏血酸含量为横坐标，绘制标准曲线或进行相关计算，其直线回归方程供计算使用。

⑤ 结果与计算

$$X=\frac{c\times V}{m}\times F\times\frac{100}{1000} \tag{16-4}$$

式中　X——试样中抗坏血酸及脱氢抗坏血酸总含量，mg/100g；

c——由标准曲线查得或者由回归方程算得试样溶液浓度，μg/mL；

m——试样的质量，g；

V——荧光反应所用试剂体积，mL；

F——试样溶液的稀释倍数。

计算结果表示到小数点后一位。

（3）适用范围及特点　本方法适用于蔬菜、水果及其制品中总抗坏血酸的测定，最小检出限为 0.022g/mL，线性范围为 5～20μg/mL。该方法受干扰的影响小，准确度较高。

（4）说明与讨论

① 大多数植物组织内含有一种能破坏抗坏血酸的氧化酶，因此，抗坏血酸的测定应采用新鲜样品并尽快用偏磷酸-醋酸提取液将样品制成匀浆以保存维生素 C。

② 活性炭可以将抗坏血酸氧化成脱氢抗坏血酸，但是也可以吸附抗坏血酸，所以活性炭的用量应适当，应用天平称量。

③ 影响试验荧光强度的因素很多，多次测定条件很难完全再现，因此，标准应现用现制作。

④ 某些果胶含量高的样品不易过滤，可采用抽滤的方法，也可先离心，再取上清液过滤。

⑤ 邻苯二胺溶液在空气中颜色会逐渐变深，影响显色，所以应临用现配。

16.2.4.2　二硝基苯肼比色法

（1）原理　总抗坏血酸包括还原型、脱氢型，试样中还原型抗坏血酸经活性炭氧化为脱氢抗坏血酸，再与 2,4-二硝基苯肼作用生成红色脎，根据脎在硫酸溶液中的含量与抗坏血酸含量成正比，进行比色定量。

（2）方法概述　试验所用试剂及仪器见 GB/T 5009.86—2003《蔬菜、水果及其制品中总抗坏血酸的测定（荧光法和 2,4-二硝基苯肼法）》。

① 试样制备　称取 100g 鲜样和 100mL 20g/L 草酸溶液，倒入捣碎机中打成匀浆，取 10～40g 匀浆（含 1～2mg 抗坏血酸）倒入 100mL 容量瓶中，用 10g/L 草酸溶液稀释至刻度，混匀。不易过滤的试样可用离心机离心后，倾出上清液，过滤，备用。

② 氧化处理　取 25mL 上述滤液，加入 2g 活性炭，振摇 1min，过滤，弃去最初数毫升滤液。取 10mL 此氧化提取液，加入 10mL 20g/L 硫脲溶液，混匀，此试样为稀释液。

③ 呈色反应　于三个试管中各加入 4mL 稀释液。一个试管作为空白，在其余试管中加入 1.0mL 20g/L 2,4-二硝基苯肼溶液，将所有试管放入 37℃±0.5℃恒温箱或水浴中，保温 3h。3h 后取出，除空白管外，将所有试管放入冰水中。空白管取出后使其冷到室温，然后加入 1.0mL 20g/L 2,4-二硝基苯肼溶液，在室温中放置 10～15min 后放入冰水内。其余步骤同样品。

④ 85%硫酸处理　当试管放入冰水后，向每一试管中加入 5mL 85%硫酸，滴加时间至少需要 1min，需边加边摇动试管。将试管自冰水中取出，在室温放置 30min 后比色。

⑤ 标准曲线的制作　加 2g 活性炭于 50mL 标准溶液中，振动 1min，过滤。取 10mL 滤液放入 500mL 容量瓶中，加 5.0g 硫脲，用 10g/L 草酸溶液稀释至刻度，抗坏血酸浓度为 20μg/mL。取 5mL，10mL，20mL，25mL，40mL，50mL，60mL 稀释液，分别放入 7 个 100mL 容量瓶中，用 10g/L 硫脲溶液稀释至刻度，使最后稀释液中抗坏血酸的浓度分别为 1μg/mL，2μg/mL，4μg/mL，5μg/mL，8μg/mL，10μg/mL，12μg/mL。按试样测定步骤形成脎并比色。以吸光值为纵坐标，抗坏血酸浓度（μg/mL）为横坐标绘制标准曲线。

⑥ 结果与计算

$$X=\frac{c\times V}{m}\times F\times\frac{100}{1000} \tag{16-5}$$

式中　X——试样中总抗坏血酸含量，mg/100g；

c——由标准曲线查得或由回归方程算得“试样氧化液”中总抗坏血酸的浓度，μg/mL；

V——试样用 10g/L 草酸溶液定容的体积，mL；

F——试样氧化处理过程中的稀释倍数；

m——试样的质量，g。

计算结果表示到小数点后两位。

(3) 适用范围及特点　本方法适用于蔬菜、水果及其制品中总抗坏血酸的测定。检出限为 0.1μg/mL。线性范围为 1～12μg/mL。

(4) 说明与讨论

① 大多数植物组织内含有一种能破坏抗坏血酸的氧化酶，因此，抗坏血酸的测定应采用新鲜的样品，并且尽快用 2%的草酸溶液制成匀浆以保存维生素 C。

② 硫脲可以防止维生素 C 的继续氧化，并促进脎的形成，但是应该注意到，脎的形成受到反应条件的影响，因此应该在同样的条件下测定样品和绘制曲线。

③ 若溶液中含有糖，硫酸加得过快，溶解热会导致溶液变黑。

④ 试管自冰水中取出后，颜色会继续变深，所以，加入硫酸后 30min 应准时比色。

⑤ 肼比色法容易受共存物质的影响，特别是谷物及其加工食品，必要时可以采用色谱法纯化。

16.3　脂溶性维生素

脂溶性维生素主要包括维生素 A、维生素 E、维生素 D 等。脂溶性维生素常与脂类物质共存，摄入时一起被人体吸收。

16.3.1 维生素A及维生素E的测定

维生素A只存在于动物组织中，在植物体内以胡萝卜素的形式存在。维生素A为条状淡黄色晶体，熔点62～64℃，不溶于水，可溶于乙醇、甲醇、氯仿等有机溶剂。易被氧化破坏，对酸不稳定。

维生素A对紫外线（UV）、空气（和助氧化剂之类的物质）、高温和湿度敏感，因此，操作时要避免因上述因素而使维生素A发生不利的变化，可采用在操作中加入抗氧化剂的方法。高效液相色谱（HPLC）法则被认为是可精确测定食品中维生素A活性的唯一可接受的方法。

由于天然维生素E是以具有不同生物学活性的多种形式存在，因此，其活性的测定需要对每种形式都进行定量。目前，最佳的测定方法是HPLC方法。本文介绍的是同时测定维生素A与维生素E的方法（GB/T 5009.82—2003第一法）与比色法（GB/T 5009.82—2003第二法）测定维生素A。

16.3.1.1 高效液相色谱法

（1）原理 试样中的维生素A及维生素E经皂化提取处理后，将其从不可皂化部分提取至有机溶剂中。用高效液相色谱C_{18}反相柱将维生素A和维生素E分离，经紫外检测器检测，用内标法定量测定。

（2）方法概述 试验所用试剂及仪器见GB/T 5009.82—2003《食品中维生素A与维生素E的测定》。分析步骤如下所述。

① 试样处理

a. 皂化：准确称取1～10g试样（含维生素A约3μg，维生素E各异构体约为40μg）于皂化瓶中，加30mL无水乙醇，进行搅拌，直到颗粒物分散均匀为止。加5mL 100g/L抗坏血酸，苯并[*e*]芘标准液（10μg/mL）2.00mL，混匀。10mL氢氧化钾（1+1），混匀。于沸水浴回流30min使皂化完全。皂化后立即放入冰水中冷却。

b. 提取：将皂化后的试样移入分液漏斗中，用50mL水分2～3次洗皂化瓶，洗液并入分液漏斗中。用约100mL乙醚分两次洗皂化瓶及其残渣，乙醚液并入分液漏斗中。如有残渣，可将此液通过有少许脱脂棉的漏斗滤入分液漏斗。轻轻振摇分液漏斗2min，静置分层，弃去水层。

c. 洗涤：用约50mL水洗分液漏斗中的乙醚层，用pH试纸检验直至水层不显碱性（最初水洗轻摇，逐次振摇强度可增加）。

d. 浓缩：将乙醚提取液经过无水硫酸钠（约5g）滤入与旋转蒸发器配套的250～300mL球形蒸发瓶内，用约10mL乙醚冲洗分液漏斗及无水硫酸钠3次，并入蒸发瓶内，并将其接至旋转蒸发器上，于55℃水浴中减压蒸馏并回收乙醚，待瓶中剩下约2mL乙醚时，取下蒸发瓶，立即用氮气吹掉乙醚。立即加入2.00mL乙醇，充分混合，溶解提取物。

e. 将乙醇液移入一小塑料离心管中，离心5min（5000r/min）。上清液供色谱分析。如果试样中维生素含量过少，可用氮气将乙醇液吹干后，再用乙醇重新定容，并记下体积比。

② 标准曲线的制备

a. 维生素A和维生素E标准浓度的标定：取维生素A和维生素E标准液若干微升，分别稀释至3.00mL乙醇中，并分别按照给定波长测定各维生素的吸光值。用比吸光系数计算出该维生素的浓度。测定条件如表16-1所示。

表 16-1　测定条件

标准	加入标准液的量 $V/\mu L$	比吸光系数 $E_{em}^{1\%}$	波长 λ/nm
视黄醇	10	1835	325
γ-生育酚	100.0	71	294
δ-生育酚	100.0	92.8	298
α-生育酚	100.0	91.2	298

浓度计算公式为：

$$c=\frac{A}{E}\times\frac{1}{100}\times\frac{3.00}{V\times10^{-3}} \tag{16-6}$$

式中　c——维生素质量浓度，g/mL；

A——维生素的平均紫外吸光值；

V——加入标准液的量，μL；

E——某种维生素 1%比吸光系数；

$\frac{3.00}{V\times10^{-3}}$——标准稀释倍数。

b. 制备标准曲线：本标准采用内标法定量。把一定量的维生素 A、γ-生育酚、δ-生育酚、α-生育酚及内标苯并［e］芘液混合均匀。选择合适灵敏度，使上述物质的各峰高约为满量程的 70%，为高浓度点。高浓度的 1/2 为低浓度点（其内标苯并［e］芘的浓度值不变），用此种浓度的混合标准进行色谱分析，结果见色谱图（图 16-1）。维生素标准曲线绘制是以维生素峰面积与内标物峰面积之比为纵坐标，维生素浓度为横坐标绘制，或计算直线回归方程。如有微处理机装置，则按仪器说明用两点内标法进行定量。

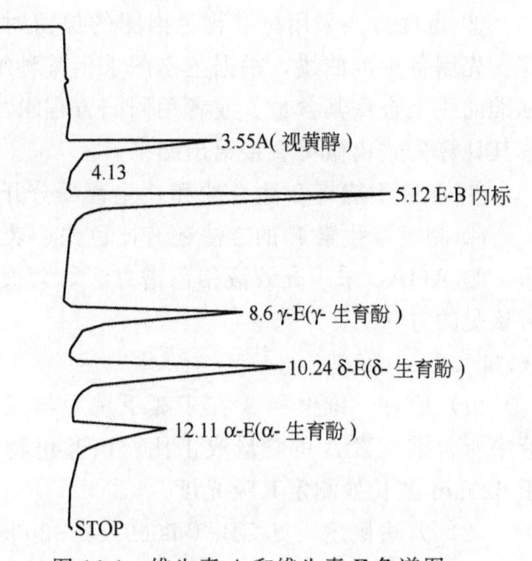

图 16-1　维生素 A 和维生素 E 色谱图

本法不能将 β-生育酚和 γ-生育酚分开，所以 γ-生育酚峰中含有 β-生育酚峰。

c. 色谱条件（参考条件）

预柱：ultrasphere ODS 10μm，4mm×4.5cm。

分析柱：ultrasphere ODS 5μm，4.6mm×25cm。

流动相：甲醇＋水＝（98＋2）。混匀，临用前脱气。

紫外检测器波长：300nm，量程 0.02nm。

进样量：20μL。

流速：1.7mL/min。

d. 试样分析　取试样浓缩液 20μL，待绘制出色谱图及色谱参数后，再进行定性和定量。

ⓐ 定性：用标准物色谱峰的保留时间定性。

ⓑ 定量：根据色谱图求出某种维生素峰面积与内标物峰面积的比值，以此值在标准曲

线上查到其含量，或用回归方程求出其含量。

③ 结果与计算

$$X=\frac{c}{m}\times V\times\frac{100}{1000} \tag{16-7}$$

式中 X——维生素的含量，mg/100g；

c——由标准曲线上查到某种维生素质量浓度，μg/mL；

V——试样浓缩定容体积，mL；

m——试样质量，g。

计算结果表示到三位有效数字。

(3) 适用范围及特点 本方法适用于食品中维生素 A 与维生素 E 的测定，检出限分别为：维生素 A0.8ng；α-E 91.8ng；γ-E 36.6ng；δ-E 20.6ng。

(4) 说明与讨论

① 所有的实验都要在较弱的人工光线下进行，必须注意在整个实验操作期间，防止视黄醇的氧化，且加入抗氧化剂焦棓酚。应该在保持完全充氮的条件下进行溶剂蒸发，防止加入的正十六烷在溶剂蒸发时结构的破坏。

② 定性方法采用标准物色谱图的保留时间定性，定量方法采用内标两点法进行定量计算。先制备标准曲线，根据色谱图求出某种维生素峰面积与内标物峰面积的比值，以此值在标准曲线上查到其含量。或者用回归方程求出其含量。用微处理机两点内标法进行计算时，按其计算公式由微机直接给出结果。

③ 本法不能将 β-生育酚和 δ-生育酚分开，所以 δ-生育酚峰中含有 β-生育酚峰。

④ 测定维生素 E 的方法还有比色法、荧光法等。

⑤ AOAC 采用高效液相色谱方法，其被认为是可精确测定食品中维生素 A 活性的唯一可接受的方法。

16.3.1.2 比色法

(1) 原理 维生素 A 在三氯甲烷中与三氯化锑相互作用，产生蓝色物质，其深浅与溶液中所含维生素 A 的含量成正比。该蓝色物质虽不稳定，但在一定时间内可用分光光度计于 620nm 波长处测定其吸光度。

(2) 方法概述 见 GB/T 5009.82—2003《食品中维生素 A 与维生素 E 的测定》。

(3) 适用范围及特点 本法适用于维生素 A 含量较高的各种样品（含量高于 5～10 μg/g），对低含量样品，因受其他脂溶性物质的干扰，不易比色测定。

(4) 说明与讨论

① 维生素 A 极易被光破坏，实验操作应在微弱光线下进行，或使用棕色玻璃仪器。

② 以乙醚为溶剂的萃取体系，易发生乳化现象。在提取、洗涤操作中，不要用力过猛，若发生乳化，可加几滴乙醇破乳。

③ 所用氯仿中不应含有水分，因三氯化锑遇水会出现沉淀，干扰比色测定。故在每毫升氯仿中应加入乙酸酐 1 滴，以保证脱水。另外，由于三氯化锑遇水生成白色沉淀，因此用过的仪器要用稀盐酸浸泡后再清洗。

④ 由于三氯化锑与维生素 A 所产生的蓝色物质很不稳定，通常生成 6s 后便开始比色，因此要求反应在比色管中进行，产生蓝色后立即读取吸光度。

⑤ 如果样品中含 β-胡萝卜素（如奶粉、禽蛋等食品）干扰测定，可将浓缩蒸干的样品用正己烷溶解，以氧化铝为吸附剂，丙酮、乙烷混合液为洗脱剂进行柱色谱。

⑥ 比色法除用三氯化锑作显色剂外，还可用三氟乙酸、三氯乙酸作显色剂。其中三氟乙酸没有遇水发生沉淀而使溶液浑浊的缺点。

16.3.2　胡萝卜素的测定

胡萝卜素是一种广泛存在于有色蔬菜和水果中的天然色素，有多种异构体与衍生物，总类称为类胡萝卜素，其中在分子结构中含有 β-紫罗宁残基的胡萝卜素在人体中可以转化为维生素 A，所以称其为维生素 A 原。胡萝卜素对热、酸、碱等比较稳定，但紫外线和空气中的氧可促进其氧化破坏，胡萝卜素可溶解于脂肪及大多数的有机溶剂中。测定的方法主要有纸色谱法、柱色谱和高效液相色谱法。国标采用高效液相色谱法（GB/T 5009.83—2003）作为第一方法，纸色谱法（GB/T 5009.83—2003）作为第二方法。

16.3.2.1　高效液相色谱法

（1）原理　试样中的β-胡萝卜素，用石油醚＋丙酮（80＋20）混合液提取，经三氧化二铝柱纯化，然后以高效液相色谱法测定，以保留时间定性，峰高或峰面积定量。

（2）方法概述　试验所用试剂及仪器见 GB/T 5009.83—2003《食品中胡萝卜素的测定》。分析步骤如下所述。

① 试样提取

a. 淀粉类食品：称取 10.0g 试样于 25mL 具塞量筒（如果试样中 β-胡萝卜素量少，取样量可以多些），用石油醚或石油醚＋丙酮（80＋20）混合液振荡提取，吸取上层黄色液体并转入蒸发器中，重复提取直至提取液无色。合并提取液，于旋转蒸发器上蒸发至干。

b. 液体食品：吸取 10.0mL 试样于 250mL 分液漏斗中，加入石油醚＋丙酮（80＋20）20mL 提取，然后静置分层，将下层水溶液放入另一分液漏斗中再提取，直至提取液无色为止。合并提取液，于旋转蒸发器上蒸发至干（水浴温度为 40℃）。

c. 油类食品：称取 10.0g 试样于 25mL 具塞量筒中，加入石油醚＋丙酮（80＋20）提取。反复提取，直至上层提取液无色。合并提取液，于旋转蒸发器上蒸发至干。

② 纯化　将试样提取液残渣，用少量石油醚溶解，然后进行氧化铝色谱分析。氧化铝柱为 1.5cm（内径）×4cm（高）。先用洗脱液丙酮＋石油醚（5＋95）洗氧化铝柱，然后再加入溶解试样提取液的溶液，用丙酮＋石油醚（5＋95）洗脱 β-胡萝卜素，控制流速为 20 滴/min，收集于 10mL 容量瓶中，用洗脱液定容至刻度。用 0.45μm 微孔滤膜过滤，滤液作 HPLC 分析用。

③ 测定

a. HPLC 参考条件

色谱柱：Spherisorb C_{18} 柱 4.6mm×150mm；

流动相：甲醇＋乙腈（90＋10）；

流速：1.2mL/min；

波长：448nm。

b. 试样测定：吸取步骤②中已纯化的溶液 20μL 依法操作，从标准曲线查得或回归求得所含 β-胡萝卜素的量。

c. 标准曲线：分别进标准使用液 20μL，进行 HPLC 分析，以峰面积对 β-胡萝卜素作标准曲线。

④ 结果计算

$$X=\frac{V\times c}{m}\times\frac{100}{1000} \tag{16-8}$$

式中 X——试样中β-胡萝卜素的含量，mg/100g；

V——定容后的体积，mL；

c——试样中β-胡萝卜素的浓度（在标准曲线上查得），μg/mL；

m——试样的量，g或者mL。

计算结果保留两位有效数字。

（3）适用范围及特点　本方法适用于食品中胡萝卜素的测定。检出限为5.0mg/kg(L)，线性范围为0～100mg/L。本方法快速、简便、准确度高、精确度好。

（4）说明与讨论　相对于其他方法，HPLC方法可以获得更好的结果，其可以区分α-胡萝卜素、β-胡萝卜素，是一种较先进的方法。

16.3.2.2　纸色谱法

（1）原理　以丙酮和石油醚提取食物中的胡萝卜素及其他植物色素，以石油醚为展开剂进行纸色谱分析，胡萝卜素极性最小，移动速度最快，从而与其他色素分离，剪下含胡萝卜素的区带，洗脱后于450nm波长处定量测定。

（2）方法概述　见GB/T 5009.83—2003《食品中胡萝卜素的测定》。

（3）适用范围及特点　本方法适用于食品中胡萝卜素的测定，检出限为0.11μg，线性范围为1～20μg。

（4）说明与讨论

① 植物性试样中，胡萝卜素常与黄酮类物质、叶绿素等有色物质共存，黄酮类物质极性稍大。叶绿素易在强碱性溶液中被降解。采用适当的分离方法，可使胡萝卜素同其他干扰物质分离。

② 皂化处理可以提高胡萝卜素由细胞壁中的释放，并且减少由提取时出现的乳化现象而带来的误差。但皂化过程中的热处理会导致异构化反应的出现，反式结构的类胡萝卜素可能均转化为顺式结构。

③ 纸色谱法不能区分α-胡萝卜素、β-胡萝卜素、γ-胡萝卜素，虽然标准为β-胡萝卜素，但实际结果为总胡萝卜素。

16.3.3　维生素D

维生素D是指含有抗佝偻病活性的一类物质，具有维生素D活性的化合物约有10种，其中最重要的是维生素D_2、维生素D_3及其维生素D原。维生素D_2无天然存在，维生素D_2只存在于某些动物性食物中，但它们都可由维生素D原（麦角固醇和7-脱氢胆固醇）经紫外线照射形成。维生素D的测定主要有高效液相色谱法、比色法、紫外分光光度法。高效液相色谱法是目前分析测定维生素D的最好方法，其灵敏度高、分析速度快，是国标（GB/T 5413.9—2010）采用的方法。

16.3.3.1　高效液相色谱法

（1）原理　样品中脂溶性维生素在皂化过程中与脂肪分离，以石油醚萃取后，用正相色谱柱提取富集，用反相色谱柱，紫外检测器定量测定。

（2）方法概述　试验所用试剂及仪器见国标。

分析步骤如下所述。

① 试样处理

a. 含淀粉的试样　称取混合均匀的固体试样约5g或液体试样约50g（精确到0.1mg）于250mL锥形瓶中，加入1g α-淀粉酶，固体试样需用约50mL 45～50℃的水使其溶解，混合均匀后充氮，盖上瓶塞，置于60℃±2℃培养箱（5.6）内培养30min。

b. 不含淀粉的试样 称取混合均匀的固体试样约10g或液体试样约50g（精确到0.1mg）于250mL锥形瓶中，固体试样需用约50mL45～50℃水使其溶解，混合均匀。

② 测定维生素D的试样需要同时做回收率实验。

③ 待测液的制备

a. 皂化 于上述处理的试样溶液中加入约100mL维生素C的乙醇溶液，充分混匀后加25mL氢氧化钾水溶液混匀，放入磁力搅拌棒，充氮排出空气，盖上胶塞。1000mL的烧杯中加入约300mL的水，将烧杯放在恒温磁力搅拌器上，当水温控制在53℃±2℃时，将锥形瓶放入烧杯中，磁力搅拌皂化约45min后，取出立刻冷却到室温。

b. 提取 用少量的水将皂化液全部转入500mL分液漏斗中，加入100mL石油醚，轻轻摇动，排气后盖好瓶塞，室温下振荡约10min后静置分层，将水相转入另一500mL分液漏斗中，按上述方法进行第二次萃取。合并醚液，用水洗至近中性。醚液通过无水硫酸钠过滤脱水，滤液收入500mL圆底烧瓶中，于旋转蒸发器上在40℃±2℃充氮条件下蒸至近干(绝不允许蒸干)。残渣用石油醚转移至10mL容量瓶中，定容。

c. 从上述容量瓶中准确移取7.0mL石油醚溶液放入试管中，将试管置于40℃±2℃的氮吹仪中，将试管中的石油醚吹干。向试管中加2.0mL正己烷，振荡溶解残渣。再将试管以不低于5000r/min的速度离心10min，取出静置至室温后待测。

④ 维生素D的测定

a. 维生素D待测液的净化

ⓐ 参考色谱条件

色谱柱：硅胶柱，150mm×4.6mm，或具同等性能的色谱柱。

流动相：环己烷与正己烷按体积比1∶1混合，并按体积分数0.8%加入异丙醇。

流速：1mL/min。

波长：264nm。

柱温：35℃±1℃。

进样体积：500μL。

ⓑ 取约0.5mL维生素D_3标准储备液于10mL具塞试管中，在40℃±2℃的氮吹仪上吹干。残渣用5mL正己烷振荡溶解。取该溶液50μL注入液相色谱仪中测定，确定维生素D保留时间。然后将500μL待测液注入液相色谱仪中，根据维生素D标准溶液保留时间收集维生素D馏分于试管C中。将试管C置于40℃±2℃条件下的氮吹仪中吹干，取出准确加入1.0mL甲醇，残渣振荡溶解，即为维生素D测定液。

b. 维生素D测定液的测定

ⓐ 参考色谱条件

色谱柱：C_{18}柱，250mm×4.6mm，5μm，或具同等性能的色谱柱。

流动相：甲醇。

流速：1mL/min。

检测波长：264nm。

柱温：35℃±1℃。

进样量：100μL。

ⓑ 标准曲线的绘制 分别准确吸取维生素D_2（或维生素D_3）标准储备液0.20mL、0.40mL、0.60mL、0.80mL、1.00mL于100mL棕色容量瓶中，用乙醇定容至刻度混匀。此标准系列工作液浓度分别为0.200μg/mL、0.400μg/mL、0.600μg/mL、0.800μg/mL、1.000μg/mL。

分别将维生素 D_2（或维生素 D_3）标准工作液注入液相色谱仪中，得到峰高（或峰面积）。以峰高（或峰面积）为纵坐标，以维生素 D_2（或维生素 D_3）标准工作液浓度为横坐标分别绘制标准曲线。

ⓒ 维生素 D 试样的测定　吸取维生素 D 测定液 100μL 注入液相色谱仪中，得到峰高（或峰面积），根据标准曲线得到维生素 D 测定液中维生素 D_2（或维生素 D_3）的浓度。

维生素 D 回收率测定结果记为回收率校正因子 f，代入测定结果计算公式（16-9），对维生素 D 含量测定结果进行校正。

⑤ 结果与计算

$$X=\frac{c_s\times 10/7\times 2\times 2\times 100}{m\times f} \tag{16-9}$$

式中　X——试样中维生素 D_2（或维生素 D_3）的含量，μg/100g；

c_s——从标准曲线得到的维生素 D_2（或维生素 D_3）待测液的浓度，μg/mL；

m——试样的质量，g；

f——回收率校正因子。

注：试样中维生素 D 的含量以维生素 D_2 和维生素 D_3 的含量总和计。

以重复性条件下获得的两次独立测定结果的算术平均值表示，结果保留三位有效数字。

（3）适用范围及特点　本方法适用于婴幼儿配方食品和乳粉维生素 D 的测定；也适用于食品或强化食品及饲料中的维生素 D 含量的测定。维生素 D 的检出限为 0.20μg/100g。本方法灵敏度高，操作简单，精度高而且分析速度快，是目前分析维生素 D 的最好方法。

（4）说明与讨论

① 如果皂化不完全，可适当增加氢氧化钾的加入量。

② 试样中维生素 D_2 与维生素 D_3 无法分开，两者混合存在时，以总维生素 D 定量之。

③ 标样与试样在同样条件下皂化，消除了维生素 D 的热异化性损失。

小结

在本章中主要介绍了维生素测定中常用的三种分析方法，分别是生物分析方法、微生物测定和物化方法。通常，这些方法可用于多种维生素和食品基质的分析，但其分析步骤，其中包括样品的制备、提取和定量测定，需适合于待测物和待分析的生物基质。在使用 HPLC 的色谱分析法时，方法的有效性尤为重要，因为这些方法着重于化合物的分离，而不是鉴定，因此，包括化合物的定性鉴定以及定量测定都同样非常重要，且十分必要。

参 考 文 献

[1] Eitenmiller R R，Landen W O，Jr. Vitamin. Ch. 9，in Analyzing Food for Nutrion Labeling and Hazardous Contaminants Jeon I J，Ikins W G (Eds.). New York：Marcel Dekker，1995.

[2] Hashim I B，Koehler P E，Eitenmiller R R，Kumn C K. Fatty acid composition and tocopherol content of drought stressed florunner peanuts. Peanut Science，1993，20：21-24.

[3] Pelletier O. Vitamin C（Ⅳ ascorbic and dehydro-L-ascorbic acid），in Methods of Vitamin Assay. 4th ed. Augustin J，Klein B P，Becker D A，Venugopal P B（Eds，）. New York：John Wiley Sons，1985：334-336.

[4] AACC. Approved Methods of Analysis. 9 th ed. American Association of Cereal Chemists，St. Paul，MN，1995.

[5] 张水华. 食品分析. 北京：中国轻工业出版社，2004.

[6] 侯曼玲. 食品分析. 北京：化学工业出版社，2004.

附　录

GB/T 5009.82—2003《食品中维生素 A 和维生素 E 的测定》

GB/T 5009.83—2003《食品中胡萝卜素的测定》
GB/T 5009.84—2003《食品中硫胺素（维生素 B_1）的测定》
GB/T 5009.85—2003《食品中核黄素的测定》
GB/T 5009.86—2003《蔬菜、水果及其制品中总抗坏血酸的测定（荧光法和2,4-二硝基苯肼法）》
GB/T 5009.89—2003《食品中烟酸的测定》
GB/T 5009.154—2003《食品中维生素 B_6 的测定》
GB/T 5009.159—2003《食品中还原型抗坏血酸的测定》
GB/T 5413.9—2010《食品安全国家标准婴幼儿食品和乳品中维生素 A、D、E 的测定》

第 17 章　食品添加剂的分析

17.1　概论

我国国标 GB 2760—2007《食品添加剂使用卫生标准》对食品添加剂作出如下定义：为改善食品品质和色、香、味，以及为防腐和加工工艺的需要而加入食品中的化学合成或天然物质。同时明确，“营养强化剂、食品用香料、胶基糖果中基础剂物质、食品工业用加工助剂”也属于食品添加剂的范畴。

食品添加剂作为食品的重要组成部分，虽然它只在食品中添加 0.01%～0.1%，却对保持食品的品质、改善食品的性状、提高食品的档次等都发挥着极其重要的作用。其主要作用概括如下：

(1) 有利于食品的保藏、防止腐败变质。如防腐剂和抗氧化剂的使用，可防止由微生物引起的食品腐败变质以及脂肪的氧化。

(2) 改善食品的感官性状。如适当使用着色剂、发色剂、漂白剂、甜味剂、食用香料等，则可明显提高食品的色、香、味品质。

(3) 保持或者提高食品的营养品质。通过添加营养剂如食盐中加碘，面粉中强化铁和锌，儿童食品中强化钙和维生素等，可以弥补食品加工造成的食品营养的流失或者提高食品营养价值。

(4) 增加食品的品种和方便性。如果冻、QQ 糖、口香糖的制造均要使用大量的胶制剂。

(5) 有利于食品的加工操作，适应机械化、连续化大生产。使用澄清剂、消泡剂，有利于加工操作。乳化剂能使方便面水分均匀散发，提高面团的持水性和吸水性。

(6) 满足其他特殊需要。如非营养性甜味剂可以满足糖尿病患者的特殊需要。

食品添加剂种类繁多，大多数为化学合成物质，少数为天然物质。可按其来源、功能和安全性评价进行分类。

(1) 按来源分类，可分为天然食品添加剂和化学合成食品添加剂两大类。

(2) 按功能作用分类，可将食品添加剂分为以下 22 类（包括香料在内）：甜味剂、防腐剂、抗氧化剂、增稠剂、酸度调节剂、抗结剂、消泡剂、稳定剂和凝固剂、膨松剂、胶姆糖基础剂、着色剂、护色剂、漂白剂、乳化剂、酶制剂、增味剂、面粉处理剂、被膜剂、水分保持剂、食品香料、营养强化剂和其他。这 22 类食品添加剂是我国目前允许使用并制定有国家卫生标准的食品添加剂。

(3) 食品添加剂法典委员会按食品添加剂的安全性将其分为 A、B、C3 类，以每日允许摄入量（acceptable daily intake，ADI）值作为衡量的依据。ADI 值指每人每日允许摄入食品添加剂的量。其中以 A 类食品添加剂安全性最高，B、C 类安全性依次降低。

食品添加剂在批准使用前，需要经过充分的毒理学评价程序，以证明在确定使用限量范围内对人体无不良作用。国家颁布的《中华人民共和国食品安全法》、《食品添加剂卫生管理办法》、《食品添加剂生产企业卫生规范》、《食品营养强化剂卫生管理办法》和《食品添加剂使用卫生标准》等法规和标准，严格规范食品添加剂的生产和使用。而目前我国在食品添加剂使用中仍存在着超剂量和超范围使用等问题，严重威胁着食品安全，危害消费者的健康。因此，为保证食品的质量，避免因添加剂的使用不当造成不合格食品流入消费领域，在食品的生产、检验、管理中对食品添加剂的测定是十分必要的。

17.2　呈味剂的测定

17.2.1　概论

呈味剂是增加或者改善食品味道的添加剂，主要包括酸度调节剂、增味剂和甜味剂。

酸度调节剂（acidity regulator）是用以维持或改变食品酸碱度的物质，以赋予食品酸味为主要目的的食品添加剂。常用的酸度调节剂有柠檬酸、乳酸、苹果酸、酒石酸等。通常酸味剂没有什么毒性，但不可食用太多，因酸食用太多会损伤牙齿、胃等。

增味剂（flavor enhancers）是指当它们的用量较少时，它们本身并不能产生味觉反应，但是却能增强食品美味的一类化合物。它不影响酸、甜、苦、咸四种基本味和其他呈味物质的味觉刺激，而是增强其各自的风味特征，从而改进食品的可口性。我国允许使用的增味剂有：L-谷氨酸钠、5-鸟苷酸二钠、5-肌氨酸二钠、5-呈味核苷酸二钠、琥珀酸二钠、L-丙氨酸共六种。

甜味剂（sweetener）是以赋予食品甜味为主要目的的食品添加剂。根据其来源，一般可分为天然甜味剂和人工合成甜味剂两类。天然甜味剂的主要产品有：甜菊糖苷、甘草、甘草酸二钠、甘草酸三钠（钾）、竹芋甜素等。葡萄糖、果糖、蔗糖、麦芽糖和乳糖等糖类物质，虽然也是天然甜味剂，因长期被人食用，且是重要的营养素，我国通常将其视为食品而不列为食品添加剂。人工合成甜味剂的主要产品有：糖精、糖精钠、环己基氨基磺酸钠（甜蜜素）、天门冬氨酰苯丙氨酸甲酯（甜味素或阿斯巴甜）、乙酰磺胺酸钾（安赛蜜）、三氯蔗糖等。人工合成甜味剂一般甜度很高，用量极少，热值很小，有些又不参与代谢过程，因此又被称为非营养性或低热值甜味剂。由卫生部批准实施的GB 2760—2007《食品添加剂使用卫生标准》中允许使用的人工合成甜味剂共计15种，在市场上使用最多的是糖精（糖精钠），其甜度约为蔗糖的300倍，其次是环己基氨基磺酸钠，其甜度约为蔗糖的30倍。

因糖精钠和甜蜜素的价格便宜、甜度大，如一些企业对自身的要求不严，则会导致糖精钠、甜蜜素超标的现象特别严重，因而这两种添加剂也是国家质检部门日常监督检测的甜味剂项目。

17.2.2　糖精钠的测定

糖精钠的化学名是邻磺酰苯甲酰亚胺钠，呈白色结晶或粉状，无臭或微有酸性芳香气，易溶于乙醚，在水中溶解度极小。糖精钠的稳定性较高，食后在体内不分解，不被人体代谢吸收，随尿排出，不供给热量，无营养价值。

1993年，FAO/WHO食品添加剂联合专业委员会（JECFA）对糖精钠进行毒理学评价。评价表明其无致癌作用，确认其使用的安全性，并将糖精的ADI值调整为0～2.5mg/kg（体重）。我国GB 2760—2007《食品添加剂使用卫生标准》规定：糖精钠可用于酱菜类、酱汁、果汁、蜜饯类、配制酒、冷饮类、糕点、饼干和面包等食品中，以糖精计最大添加量为0.15～5.0g/kg；果干、凉果、话化及果丹类为5.0g/kg；面包、饮料等为0.15g/kg。

食品中糖精钠的检测方法有高效液相色谱法、薄层色谱法、离子选择电极测定法等。

17.2.2.1　高效液相色谱法

（1）原理　样品经前处理，过滤后进高效液相色谱仪，按时间和峰面积进行定性和定量分析。本方法是 GB/T 5009.28—2003 食品中糖精钠的测定中第一方法。

（2）方法概述

① 样品处理

a. 汽水：取样 5.00～10.00g，放入小烧杯中，微温搅拌除去二氧化碳，用氨水（1＋1）调 pH7，加水定容至 10～20mL，经滤膜（HA）0.45μm 过滤。

b. 果汁类：取样 5.00～10.00g，用氨水（1＋1）调 pH7，加水定容至 10～20mL，离心沉淀，上清液经滤膜（HA）0.45μm 过滤。

c. 配制酒类：取样 10.00g，放小烧杯中，水浴加热除去乙醇，用氨水（1＋1）调 pH7，加水定容至 20mL，经滤膜（HA）0.45μm 过滤。

② 仪器工作条件

不锈钢色谱柱：4.6mm×250mm，内装粒径 YWG C_{18} 10μm

流动相：甲醇＋0.02mol/L 乙酸铵溶液（5＋95）

紫外检测器：波长 230nm

灵敏度：0.2AUFS

流速：1.0～1.2mL/min

进样量：10μL

③ 测定　取样品处理液和标准使用液各 10μL（或相同体积）注入高效液相色谱仪进行分离。以其标准溶液峰的保留时间为依据进行定性，以其峰面积求出样液中被测物质的质量分数，按式（17-1）计算。

$$X=\frac{A\times 1000}{m\times \frac{V_2}{V_1}\times 1000} \tag{17-1}$$

式中　X——样品中糖精钠含量，g/kg；

A——进样体积中糖精钠的质量，mg；

m——样品质量，g；

V_2——进样体积，mL；

V_1——样品稀释液总体积，mL。

在重复性条件下获得的两次独立测定结果的绝对值不得超过算术平均值的 10%。

（3）特点　本方法的高效液相色谱分离条件还可以同时测定苯甲酸和山梨酸。用 HPLC 测定糖精钠简单、快速、灵敏、精确，检出限为 0.10μg。

（4）说明

① 国标中只给出了汽水、果汁、配制酒的前处理方法，没有涉及固体样品的前处理方法。对于含蛋白质、脂肪较多的样品而言，如月饼、蜜饯、糕点等，使用金属盐可沉淀蛋白质、去除脂肪，以亚铁氰化钾和乙酸锌溶液效果最理想。

② 样品如为碳酸饮料类，应先在水浴加温除 CO_2；如为配制酒类，应先在水浴加热除乙醇，再用氨水调 pH。

③ 样品前处理的提取方式对实验结果影响很大，可用的提取方式有：水浴加热、超声波、振荡提取等，其中以超声波和水浴的效果较好。

④ 标准使用液最好即配即用，不可放置过久。

⑤ 可根据样品和色谱柱的具体状况选择合适的流动相配比。

17.2.2.2　薄层色谱法

(1) 原理

酸性条件下，食品中的糖精钠用乙醚提取，挥去乙醚后，用乙醇溶解残留物。用薄层色谱分离、显色后，再与标准比较，根据样品点和标准点的比移值进行定性，根据斑点颜色深浅进行半定量测定。本方法是 GB/T 5009.28—2003 食品中糖精钠的测定中第二方法。

(2) 方法概述

① 样品提取

a. 饮料、汽水：取 10.00mL 均匀试样（如含二氧化碳，先加热除去。如样品含酒精，加 40g/L 氢氧化钠溶液使其呈碱性，沸水浴中加热除去）于 100mL 分液漏斗中，加 2mL 盐酸（1+1），用 30mL、20mL、20mL 乙醚提取 3 次，合并乙醚提取液，用 5mL 经盐酸酸化的水洗涤 1 次，弃去水层。乙醚层通过无水硫酸钠脱水后，挥发乙醚，加 2.0mL 乙醇溶解残留物，密塞保存，备用。

b. 酱油、果酱等：称取 20.00g 或吸取 20.00mL 均匀试样于 100mL 容量瓶中，加水至约 60mL，加 20mL（100g/L）硫酸铜溶液混匀，再加 4.4mL（40g/L）氢氧化钠溶液，加水至刻度混匀，静置 30min 过滤，取 50mL 滤液于 150mL 分液漏斗中，以下按 a. 自“加 2mL 盐酸（1+1）”起依法操作。

c. 固体果汁粉等：称取 20.00g 磨碎的均匀试样，置于 200mL 容量瓶中，加 100mL 水，加温使溶解、放冷。以下按 b. 自“加 20mL（100g/L）硫酸铜溶液”起依法操作。

d. 糕点、饼干等蛋白质、脂肪、淀粉多的食品：称取 25.00g 均匀试样，置于透析用玻璃纸中，放入大小适当的烧杯内，加 50mL（0.8g/L）氢氧化钠溶液调成糊状，将玻璃纸口扎紧，放入盛有 200mL（0.8g/L）氢氧化钠溶液的烧杯中，盖上表面皿，透析过夜。量取 125mL 透析液（相当 12.5g 样品），加约 0.4mL 盐酸（1+1）使成中性，加 20mL（100g/L）硫酸铜溶液混匀，再加 4.4mL（40g/L）氢氧化钠溶液混匀，静置 30min 过滤。取 120mL（相当 10g 样品），置于 250mL 分液漏斗中，以下按 a. 自“加 2mL 盐酸（1+1）”起依法操作。

② 薄层板的制备　称取 1.6g 聚酰胺粉，加 0.4g 可溶性淀粉，加约 7.0mL 水，研磨 3～5min，立即涂成 0.25～0.30mm 厚的 10cm×20cm 的薄层板，室温干燥后，在 80℃下干燥 1h。置于干燥器中保存。

③ 点样　在薄层板下端 2cm 处，用微量注射器点 10μL 和 20μL 的样液 2 个点，同时点 3.0μL、5.0μL、7.0μL、10.0μL 糖精钠标准溶液（1mg/mL），各点间距 1.5cm。

④ 展开与显色　将点好的薄层板放入盛有展开剂的展开槽中，展开剂液层约 0.5cm，并预先已达到饱和状态。展开至 10cm，取出薄层板，挥干，喷显色剂，斑点显黄色，根据样品点和标准点的比移值进行定性，根据斑点颜色深浅进行半定量测定。按式（17-2）计算。

$$X=\frac{A\times 1000}{m\times \frac{V_2}{V_1}\times 1000} \tag{17-2}$$

式中　X——样品中糖精钠含量，g/kg；

A——测定用样液中糖精钠的质量，mg；

m——样品质量或体积，g 或 mL；

V_2——点板液体积，mL；

V_1——样品提取液残留物加入乙醇的体积，mL。

（3）特点　本方法测定糖精钠简便快速，但是属于半定量方法。

（4）说明

① 样品酸化处理的目的是将糖精钠转化为糖精，以便用乙醚提取。而后的盐酸酸化水洗的目的是除去水溶性杂质，并在酸性条件下防止糖精损失。

② 富含蛋白质、脂肪、淀粉食品中糖精钠的提取可以利用其溶解特性，先在碱性条件下，用水溶解、浸取，用透析法除去大部分的蛋白质、脂肪、淀粉等物质，使分子质量较小的糖精钠渗透入溶液中，再在酸性条件下用乙醚萃取糖精，然后挥干乙醚。

③ 展开剂：正丁醇＋氨水＋无水乙醇（7＋1＋2）或异丙醇＋氨水＋无水乙醇（7＋1＋2）。

④ 显色剂含 0.4g/L 溴甲酚紫，用 50％乙醇溶液溶解并稀释至 100mL（用 0.1mmol/L 氢氧化钠溶液调 pH＝8.0）。显色剂要控制 pH＝8.0，过高或过低都会使斑点显色不明显或不显色。

⑤ 聚酰胺薄层板烘干温度不能高于 80℃，否则聚酰胺板会变色。放置时间不宜过长，否则吸水后易脱落，需要重新活化后点样。

⑥ 样液被分离、定容之后，最好及时测定，因为低浓度的糖容易分解。

17.2.3 环己基氨基磺酸钠（甜蜜素）的测定

17.2.3.1 概论

甜蜜素，其化学名称为环己基氨基磺酸钠，是食品生产中常用的甜味剂，在食品加工中对热、光、空气以及较宽范围的 pH 均很稳定，不易受微生物污染，无吸湿性，易溶于水。

甜蜜素的安全性在世界各国之间存在较大争议，至今没有达成一致。20 世纪 70 年代以来，甜蜜素已被日本、美国、英国等国禁止使用。1994 年，WHO/FAD 下属的食品添加剂联合专家委员会（JECFA）将甜蜜素的 ADI 值定为 11mg/kg（体重）。我国 GB 2760—2007《食品添加剂使用卫生标准》明确规定，甜蜜素可以在酱菜、调味酱汁、配制酒、糕点、饼干、面包、雪糕、冰淇淋、冰棍、饮料等食品范围内使用，并依据产品不同具体规定了最大使用量。以环己基氨基磺酸计添加量为 0.65～8.0g/kg，凉果、话化及果丹类为 8.0g/kg，面包、饮料等为 0.65g/kg。

甜蜜素是国内目前超标较严重的甜味剂之一。在出口食品生产中，由于各国食品标准不同，在对日本等国的出口食品中，甜蜜素屡被检出，产品出口受阻，时有被对方销毁或退货，造成一定的经济损失。

甜蜜素的检测方法有气相色谱法、盐酸萘乙二胺比色法、薄层色谱法、紫外可见分光光度法以及在进出口食品检验中常采用的液相色谱-质谱/质谱法。

17.2.3.2 气相色谱法

（1）原理　酸性介质中，环己基氨基磺酸钠与亚硝酸反应，生成环己醇亚硝酸酯，利用气相色谱法定量。本方法是 GB/T 5009.97—2003 食品中环己基氨基磺酸钠的测定方法第一方法。

（2）方法概述

① 样品处理

a. 液体样品：摇匀后直接称取。含二氧化碳的样品先加热除去，含酒精的样品加40g/L 氢氧化钠溶液调至碱性，于沸水浴中加热除去，制成试样。称取 20.0g 试样于 100mL 带塞比色管，置冰浴中。

b. 固体样品：凉果、蜜饯类样品将其剪碎制成试样。称取2.0g已剪碎的试样于研钵中，加少许色谱硅胶（或海砂）研磨至呈干粉状，经漏斗倒入100mL容量瓶中，加水冲洗研钵，并将洗液一并转移至容量瓶中，加水至刻度，不时摇动，1h后过滤，即得试料，准确吸取20mL于100mL带塞比色管，置冰浴中。

② 仪器工作条件

不锈钢色谱柱（M型）：3mm×2m，内填10%SE-30的Chromosorb W AW DMCS（80～100目）

柱温：80℃

汽化室，检测器温度：150℃；150℃

流速：氮气 40mL/min，氢气 30mL/min，空气300mL/min

③ 测定

a. 标准曲线的制备：准确吸取1.00mL环己基氨基磺酸钠标准溶液（10mg/mL）于100mL带塞比色管中，加水20mL，置冰浴中，加入5mL 50g/L亚硝酸钠溶液、5mL 1.0mol/L硫酸溶液，摇匀，在冰浴中放置30min，并经常摇动，然后准确加入10mL正己烷、5g氯化钠，摇匀后置旋涡混合器上振动1min（或振摇80次），待静置分层后吸出己烷层于10mL带塞离心管中进行离心分离，每毫升己烷提取液相当1mg环己基氨基磺酸钠，将标准提取液进样1～5μL于气相色谱仪中，根据响应值绘制标准曲线。

b. 样品：样品管按标准曲线制备中自“加入5mL 50g/L亚硝酸钠溶液……”起依法操作，然后将试料同样进样1～5μL，测得响应值，从标准线图中查出相应含量。

④ 计算

$$X=\frac{A\times 10\times 1000}{m\times V\times 1000}=\frac{10A}{mV} \tag{17-3}$$

式中 X——样品中环己基氨基磺酸钠的含量，g/kg；

m——样品质量，g；

V——进样体积，μL；

10——正己烷加入量，mL；

A——测定用试料中环己基氨基磺酸钠的含量，μg。

（3）特点 适用于饮料、凉果等食品中环己基氨基磺酸钠的测定。最低检出限为4μg。

（4）说明

① 精密度和允许误差：重复测定变异系数＜7%；两次平行测定相对允许误差绝对值≤10%，平行测定结果用算术平均值表示，保留两位小数。

② 若样品中含较多蛋白质，可用透析的办法，若样品中大量存在蛋白质、脂肪、淀粉，将影响测定的回收率，故在透析前，应用蛋白酶、乙醚、淀粉酶去除或水解这些物质，保证满意的回收率。透析时，为防止样品腐败，可加入2%二氯化汞溶液。称取适量样品，加入10mL透析液（2.5g氯化钠溶于100mL 0.1mol/L盐酸），调成糊状，放入透析玻璃纸并扎口，透析物放入水中透析过夜。

③ 样品前处理过程中，冰浴温度、提取液进样等待时间长短等对测定结果均会造成影响，因而在实验过程中要保证冰浴时间以降低样品的温度，并要尽快进行检测。

④ 实际应用中由于填充柱法易造成峰形拖尾，给积分结果带来一定的不确定性，已有一些关于食品中甜蜜素测定方法的相关改进报道，使用毛细管色谱柱可以明显提高准确度和灵敏性。

17.2.3.3 液相色谱-质谱/质谱法

试样用水超声提取，离心后，上清液供液相色谱-质谱/质谱仪检测，外标法定量。本方法是 SN/T 1948—2007 进出口食品中环己基氨基磺酸钠的检测方法中的第一方法。

本方法定性、定量准确，灵敏度极高，且样品无需衍生，只要经过简单处理就可以进样，节省了分析时间，提高了分析效率。适用于水果罐头、浓缩山葡萄汁、白酒、糕点、糖果、甜面酱、酱菜等各类食品中环己基氨基磺酸钠的测定。

17.3 防腐剂的测定

17.3.1 概论

防腐剂是具有杀灭或抑制微生物增殖作用的一类物质的总称。到目前为止，我国已批准使用 30 多种食用防腐剂，其中最常用的防腐剂有苯甲酸及其钠盐、山梨酸及其钾盐，主要用于酸性食品的防腐。

苯甲酸俗称安息香酸，为白色鳞片或针状结晶，无臭或稍带有香气，易溶于酒精、氯仿和乙醚，难溶于水，沸点 249.2℃，100℃即开始升华。其钠盐——苯甲酸钠易溶于水，在 pH 为 2.5～4.0 时对广泛的微生物有抑制作用，常用于饮料、果汁、蜜饯、果酒、酱油等的防腐。对霉菌的抑制作用较弱，在碱性溶液中几乎无防腐能力。苯甲酸随食品进入体内时与甘氨酸结合成马尿酸，从尿液中排出体外，不刺激肾脏。

山梨酸，结构式为 $CH_3CH=CHCH=CHCOOH$，是一种不饱和脂肪酸，微溶于冷水，易溶于乙醇和乙醚，沸点 228℃。山梨酸进入人体后参与正常新陈代谢，最后转化为二氧化碳和水。

生产中多用易溶于水和乙醇的苯甲酸钠、山梨酸钾与酸作用生成苯甲酸、山梨酸。

苯甲酸毒性较山梨酸强，且在相同酸度条件下，抑菌效力仅为山梨酸的 1/3，但价格低廉，目前仍被某些食品行业广泛使用。山梨酸及其盐类抗菌能力较强，且是一种不饱和脂肪酸，毒性小，对食品口味亦无不良影响，被许多国家逐步采用。因价格较贵，目前我国仅在少数食品中使用。

欧盟儿童保护集团认为苯甲酸及其钠盐不宜用于儿童食品，日本也做出了严格限制。我国 GB 2760—2007《食品添加剂使用卫生标准》规定，苯甲酸及其钠盐的使用范围包括酱油、醋、果汁、果酱、蜜饯、葡萄糖汽酒、汽水等食品。山梨酸及其钾盐类可在酱油、醋、果酱类、低盐酱菜类、面酱、蜜饯类等中使用。最大使用剂量依据产品而异，苯甲酸及其钠盐一般在 0.2～2.0mg/kg 左右，山梨酸及其钾盐 0.075～2.0mg/kg。

17.3.2 苯甲酸和山梨酸的测定

苯甲酸和山梨酸的检测方法有气相色谱法、高效液相色谱法、薄层色谱法等。

17.3.2.1 气相色谱法

(1) 原理 样品酸化后，用乙醚提取山梨酸、苯甲酸，浓缩之后采用出峰时间定性，峰高或峰面积与标准系列比较定量。本方法是 GB/T 5009.29—2003 食品中山梨酸、苯甲酸的测定中第一方法。

(2) 方法概述

① 样品提取 称 2.50g 混匀样品于 25mL 带塞量筒中，加 0.5mL 盐酸（1+1）酸化，用 15mL、10mL 乙醚提取 2 次，每次摇 1min，将上层乙醚提取液吸入另一个 25mL 带塞量筒中，合并乙醚提取液。用 3mL 氯化钠酸性溶液（40g/L）洗涤 2 次，静置 15min，用滴管

将乙醚层通过无水硫酸钠滤入 25mL 容量瓶中。加乙醚定容至刻度，混匀。准确吸取 5mL 乙醚提取液于 5mL 带塞刻度试管中，置 40℃水浴上挥干，加 2mL 石油醚＋乙醚（3＋1）混合溶剂溶解残渣，备用。

② 色谱参考条件

色谱柱：3mm×2m；

固定相：内装涂以质量分数 5％DEGS＋质量分数 1％磷酸固定液的 60～80 目 Chromosorb W AW；

流速：氮气 50mL/min；氢气 30mL/min；空气 300mL/min；

温度：进样口 230℃；柱温 170℃；检测器 230℃。

③ 测定

a. 标准曲线绘制：进样 2μL 标准系列中各质量浓度标准使用液（含山梨酸或苯甲酸 50μg/mL、100μg/mL、150μg/mL、200μg/mL、250μg/mL）于气相色谱仪中，以质量浓度为横坐标，相应的峰高或峰面积值为纵坐标，绘制标准曲线。

b. 样品测定：在与绘制标准曲线相同的色谱条件下，取 2μL 样品溶液进样，与标准曲线比较定量。按式（17-4）计算。

$$X=\frac{A\times1000\times1000}{m\times\frac{5}{25}\times\frac{V_2}{V_1}\times1000\times1000}\tag{17-4}$$

式中　X——样品中山梨酸或苯甲酸的含量，g/kg；

A——测定用样品液中山梨酸或苯甲酸的质量，μg；

V_1——加入石油醚＋乙醚（3＋1）混合溶剂的体积，mL；

V_2——测定时进样的体积，μL；

m——样品的质量，g；

5——测定时吸取乙醚提取液的体积，mL；

25——样品乙醚提取液的总体积，mL。

由测得苯甲酸的质量乘以 1.18，即为样品中苯甲酸钠的质量分数或质量浓度。

(3) 特点　本方法同样适用于酱油、水果汁、果酱等食品中糖精钠含量的测定。最低检出限为 1μg。

(4) 说明

① 在上述色谱条件下，山梨酸保留时间为 2min 53s，苯甲酸保留时间为 6min 8s。

② 样品加酸酸化的目的是使山梨酸盐、苯甲酸盐转变为山梨酸、苯甲酸。将乙醚层通过无水硫酸钠过滤的目的是去除水分。

③ 对于富含蛋白质、脂肪、淀粉的样品，应采用透析处理，即在 0.02mol/L 氢氧化钠溶液中透析过夜，透析液用盐酸调至中性，硫酸铜和氢氧化钠沉淀蛋白质，然后盐酸酸化处理，乙醚提取并浓缩。

④ 除了气相和液相色谱法之外，还可用酸碱滴定法、紫外吸收法、比色法来测定苯甲酸和山梨酸的含量。滴定法用于苯甲酸及盐的测定，是一种用碱滴定的方法，样品中加入氯化钠饱和溶液，苯甲酸在酸性条件下用乙醚等有机溶剂提取，回收乙醚后用中性乙醇溶解，然后用碱标液滴定。紫外吸收法是苯甲酸、苯甲酸钠在酸性溶液中被蒸馏出来后，用重铬酸钾-硫酸溶液氧化除去挥发性杂质及山梨酸，在 225nm 下测定吸光度。山梨酸的比色法是山梨酸在酸性条件下用水蒸气蒸馏，去除非挥发性干扰物，用 $K_2Cr_2O_7$ 把山梨酸氧化成为丙

二醛，与硫代巴比妥酸反应，生成红色化合物进行比色定量。

17.3.2.2 高效液相色谱法

（1）原理 试样加温除去二氧化碳和乙醇，调 pH 至近中性，过滤后进高效液相色谱仪，经反相色谱分离后，与标准比较，根据保留时间和峰面积进行定性和定量。本方法是 GB/T 5009.29—2003 食品中山梨酸苯甲酸的测定中第二方法。

（2）方法概述

① 试样处理

a. 汽水：取样 5.00～10.00g，放入小烧杯中，微温搅拌除去二氧化碳，用氨水（1+1）调 pH7，加水定容至 10～20mL，经滤膜（HA）0.45μm 过滤。

b. 果汁类：取样 5.00～10.00g，用氨水（1+1）调 pH7，加水定容至适当的体积，离心沉淀，上清液经滤膜 0.45μm 过滤。

c. 配制酒类：称 10.00g 样品，放小烧杯中，水浴加热除去乙醇，用氨水（1+1）调 pH7，加水定容至 20mL，经滤膜（HA）0.45μm 过滤。

② 高效液相色谱参考条件

色谱柱：YWG C_{18} 4.6mm×250mm，10μm 不锈钢柱；

流动相：甲醇+乙酸铵溶液（0.02mol/L）（5+95）；

流速：1mL/min；

进样量：10μL；

检测器：紫外检测器，波长 230nm，灵敏度 0.2AUFS。

③ 结果计算

根据保留时间定性，外标峰面积法定量。试样中苯甲酸或山梨酸的含量按式（17-5）进行计算。

$$X=\frac{A\times 1000}{m\times\frac{V_2}{V_1}\times 1000} \tag{17-5}$$

式中 X——试样中山梨酸或苯甲酸的含量，g/kg；

A——进样体积中山梨酸或苯甲酸的质量，mg；

V_1——进样体积，mL；

V_2——试样稀释液总体积，mL；

m——试样的质量，g。

在重复性条件下获得的两次独立测定结果的绝对值不得超过算术平均值的 10%。

（3）特点 用 HPLC 法测定苯甲酸、山梨酸简单、快速、灵敏、精确。最低检出量为 1.5ng。本方法可以同时测定糖精钠的含量。

（4）说明

① 国标中只给出了汽水、果汁、配制酒的前处理方法，没有涉及固体样品的前处理方法。对于含蛋白质、脂肪较多的样品而言，如月饼、蜜饯、糕点等，使用金属盐可沉淀蛋白质、去除脂肪，以亚铁氰化钾和乙酸锌溶液效果最理想。

② 样品前处理的提取方式对实验结果影响很大，可用的提取方式有：水浴加热、超声波、振荡提取等，其中以超声波和水浴的效果较好。

③ 标准使用液最好即配即用，不可放置过久。

④ 可根据样品和色谱柱的具体状况选择合适的流动相配比。

17.4 天然与人工合成色素

17.4.1 概论

天然食品经调理加工后会发生变色，影响食用的感官质量。为了保持或改善食品的色泽，使食品外观亮丽夺目、激发食欲，在食品加工中往往需要对食品进行人工着色。着色剂（coloring agent）是改善食品色泽的食品添加剂，也常称为食用色素。

天然色素主要从植物组织中提取，也包括取自动物和微生物的一些色素，它们的安全性高，但着色力差，对光、热、酸、碱等条件敏感，稳定性差，难以调出满意的色泽且价格昂贵，逐渐被合成色素所代替。食用合成色素也称食用合成染料，其优势在于色彩鲜艳，坚牢度大，性质稳定，着色力强，且可任意调配，加之成本低廉，使用方便。但合成色素很多是以煤焦油为原料制成的，故常被人们称为煤焦油色素或苯胺色素，在合成过程中可能被砷、铅以及其他有害物所污染。如果不能合理使用这些合成色素，人体摄入过量，将给人们带来健康危害。

各国对食品中合成着色剂的安全问题都很重视，对其品种、质量和使用上均有明确、严格的限制性规定，因此近年来各国实际使用的合成着色剂品种数正在逐渐减少。目前，我国允许使用的9种食品合成着色剂是偶氮类色素苋菜红、胭脂红、新红、诱惑红、柠檬黄、日落黄和非偶氮类色素赤藓红、亮蓝和靛蓝，全是水溶性色素。美国允许使用的有10种，日本有11种，欧盟有20种。由于合成着色剂在稳定性和价格等方面的优点，虽然品种数逐渐减少，但总的使用量在上升。

食品行业用单一色素的情况较少，多数用复合色素方可达到较满意的色泽，这给合成色素的分析检测带来一定困难。合成色素测定时，首先对样品进行前处理，提纯色素，然后对色素进行分离分析。目前食品合成色素的检测方法主要有高效液相色谱法、薄层色谱法和示波极谱法等。

17.4.2 高效液相色谱法

（1）原理　食品中人工合成色素用聚酰胺吸附法或液-液分配法提取，制成水溶液，过滤后进高效液相色谱仪，经反相色谱柱分离，以保留时间定性，峰面积进行定量。本方法是GB/T 5009.35—2003食品中合成着色剂的测定中第一方法。

（2）方法概述

① 样品处理

a. 橘子汁、果子露汽水等：取样20.00～40.00g，放入100mL烧杯中。含二氧化碳样品加热驱除二氧化碳。

b. 配制酒类：取样20.00～40.00g，放100mL烧杯中。加小碎瓷片数片，加热驱除乙醇。

c. 硬糖、蜜饯类、淀粉软糖等：取样5.00～10.00g，粉碎样品，放入100mL小烧杯中，加水30mL，温热溶解，若样品溶液pH较高，用200g/L柠檬酸溶液调pH6左右。

d. 巧克力豆及着色糖衣制品：称5.00～10.00g，放入100mL小烧杯中，用水反复洗涤色素，到巧克力豆无色素为止，合并色素漂洗液为样品溶液。

② 色素提取

a. 聚酰胺吸附法：样品溶液加200g/L柠檬酸溶液调pH6，加热至60℃，将1g聚酰胺粉加少许水调成粥状，倒入样品溶液中，搅拌片刻，以G3垂融漏斗抽滤，用60℃ pH为4

的水洗涤3～5次后，用甲醇-甲酸混合溶液（6+4）洗涤3～5次（含赤藓红的样品用b. 法处理），再用水洗至中性，用乙醇-氨水-水混合溶液（7+2+1）解吸3～5次，每次5mL，收集解吸液，加乙酸中和，蒸发至近干，加水溶解，定容至5mL。经滤膜（HA）0.45μm过滤，取10μL进高效液相色谱仪。

b. 液-液分配法（适用于含赤藓红的样品）：将制备好的样品溶液放入分液漏斗中，加2mL盐酸、三正辛胺正丁醇溶液（5%）10～20mL，振摇提取，分取有机相，重复提取，直到有机相无色，合并有机相，用饱和硫酸钠溶液洗2次，每次10mL，分取有机相，放蒸发皿中，水浴加热浓缩至10mL，转移至分液漏斗中，加60mL正己烷，混匀，加氨水提取2～3次，每次5mL，合并氨水溶液层（含水溶性酸性色素），用正己烷洗2次，氨水层加乙酸调成中性，水浴加热蒸发至近干，加水定容至5mL。经滤膜（HA）0.45μm过滤，取10μL进高效液相色谱仪。

③ 高效液相色谱参考条件

柱：C_{18} 10μm不锈钢柱，4.6mm×250mm；

流动相：甲醇+乙酸铵溶液（0.02mol/L，pH=4）；

梯度洗脱：甲醇20%～35%，3%/min；35%～98%，9%/min；98%继续6min；

流速：1mL/min；

紫外检测器：254nm波长。

④ 结果计算　取相同体积样液和合成着色剂标准使用液（50.0μg/mL）分别注入高效液相色谱仪，根据保留时间定性，外标峰面积法定量。按式（17-6）计算。

$$X=\frac{A\times1000}{m\times\frac{V_2}{V_1}\times1000\times1000} \tag{17-6}$$

式中　X——样品中着色剂的含量，g/kg；

A——样品中着色剂的质量，μg；

m——试样质量，g；

V_2——进样体积，mL；

V_1——样品稀释总体积，mL。

（3）特点　本方法的检出限为：新红5ng、柠檬黄4ng、苋菜红6ng、胭脂红8ng、日落黄7ng、赤藓红18ng、亮蓝26ng。

（4）说明

① 在上述标准操作条件下，各色素的参考保留时间如下：新红4.672min，柠檬黄4.925min，苋菜红5.582min，靛蓝6.705min，胭脂红7.331min，日落黄8.407min，诱惑红9.710min，亮蓝11.828min，赤藓红13.761min。

② 因为食品中大多数使用拼色，故聚酰胺粉法是目前分离两种以上的色素比较理想的前处理方法。

③ 样品在加入聚酰胺粉之前，先要用200g/L的柠檬酸调节pH为4。这是因为聚酰胺粉在弱酸性（pH为4～6）溶液中对色素吸附力强，吸附亦完全。

④ 为了防止聚酰胺粉上的吸附色素在洗涤过程中脱落下来，在洗涤时要用pH为4热水以除去可溶性物质，并不断搅拌。若上清液还有颜色，可再加聚酰胺粉，直至上清液呈无色。

⑤ 聚酰胺粉在酸性溶液中能与人工合成色素牢固地结合，吸附色素，但对天然色素的

吸附不紧密，若含有天然色素，则可用甲醇-甲酸洗脱下来。

17.4.3 薄层色谱法

(1) 原理 水溶性酸性合成着色剂在酸性条件下被聚酰胺粉吸附，而在碱性条件下解吸附，再用纸色谱法或薄层色谱法进行分离后，与标准比较，根据 R_f 值定性，根据比色定量。本方法是 GB/T 5009.35—2003 食品中合成着色剂的测定中第二方法。

(2) 方法概述

① 样品处理

a. 果子露、汽水：吸取 50.0mL 样品于 100mL 烧杯中。汽水需加热除二氧化碳。

b. 配制酒：吸取 100.0mL 样品于 100mL 烧杯中，加碎瓷片数块，加热除乙醇。

c. 硬糖、蜜饯类、淀粉软糖：称取 5.00g 或 10.00g 粉碎样品，加 30mL 温水溶解，若样液 pH 较高，用柠檬酸液（200g/L）调至 pH4 左右。

d. 奶糖：称取 10.00g 粉碎均匀样品，加 30mL 乙醇-氨溶液溶解，置水浴上浓缩至约 20mL，立即用硫酸溶液（1+10）调至微酸性，再加 1.0mL 硫酸（1+10），加 1mL 钨酸钠溶液（100g/L）过滤，用少量水洗涤，收集滤液。

e. 蛋糕类：称取 10.00g 粉碎均匀的样品，加海砂少许混匀，用热风吹干样品（用手摸已干燥即可），加 30mL 石油醚搅拌。放置片刻，倾出石油醚，如此重复处理 3 次，以除去脂肪，吹干后研细，全部倒入 G3 垂融漏斗或普通漏斗中，用乙醇-氨溶液提取色素，直至着色剂全部提完，以下按 d. 自“置水浴上浓缩至约 20mL”起依法操作。

② 吸附分离 将处理后的溶液加热至 70℃，加 0.5～1.0g 聚酰胺粉搅匀，用柠檬酸溶液（200g/L）调 pH 为 4，使着色剂完全被吸附，如溶液还有颜色，可再加些聚酰胺粉。将吸附着色剂的聚酰胺全部转入 G3 垂融漏斗中过滤（如用 G3 垂融漏斗过滤可以用水泵慢慢地抽滤）。用 pH4 的 70℃水反复洗涤，每次 20mL，边洗边搅拌。若含有天然着色剂，用甲醇-甲酸溶液洗 1～3 次，每次 20mL，至洗液无色为止。再用 70℃水多次洗至流出液为中性。洗涤时必须充分搅拌。用乙醇-氨溶液分次解吸全部着色剂，收集全部解吸液于水浴上驱氨。如果为单色，用水准确稀释至 50mL，用分光光度法测定。如果为多色混合液，进行纸色谱或薄层色谱法分离后测定，即将上述溶液置水浴上浓缩至 2mL 后移入 5mL 容量瓶中，用乙醇（1+1）洗涤容器，洗液并入容量瓶中并稀释至刻度。

③ 定性

a. 纸色谱 取色谱用纸，在距底边 2cm 的起始线上分别点 3～10μL 样品溶液、1～2μL 着色剂标准溶液（0.1mg/mL），挂于分别盛有展开剂的层析缸中，用上行法展开，待溶剂前沿展至 15cm 处，将滤纸取出于空气中晾干，与标准斑比较定性。也可取 0.5mL 样液，在起始线上从左到右点成条状，纸的左边点着色剂标准溶液，依法展开，晾干后先定性后再供定量用。

b. 薄层色谱 称取 1.6g 胺粉、0.4g 可溶性淀粉及 2g 硅胶（G）于合适的研钵中，加 15mL 水研匀后，立即置涂布器中铺成厚度为 0.3mm 的板。在室温晾干后于 80℃干燥 1h，置干燥器中备用。点样时，离板底边 2cm 处将 0.5mL 样液从左到右点成与底边平行的条状，板的右边点 2μL 色素标准溶液。取适量展开剂倒入展开槽中，将薄层板放入展开，待着色剂明显分开后取出晾干，与标准斑比较，如 R_f 值相同即为同一色素。

④ 定量

a. 样品测定 将纸色谱的条状色斑剪下，用少量热水洗涤数次，洗液移入 10mL 比色管中，并加水稀释至刻度，作比色测定用。将薄层色谱的条状色斑包括有扩散的部分，分别用刮刀刮下，移入漏斗中，用乙醇-氨溶液少量反复多次解吸着色剂，解吸液于蒸发皿中水浴挥发氨，移入10mL比色管中，加水至刻度，作比色用。

b. 标准曲线制备 分别吸取0.00、0.50mL、1.00mL、2.00mL、3.00mL、4.00mL胭脂红、苋莱红、柠檬黄、日落黄色素标准使用溶液（0.10mg/mL），或0.00、0.20mL、0.40mL、0.60mL、0.80mL、1.00mL亮蓝、靛蓝色素标准使用溶液，分别置于10mL比色管中，各加水稀释至刻度。

上述样品与标准管分别用1cm比色杯，以零管调节零点，于一定波长下测定吸光度，分别绘制标准曲线比较或与标准色列目测比较。按式（17-7）计算。

$$X=\frac{A\times 1000}{m\times \frac{V_2}{V_1}\times 1000} \tag{17-7}$$

式中 X——样品中着色剂的含量，g/kg或g/L；

A——测定用样液中色素的质量，mg；

m——样品质量或体积，g或mL；

V_1——样品解吸后总体积，mL；

V_2——样液点板（纸）体积，mL。

（3）特点 本方法的检出限为50μg。

（4）说明

① 加钨酸钠溶液的作用是使蛋白质沉淀，加入沉淀剂时，一般快搅1min或慢搅3min即可，如果不停慢搅会把形成的沉淀絮状物打碎，不容易过滤。含淀粉高或黏稠性大的试样，用沉淀剂处理不理想，主要是沉淀不完全，溶液浑浊。可用玻璃纸透析，然后再沉淀。

② 色谱展开剂：甲醇＋乙二胺＋氨水（10＋3＋2），供苋莱红与胭脂红薄层色谱分离用；甲醇＋氨水＋乙醇（5＋1＋10），供靛蓝与亮蓝薄层色谱分离用；柠檬酸钠溶液（25g/L）＋氨水＋乙醇（8＋1＋2），供柠檬黄与其他着色剂薄层色谱分离用。

③ 检测波长：胭脂红510nm，苋莱红520nm，柠檬黄430nm，日落黄482nm，亮蓝627nm，靛蓝620nm。

④ 测定时用石英比色杯，因一般玻璃比色杯有紫外光吸收，影响测定效果。

17.5 其他常用食品添加剂

17.5.1 发色剂

17.5.1.1 概论

在食品加工过程中，添加适量的化学物质与食品中的某些成分作用，使制品呈现良好的色泽，这类物质称为发色剂或呈色剂。

我国允许使用的发色剂有硝酸钠和亚硝酸钠，它们主要用于肉类加工，其作用是亚硝酸盐在酸性条件下形成亚硝酸，亚硝酸不稳定，分解产生亚硝基，亚硝基与肌红蛋白结合，生成鲜艳亮红色的亚硝基肌红蛋白，遇热后放出巯基，转变为鲜红色的亚硝基血色原，使肉的红色固定和增强，改善了肉的感官性状。此外，亚硝酸盐也可抑制细菌，尤其是肉毒杆菌的生长，因此又是防腐剂。

亚硝酸盐的毒性较硝酸盐强，但硝酸盐可以在亚硝酸菌的作用下还原为亚硝酸盐。人体中摄入大量亚硝酸盐使血液中Fe^{2+}变成Fe^{3+}，可使正常血红蛋白转变成高铁血红蛋白，使人体失去输氧功能，临床上引起肠原性青紫症。在一定条件下，亚硝酸盐可与二级胺形成具有致癌作用的亚硝胺类化合物，这是当今世界各国都重视的卫生学问题。此外，硝酸盐对镀锡的罐头铁皮内壁有腐蚀、脱锡作用，致使内壁出现灰黑色斑点，并使食品中的含锡量增高。因此，我国 GB 2760—2007《食品添加剂使用卫生标准》规定：肉制品中亚硝酸允许量不超过 150mg/kg，残留限量 30～70mg/kg；硝酸盐不超过 500mg/kg，残留量不超过 30mg/kg。

食品中亚硝酸盐的测定方法有离子色谱法、盐酸萘乙二胺分光光度法、示波极谱法等，硝酸盐则采用镉柱法，先将硝酸盐还原成亚硝酸盐，再用亚硝酸盐的检测方法测定。

17.5.1.2　离子色谱法

(1) 原理　试样经沉淀蛋白质、除去脂肪后，采用相应的方法提取和纯化，以氢氧化钾溶液为淋洗液，阴离子交换柱分离，电导检测器检测。以保留时间定性，外标法定量。本方法是 GB/T 5009.33—2010 食品中亚硝酸盐和硝酸盐的测定中第一方法。

(2) 方法概述

① 样品处理

a. 新鲜蔬菜、水果：将试样用去离子水洗净，晾干后，取可食部分切碎混匀。将切碎的样品用四分法取适量，用组织捣碎机制成匀浆备用。如需加水应记录加水量。

b. 肉类、蛋、水产及其制品：用四分法取适量或取全部，用组织捣碎机制成匀浆备用。

c. 奶粉、豆奶粉、婴儿配方粉等固态乳制品（不包括奶酪）：将样品装入能够容纳 2 倍试样体积的带盖样品容器中，通过反复摇晃和颠倒容器使样品充分混匀直到使样品均一化。

d. 酸奶、牛奶、炼乳及其他液体乳制品：通过搅拌或反复摇晃和颠倒容器使样品充分混匀。

e. 奶酪：取适量的样品研磨成均匀的泥浆状。为避免水分损失，研磨过程中应避免产生过多的热量。

② 提取

a. 水果、蔬菜、鱼类、肉类、蛋类及其制品等：称取试样匀浆 5g（精确至 0.001g），以 80mL 水洗入 100mL 容量瓶中，超声提取 30min，每隔 5min 振摇一次，保持固相完全分散。于 75℃ 水浴中放置 5min，用水定容至刻度。溶液经滤纸过滤后，取部分溶液于 10000r/min 离心 15min，上清液备用。

b. 腌鱼类、腌肉类及其他腌制品：称取试样匀浆 2g（精确至 0.001g），以 80mL 水洗入 100mL 容量瓶中，超声提取 30min，每隔 5min 振摇一次，保持固相完全分散。于 75℃ 水浴中放置 5min，用水定容至刻度。溶液经滤纸过滤后，取部分溶液于 10000r/min 离心 15min，上清液备用。

c. 牛奶：称取试样 10g（精确至 0.001g），置于 100mL 容量瓶中，加水 80mL，摇匀，超声 30min，加入 3%乙酸溶液 2mL，于 4℃ 放置 20min，取出放置至室温，用水定容至刻度。溶液经滤纸过滤，取上清液备用。

d. 奶粉：称取试样 2.5g（精确至 0.001g），置于 100mL 容量瓶中，加水 80mL，摇匀，超声 30min，加入 3%乙酸溶液 2mL，于 4℃ 放置 20min，取出放置至室温，用水定容至刻度。溶液经滤纸过滤，取上清液备用。

③ 参考色谱条件

色谱柱：氢氧化物选择性，可兼容梯度洗脱的高容量阴离子交换柱，如 Dionex IonPac AS11-HC 4mm×250mm，或性能相当的离子色谱柱；

淋洗液：氢氧化钾溶液，浓度为 6～70mmol/mL。洗脱梯度为 6mmol/mL 30min，70mmol/mL 5min，6mmol/mL 5min；

抑制器：连续自动再生膜阴离子抑制器，或等效抑制装置；

检测器：电导检测器，检测池温度 35℃；

淋洗液流速：1.0mL/min；

进样体积：25μL。

④ 结果测定

a. 标准曲线　移取亚硝酸盐和硝酸盐混合标准使用液，加水稀释成标准溶液，含亚硝酸离子浓度为 0.00、0.02mg/L、0.04mg/L、0.06mg/L、0.08mg/L、0.10mg/L、0.15mg/L、0.20mg/L，硝酸根离子浓度为 0.0、0.2mg/L、0.4mg/L、0.6mg/L、0.8mg/L、1.0mg/L、1.5mg/L、2.0mg/L 的混合标准溶液，从低浓度到高浓度依次进样，得到上述各浓度标准溶液的色谱图。以亚硝酸根离子和硝酸根离子的浓度（mg/L）为横坐标，以峰高（μS）或峰面积为纵坐标，绘制标准曲线，并计算线性回归方程。

b. 样品测定　用 1.0mL 注射器分别吸取空白和试样溶液，在相同工作条件下，依次注入离子色谱仪中，记录色谱图。根据保留时间定性，分别测量空白和样品的峰高或峰面积。

试样中亚硝酸盐（以 NO_2^- 计）或硝酸盐（以 NO_3^- 计）的含量按式（17-8）计算：

$$X=\frac{(c-c_0)\times V\times f\times 1000}{m\times 1000} \tag{17-8}$$

式中　X——试样中亚硝酸根离子或硝酸根离子的含量，mg/kg；

c——测定用试样溶液中的亚硝酸根离子或硝酸根离子质量浓度，mg/L；

c_0——试剂空白液中亚硝酸根离子或硝酸根离子质量浓度，mg/L；

V——试样溶液体积，mL；

f——试样溶液稀释倍数；

m——试样取样量，g。

在重复性条件下获得的两次独立测定结果的绝对差值不得超过算术平均值的 10%。

（3）特点　用本方法检测食品中亚硝酸盐和硝酸盐灵敏度高，线性范围广，分析速度快，试剂用量少，能同时进行多种离子分析。亚硝酸盐和硝酸盐的检出限分别为 0.4mg/kg 和 0.8mg/kg。

（4）说明

① 在上述标准操作条件下的亚硝酸盐的保留时间为 13.390min，硝酸盐的保留时间为 28.303min。

② 痕量亚硝酸根在溶液中不稳定，易被氧化为硝酸根离子，可加入一定量的甲醛，因为甲醛比亚硝酸盐易氧化，使亚硝酸盐稳定时间延长。

③ 这种方法亚硝酸含量占硝酸含量的 30%～40%，不影响硝酸盐的测定，如超过这个比例，可加入一定量硝酸盐标准溶液，以提高硝酸盐水平。溶液有颜色或浑浊不影响测定。

④ 目前，对硝酸盐、亚硝酸盐的测定方法不断有新的报道，如荧光动力学光度法、一阶导数光谱法、二阶导数光谱法、极谱法、热焓法等。

17.5.1.3　盐酸萘乙二胺分光光度法

样品经沉淀蛋白质、除去脂肪后，在弱酸条件下亚硝酸盐与对氨基苯磺酸起重氮化反应再与耦合试剂盐酸萘乙二胺反应，生成紫红色染料，颜色的深浅与亚硝酸盐含量成正比，可与标准系列比较定量。本方法是 GB/T 5009.33—2010 食品中亚硝酸盐和硝酸盐的测定中第二方法。

本方法测定快速、简便、节约成本。亚硝酸盐和硝酸盐的检出限分别为1mg/kg和1.4mg/kg。

17.5.2　漂白剂

17.5.2.1　概论

漂白剂（bleaching agent）是指在食品中加入依靠其所具有的氧化或还原能力来抑制、破坏食品的变色因子，使食品褪色或免于发生褐变的食品添加剂。按作用机理，食品生产中使用的漂白剂分成两种类型：一是还原型的二氧化硫、亚硫酸钠、亚硫酸氢钠、焦亚硫酸钠等；二是氧化性的双氧水、次氯酸等。

亚硫酸是二氧化硫溶于水生成的，其漂白作用可能有两个原因，一是亚硫酸与品红或孔雀绿等具有醌式结构的有色有机物质直接结合生成无色化合物。例如，把二氧化硫通入微酸性或中性品红溶液里，溶液颜色就由红色变为无色，这是亚硫酸氢根直接与有色物质结合的结果。品红的结构里有一个发色团，该发色团遇到亚硫酸氢根后，生成不稳定的无色化合物，改变了发色团的结构。二是它具有还原性，易与空气中的氧发生作用，阻止了食品中遇氧发生褐变的物质如酚类的褐变反应。此外，亚硫酸盐还可以抑制水果类食品中的氧化酶的活性，防止色泽的改变。亚硫酸盐除作漂白剂外，还可作为防腐剂使用。其防腐作用是亚硫酸盐通过阻断微生物正常的生理氧化过程，从而抑制细菌、霉菌的生长。在我国，蜜饯、白木耳、粉丝、蘑菇、竹笋、食糖、葡萄酒等食品生产中经常使用亚硫酸盐。

亚硫酸盐的毒性较小，在食品加热加工中，亚硫酸盐大部分变为二氧化硫挥发，可认为对人体安全无害。但过量使用会破坏食品中维生素B等营养成分，也会对易感人群造成过敏反应。因此，我国GB 2760—2007《食品添加剂使用卫生标准》规定，以二氧化硫残留量计，食品中残留量从0.01g/kg到0.35g/kg不等，其中粉丝中不超过0.1g/kg，蜜饯凉果中不超过0.35g/kg。

食品中亚硫酸盐的测定，通常采用盐酸副玫瑰苯胺法和蒸馏法。

17.5.2.2　盐酸副玫瑰苯胺法

（1）原理　亚硫酸盐被四氯汞钠溶液吸收，生成稳定的配合物，再与甲醛及盐酸副玫瑰苯胺作用，并经分子重排，生成紫红色配合物，与标准系列比较定量。本方法是GB/T 5009.34—2003食品中亚硫酸盐的测定中第一方法。

（2）方法概述

① 试剂配置

a. 四氯汞钠吸收液：称取13.6g氯化高汞及6.0g氯化钠，溶于水中并稀释至1000mL，放置过夜，过滤后备用。

b. 1.2%氨基磺酸铵溶液（12g/L）。

c. 甲醛溶液（2g/L）：吸取0.55mL无聚合沉淀的甲醛（36%），加水稀释至100mL，混匀。

d. 淀粉指示液：称取1g可溶性淀粉，用少许水调成糊状，缓缓倾入100mL沸水中，搅拌煮沸，放冷备用，此溶液临用时配制。

e. 亚铁氰化钾溶液：称取10.6g亚铁氰化钾，加水溶解并稀释至100mL。

f. 乙酸锌溶液：称取22g乙酸锌溶于少量水中，加入3mL冰醋酸，加水稀释至100mL。

g. 盐酸副玫瑰苯胺溶液：称取0.1g盐酸副玫瑰苯胺于研钵中，加少量水研磨使溶解并稀释至100mL。取出20mL，置于100mL容量瓶中，加盐酸（1+1）充分摇匀后使溶液由红变黄，如不变黄再滴加少量盐酸至出现黄色，再加水稀释至刻度，混匀备用。

盐酸副玫瑰苯胺的精制方法如下：称取20g盐酸副玫瑰苯胺于400mL水中，用50mL盐酸（1+5）酸化，徐徐搅拌，加4～5g活性炭，加热煮沸2min。将混合物倒入大漏斗中，过滤（用保温漏斗趁热过滤）。滤液放置过夜，出现结晶，然后再用布氏漏斗抽滤，将结晶再悬浮于1000mL乙醚-乙醇（10∶1）的混合液中，振摇3～5min，以布氏漏斗抽滤，再用乙醚反复洗涤至醚层不带色为止，于硫酸干燥器中干燥，研细后贮于棕色瓶中保存。

h. 碘溶液[$c(1/2I_2)=0.100mol/L$]。

i. 硫代硫酸钠标准溶液[$c(Na_2S_2O_3 \cdot 5H_2O)=0.100mol/L$]。

j. 二氧化硫标准溶液：称取0.5g亚硫酸氢钠，溶于200mL四氯汞钠吸收液中，放置过夜，上清液用定量滤纸过滤备用。吸取10.0mL亚硫酸氢钠-四氯汞钠溶液于250mL碘量瓶中，加100mL水，准确加入20.00mL碘溶液（0.1mol/L）、5mL冰醋酸，摇匀，放置于暗处，2min后迅速以0.100mol/L硫代硫酸钠标准溶液滴定至淡黄色，加0.5mL淀粉指示剂，继续滴定至无色。另取100mL水，准确加入0.1mol/L碘溶液20.0mL、5mL冰醋酸，按同一方法做试剂空白试验。

二氧化硫标准溶液的浓度按式（17-9）进行计算：

$$X=\frac{(V_2-V_1)\times c\times 32.03}{10} \tag{17-9}$$

式中 X——二氧化硫标准溶液浓度，mg/mL；

V_1——测定用亚硫酸氢钠-四氯汞钠溶液消耗硫代硫酸钠标准溶液体积，mL；

V_2——试剂空白消耗硫代硫酸钠标准溶液体积，mL；

c——硫代硫酸钠标准溶液的摩尔浓度，mol/L；

32.03——每毫升硫代硫酸钠[$c(Na_2S_2O_3 \cdot 5H_2O)=1.000mol/L$]标准溶液相当于二氧化硫的质量，mg。

k. 二氧化硫使用液：临用前将二氧化硫标准溶液以四氯汞钠吸收液稀释成每毫升相当于2μg二氧化硫。

l. 氢氧化钠溶液（20g/L）。

m. 硫酸（1+71）。

② 样品处理和四氯汞钠吸收

a. 水溶性固体样品如白砂糖等：称10.00g均匀样品以少量水溶解于100mL容量瓶中，加4mL氢氧化钠溶液（20g/L），5min后加4mL硫酸（1+71），加20mL四氯汞钠吸收液，以水稀释至刻度。

b. 其他固体样品如饼干、粉丝等：称5.00～10.00g研磨均匀的样品，以少量水湿润并移入100mL容量瓶中，加20mL四氯汞钠吸收液，浸泡4h以上，若上层液浑浊可加亚铁氰化钾溶液（106g/L）及乙酸锌溶液（220g/L）各2.5mL，最后用水稀释至100mL刻度，过滤后备用。

c. 液体样如葡萄酒等：取5.00～10.00mL于100mL容量瓶中，以少量水稀释，加20mL四氯汞钠吸收液，用水定容混匀，必要时过滤备用。

③ 结果测定

a. 二氧化硫标准曲线的绘制　吸取0.00、0.20mL、0.40mL、0.60mL、0.80mL、1.00mL、1.50mL、2.00mL二氧化硫标准使用液（2.0μg/mL），分别置于25mL带塞比色

管中，加入四氯汞钠吸收液至 10mL，再加入 1mL 氨基磺酸铵溶液（12g/L）、1mL 甲醛溶液（2g/L）及 1mL 盐酸副玫瑰苯胺溶液，摇匀，放置 20min。用 1cm 比色杯，以零管调节零点，于波长 550nm 处测吸光度，绘制标准曲线。

b. 样液的测定　取 5.00mL 上述样品处理液于 25mL 带塞比色管中，加 5mL 四氯汞钠吸收液、1mL 氨基磺酸铵溶液（12g/L）、1mL 甲醛溶液（2g/L）及 1mL 盐酸副玫瑰苯胺溶液，摇匀，放置 20min。用 1cm 比色杯，以零管调节零点，于波长 580nm 处测吸光度。按式（17-10）计算。

$$X=\frac{A\times 1000}{m\times V/100\times 1000\times 1000} \tag{17-10}$$

式中　X——样品中二氧化硫的含量，g/kg；

A——测定用样液中二氧化硫的质量，μg；

m——样品质量，g；

V——测定用样液的体积，mL。

（3）特点　本方法灵敏、准确，但程序较繁琐，且耗时较长。检出限浓度为 1mg/kg。

（4）说明

① 食品中亚硫酸盐残留量的测定结果以二氧化硫计量。

② 四氯汞钠有毒性，在使用过程中应当小心。如果四氯汞钠吸收的溶液有颜色，可加入少量活性炭脱色，过滤后滤液备用。

③ 甲醛溶液易聚合沉淀，二氧化硫标准液容易氧化变质，因此这两种溶液需要临用时新鲜配置。

④ 测定中加入氨基磺酸铵可使亚硝酸分解，排除其对测定的干扰。但氨基磺酸铵溶液不稳定，宜随配随用，隔绝空气保存，可稳定一周。

⑤ 二氧化硫标准溶液的不稳定和显色剂配制的不确定性影响到该法的精密度、准确度，造成测定误差，特别是对于那些本身具有红色或玫瑰红色的样品，如葡萄酒等，则在 550nm 测定波长产生干扰。

17.5.2.3　蒸馏法

样品经酸化并加热蒸馏，释放出其中的二氧化硫，用乙酸铅溶液吸收。吸收后用浓盐酸酸化，再以碘标准溶液滴定，根据所消耗的碘标准溶液量计算出样品中的二氧化硫质量分数。本方法是 GB/T 5009.34—2003 食品中亚硫酸盐的测定中第二方法。本方法较之比色法灵敏度低，只适用于 10mg/L 以上二氧化硫的测定。

小结

近年来，食品中违法添加非食用物质而导致的食品安全事件频繁发生，因此，公众往往对食品添加剂谈虎色变。事实上，被相关部门批准的食品添加剂在允许范围内使用都是安全的。

尽管任何食品添加剂都是经过了安全性评估后才被允许使用的，但是至少有三个理由让我们不得不重视食品中添加剂含量的检测。第一，要确保仅在某种食品中允许的添加剂不出现在其他的食品中；第二，要确保添加在食品中的添加剂含量不超过法定的安全限量；第三，监测添加剂的含量，可防止当人们的饮食习惯发生改变时，消费者每天从食品中的摄入量不超过每日摄入量的安全水平。

对于食品添加剂的检测，对不同的食品选择一种可信的、适用于不同食品材料的分析方法显得至关重要。总的来说，一个实用的分析方法必须基于以下几个指标：精确度、可操作性、检测限、定量范围、确定性（重复性和再现性）、回收率、敏感性、特异性等。而目前，我国在添加剂这方面的标准和法规都有着很大的提升空间。

参考文献

[1] 谢音，屈小英．食品分析．北京：科学技术文献出版社，2006.
[2] 王喜萍．食品分析．北京：中国农业出版社，2006.
[3] 高向阳．食品分析与检验．北京：中国计量出版社，2006.
[4] 黄文．食品添加剂检验．北京：中国计量出版社，2008.
[5] 杨大进，赵凯，方从容等．防腐剂和甜味剂检测技术进展．中国卫生检验杂志，2008，18(7)：1460-1463.
[6] 刘维华，郭银燕．薄层层析法同时测定饮料中甜蜜素和糖精钠．中国公众卫生，2000：16(8)：766.
[7] 王骏．液相色谱-质谱联用测定食品中的微量甜蜜素．食品科技，2008，33（9）：239-241.
[8] 郭金全，李富兰．亚硝酸盐检测方法研究进展．当代化工，2009，38（5）：546-548.

附录

GB/T 5009.28—2003 食品中糖精钠的测定
GB/T 5009.97—2003 食品中环己基氨基磺酸钠的测定
SN/T 1948—2007 进出口食品中环己基氨基磺酸钠的检测方法
GB/T 5009.29—2003 食品中山梨酸、苯甲酸的测定
GB/T 5009.35—2003 食品中合成着色剂的测定
GB/T 5009.33—2008 食品中亚硝酸盐和硝酸盐的测定
GB/T 5009.34—2003 食品中亚硫酸盐的测定
GB 2760—2007 食品添加剂使用卫生标准

第18章　食品中农药、霉菌毒素和药物残留的检测

18.1　概论

有害物质是指人类在生产条件下或日常生活中所接触的，能引起疾病或使健康状况下降的物质。其中一些有害物质具有高度的致癌、致畸、致突变作用，能严重影响人体健康。发展食品中有害物残留分析技术，监督控制食品污染和保证食品质量，已成为必不可少的手段。食品分析的两大突出问题：一是样品前处理技术；二是分析检测技术。由于食品样品基体复杂，有害污染物含量极微，同时越来越严格的最大残留限量标准对分析方法的检出限提出了更高要求，使得复杂的食品基体中有害残留的分析需要更为有效的前处理方法和灵敏的检测技术。

色谱法是有害残留分析的常用方法，在食品有害残留分析中发挥了主导作用。对于挥发性物质常用气相色谱（GC）测定；对于挥发性差，极性或者热不稳定的化合物主要采用液相色谱（LC）测定；对定性要求较高或定性较困难时，可采用色谱-质谱联用技术。在有害残留分析中采用的方法有薄层色谱法（TLC）、气相色谱（GC）、高效液相色谱（HPLC）、气相色谱-质谱联用（GC-MS）液相色谱-质谱联用（LC-MS）和酶联免疫法（ELISA）等。

食品中有害物质的检测对象主要包括：农药残留、药物残留检测、霉菌毒素、天然动植物毒素、由包装材料引起的有害物质及其他一些有毒有害物。

18.2　食品中农药残留检测

18.2.1　概述

农药残留（pesticide residues），是农药使用后一定时期内没有被分解而残留于生物体、收获物、土壤、水体、大气中的微量农药原体、有毒代谢物、降解物和杂质的总称。食用含有大量高毒、剧毒农药残留的食物会导致人、畜急性中毒事故。农药残留量一般用mg/kg、μg・kg表示。

食品中残留农药按化学成分可分为：

（1）有机氯类　是具有杀虫活性的氯代烃的总称。主要类型有三种，即DDT及其类似物、六六六和环戊二烯衍生物。常用的有机氯农药如六六六（BHC）、滴滴涕（DDT）、六氯苯、灭蚁灵等。有机氯农药残留分析方法有：薄层色谱法、气相色谱法、高效液相色谱法、气相色谱-质谱联用法。有关有机氯农药检测的国家标准有：GB/T 5009.19—2008、GB/T 5009.162—2008。

（2）有机磷类　有机磷农药是含有C—P键或C—O—P、C—S—P、C—N—P键的有机化合物。常用的有机磷农药如敌敌畏、乐果、敌百虫等。对其检测的常用方法有：色谱法、酶抑制法、免疫学方法等。有关有机磷农药检测的国家标准有：GB/T 5009.20—2003、GB/T 14553—2003、GB/T 5009.199—2003、GB/T 5009.207—2008、GB/T 5009.145—

2003、GB/T 18625—2002。

（3）氨基甲酸酯类　氨基甲酸酯类农药是一类 *N*-取代的氨基甲酸酯类化合物。常用的氨基甲酸酯类如速灭威、异丙威、残杀威、克百威等。气相色谱是检测此类农药的主要手段。有关氨基甲酸酯类农药检测的国家标准有：GB/T 5009.163—2003、GB/T 5009.104—2003、GB/T 5009.199—2003、GB/T 5009.145—2003、GB/T 18625—2002。

（4）拟除虫菊酯类　它是一类仿生合成的杀虫剂，是改变天然除虫菊酯的化学结构衍生的合成酯类，能防治多种害虫的广谱杀虫剂。常用的拟除虫菊酯类如胺菊酯、甲氰菊酯、丙烯菊酯等。目前用于检测此类农药的方法有薄层色谱法和气相色谱法。有关拟除虫菊酯类农药检测的国家标准有：GB/T 5009.162—2008。

农药残留分析是复杂混合物中衡量组分的分析技术，既需要精细的微量操作手段，又需要高灵敏度的衡量检测技术。它包括样品的采集和保存，农药的提取和浓缩，试样的净化，农药的定性定量分析。

18.2.2　检测举例

18.2.2.1　有机氯农药残留检测

以下介绍气相色谱法测定有机氯农药残留，见 GB/T 5009.19—2008《食品中有机氯农药多组分残留量的测定》。

（1）原理　试样中有机氯农药组分经有机溶剂提取、凝胶色谱层析净化，用毛细管柱气相色谱分离，电子捕获检测器检测，以保留时间定性，外标法定量。

（2）方法概述　试验所用试剂及仪器见国标。分析步骤如下所述。

① 试样制备　蛋品去壳，制成匀浆；肉品去筋后，切成小块，制成肉糜；乳品混匀待用。

② 提取与分配

a. 蛋类：称取试样 20g（精确到 0.01g）于 200mL 具塞三角瓶中，加水 5mL（视试样水分含量加水，使总水量约为 20g）。通常鲜蛋水分含量约 75%，加水 5mL 即可，再加入 40mL 丙酮，振摇 30min 后，加入氯化钠 6g，充分摇匀，再加入 30mL 石油醚，振摇 30min。静置分层后，将有机相全部转移至 100mL 具塞三角瓶中经无水硫酸钠干燥，并量取 35mL 于旋转蒸发器中，浓缩至约 1mL，加入 2mL 乙酸乙酯-环己烷（1＋1）溶液再浓缩，如此重复三次，浓缩至约 1mL，供凝胶色谱层析净化使用，或将浓缩液转移至全自动凝胶渗透色谱系统配套的进样试管中，用乙酸乙酯-环己烷（1＋1）溶液洗涤旋转蒸发瓶数次，将洗涤液合并至试管中，定容至 10mL。

b. 肉类：称取 20g（精确到 0.01g），加水 15mL（视试样水分含量加水，使总水量约为 20g）。加丙酮 40mL，振摇 30min，以下按照 a. 蛋类试样提取、分配步骤处理。

c. 乳类：称取 20g（精确到 0.01g），鲜乳不加水，直接丙酮提取。以下按照 a. 蛋类试样提取、分配步骤处理。

d. 大豆油：称取试样 1g（精确到 0.01g），直接加 30mL 石油醚，振摇 30min 后，将有机相全部转移至旋转蒸发瓶中，浓缩至约 1mL，加入 2mL 乙酸乙酯-环己烷（1＋1）溶液再浓缩，如此重复三次，浓缩至约 1mL，供凝胶色谱层析净化使用，或将浓缩液转移至全自动凝胶渗透色谱系统配套的进样试管中，用乙酸乙酯-环己烷（1＋1）溶液洗涤旋转蒸发瓶数次，将洗涤液合并至试管中，定容至 10mL。

e. 植物类：称取试样匀浆 20g，加水 5mL（视其水分含量加水，使总水量约 20mL），加丙酮 40mL，振荡 30min，加氯化钠 6g，摇匀。加石油醚 30mL，再振荡 30min，以下按照 a. 蛋类试样的提取、分配步骤处理。

③ 净化　选择手动或全自动净化方法的任何一种进行。

a. 手动凝胶色谱柱净化：将试样浓缩液经凝胶柱以乙酸乙酯-环己烷（1＋1）溶液洗脱，弃去 0～35mL 流分，收集 35～70mL 流分。将其旋转蒸发浓缩至约 1mL。再经凝胶柱净化收集 35～70mL 流分，蒸发浓缩，用氮气吹除溶剂，用正己烷定容至 1mL，留样 GC 分析。

b. 全自动凝胶渗透色谱系统净化：试样由 5mL 试样环注入凝胶渗透色谱（GPC）柱，泵流速 5.0mL/min，以乙酸乙酯-环己烷（1＋1）溶液洗脱，弃去 0～7.5min 流分，收集 7.5～15min 流分，15～20min 冲洗 GPC 柱。将收集的流分旋转蒸发浓缩至约 1mL，用氮气吹至近干，用正己烷定容至 1mL，留待 GC 分析。

④ 测定

a. 气相色谱参考条件

色谱柱：DM-5 石英弹性毛细管柱，长 30m、内径 0.32mm、膜厚 0.25μm，或等效柱。

柱温：程序升温，90℃保持 1min，以 40℃/min 速度升至 230℃，再以 40℃/min 的速度升至 280℃，并保持 5min。

进口温度：280℃。不分流进样，进样量 1μL。

检测器：电子捕获检测器（ECD），温度 300℃。

载气流速：氮气（N_2），流速 1mL/min；尾吹，25mL/min。

柱前压：0.5MPa。

b. 色谱分析　分别吸取 1μL 混合标准液及试样净化液注入气相色谱仪中，记录色谱图，以保留时间定性，以试样和标准的峰高或峰面积比较定量。

⑤ 结果计算　试样中各农药的含量按下式进行计算：

$$X=\frac{m_1\times V_1\times f\times 1000}{m\times V_2\times 1000} \tag{18-1}$$

式中　X——试样中各农药的含量，mg/kg；

m_1——被测样液中各农药的含量，ng；

V_1——样液最后定容体积，μL；

f——稀释因子；

m——试样质量，g；

V_2——样液进样体积，mL。

计算结果保留两位有效数字。

(3) 适用范围及特点　气相色谱法是国家食品卫生检验标准第一法。本法具有快速、灵敏、简便、准确和分离能力高的特点，并能将六六六、滴滴涕各异构体分离，准确定量。本法适用于肉类、蛋类、乳类动物性食品和植物（含油脂）性食品中六六六（BHC）、滴滴涕（DDT）、六氯苯、灭蚁灵、七氯、氯丹、艾氏剂、狄氏剂、异狄氏剂、硫丹、五氯硝基苯的测定。

(4) 说明

① 有机氯农药是脂溶性的，在油脂类溶剂中溶解性很大。有机氯农药极性较低，可采用丙酮-石油醚混合溶剂作提取溶剂。

② 加入 NaCl 溶液可使萃取分层清楚，减少乳化。

③ 在动物性食品及其他脂肪含量高的食品中的农药残留分析，得到的萃取液中脂肪含

量是较高的，由于极性与目标物相近而难以除去，但是农药的相对分子质量一般要远远小于脂肪的相对分子质量，从而可有效地将二者分开。柱色谱的优点是净化效果好，特别适用于农药含量低的样品，主要缺点是流速较难控制，装柱的紧实程度、装柱的材料种类等都会影响流速。

④ 应用气相色谱测定食品中有机氯农药残留量，不能直接进样，在使用气相色谱测定之前，必须把要测定的农药从大量的食物中萃取出来，经过净化，浓缩除去干扰杂质，才能进行色谱测定。样品净化不彻底，检测器受污染，其灵敏度即会降低，此时基流会明显下降。

⑤ 进样注射器要清洗洁净，防止相互污染，一般用甲苯洗两次，再用丙酮洗两次，最后用石油醚洗两次，方可选样品溶液，供测定用。

⑥ 电子捕获的动态范围较狭窄，样品浓度和峰高之间成线性关系的范围较少，因此标准曲线往往不呈直线，又因 BHC、DDT 各异构体在同一条件下的响应不同，各异构体必须各自作标准曲线而不能为同一曲线。

⑦ 本法检出限随试样基质而不同。本法要求在重复性条件下获得的两次独立测定结果的绝对差值不得超过算术平均值的 15%。

18.2.2.2 有机磷农药残留检测

以下介绍气相色谱法测定有机磷农药残留，本法是国家标准分析法，见 GB/T 5009.20—2003《食品中有机磷农药残留量的测定》。

(1) 原理　含有机磷的试样在富氢焰上燃烧，以 HPO 碎片的形式，放射出波长 526nm 的特性光；这种光通过滤光片选择后，由光电倍增管接收，转换成电信号，经微电流放大器放大后被记录下来。试样的峰面积或峰高与标准品的峰面积或峰高进行比较定量。

(2) 方法概述　试验所用试剂及仪器见国标。

① 提取

a. 水果、蔬菜：称取 50.00g 试样，置于 340mL 烧杯中，加入 50mL 水和 100mL 丙酮（提取液总体积为 150mL），用组织捣碎机提取 1～2min。匀浆液经铺有两层滤纸和约 10g Celite545 的布氏漏斗减压抽滤。取滤液 100mL 移至 500mL 分液漏斗中。

b. 谷物：称取 25.00g 试样，置于 300mL 烧杯中，加入 50mL 水和 100mL 丙酮，以下步骤同 a.。

② 净化　向 a. 或 b. 的滤液中加入 10～15g 氯化钠使溶液处于饱和状态。猛烈振摇 2～3min，静置 10min，使丙酮与水相分层，水相用 50mL 二氯甲烷振摇 2min，再静置分层。

将丙酮与二氯甲烷提取液合并，经装有 20～30g 无水硫酸钠的玻璃漏斗脱水滤入 250mL 圆底烧瓶中，再以约 40mL 二氯甲烷分数次洗涤容器和无水硫酸钠。洗涤液也并入烧瓶中，用旋转蒸发器浓缩至约 2mL，浓缩液定量转移至 5～25mL 容量瓶中，加二氯甲烷定容至刻度。

③ 气相色谱参考条件

色谱柱：ⓐ玻璃柱 2.6m×3mm (i. d)，填装涂有 4.5%DC-200+2.5%OV-17 的 Chromosorh W A W，DMCS（80～100 目）的担体；ⓑ玻璃柱 2.6m×3mm (i. d)，填装涂有 1.5%的 QF-1 的 Chromosorb W A W，DMCS（60～80 目）的担体。

气体速度：氮气 50mL/min；氢气 100mL/min；空气 50mL/min。

温度：柱箱 240℃、汽化室 260℃、检测器 270℃。

进样量：2～5μL。

检测器：火焰光度检测器（FPD）。

④ 结果计算　i 组分有机磷农药的含量按下式进行计算：

$$X=\frac{A_i \times V_1 \times V_3 \times E_{si} \times 1000}{A_{si} \times V_2 \times V_4 \times m \times 1000} \tag{18-2}$$

式中　X——i 组分有机磷农药的含量，mg/kg；

A_i——试样中 i 组分的峰面积，积分单位；

A_{si}——混合标准液中 i 组分的峰面积，积分单位；

V_1——试样提取液的总体积，mL；

V_2——净化用提取液的总体积，mL；

V_3——浓缩后的定容体积，mL；

V_4——进样体积，μL；

E_{si}——注入色谱仪中的 i 标准组分的质量，ng；

m——试样的质量，g。

计算结果保留两位有效数字。

(3) 适用范围及特点　本法适用于水果、蔬菜、谷类中敌敌畏、速灭磷、久效磷、甲拌磷、巴胺磷、二嗪磷、乙嘧硫磷、甲基嘧啶磷、甲基对硫磷、稻瘟净、水胺硫磷、氧化喹硫磷、稻丰散、甲喹硫磷、克线磷、乙硫磷、乐果、喹硫磷、对硫磷、杀螟硫磷的残留量分析。本法选择性好，灵敏度高。

(4) 说明

① 一般有机磷农药极性较强，可采用极性较强的溶剂如丙酮、乙腈等提取，丙酮安全性高于乙腈。

② 利用有机磷在水和丙酮溶液中的溶解性不同进行萃取。二氯甲烷的极性低于丙酮，在水相中加二氯甲烷再次萃取，可将一些极性较弱些的有机磷农药也萃取出来，使萃取完全。

③ 氯化钠的加入降低了有机磷农药在水中的溶解度，利于萃取。

④ 二氯甲烷沸点较低，易于蒸发浓缩。

⑤ 有机磷农药的检测除气相色谱外，常用的还有酶抑制法和免疫法。酶抑制法操作简便，速度快，不需昂贵的仪器，特别适合现场检测及大批样品的筛选检测，但灵敏度较差，并且对各类不同有机磷农药检测的灵敏度不同，重复性、回收率都较低。免疫法检测灵敏度高，精确度高，特异性强，但对试剂的选择性高，结构类似的农药或待测农药代谢物可能发生不同程度的交叉反应。

18.3　食品中药物残留检测

18.3.1　概述

兽药残留（residues of veterinary drug）是指用药后蓄积或存留于畜禽机体或产品（如鸡蛋、奶品、肉品等）中的原型药物或其代谢产物，包括与兽药有关的杂质的残留。一般以μg/mL或μg/g计量。根据联合国粮农组织和世界卫生组织（FAO/WHO）食品中兽药残留联合立法委员会的定义，兽药残留是指动物产品的任何可食部分所含兽药的母体化合物及（或）其代谢物，以及与兽药有关的杂质。所以，兽药残留既包括原药，也包括药物在动物体内的代谢产物和兽药生产中所伴生的杂质。

在动物源食品中较容易引起兽药残留量超标的兽药主要有：

（1）抗生素类　多为天然发酵产物，是临床应用最多的一类药物。抗生素药物残留可使人体中细菌产生耐药性，扰乱人体微生态而产生各种毒副作用。常用的抗生素主要有氯霉素类、四环素类、大环内酯类、氨基糖苷类、土霉素、金霉素、青霉素等。

（2）磺胺类　如磺胺二甲嘧啶、磺胺嘧啶、磺胺噻唑等。磺胺类药物能抑制革兰阳性菌及一些阴性菌，在兽医临床上广泛应用于治疗由敏感细菌感染的各种畜禽疾病。在近 15 年至 20 年，动物源食品中磺胺类药物残留量超标现象十分严重。

（3）硝基呋喃类　包括呋喃唑酮、呋喃西林、呋喃他酮和呋喃妥英，是一种广谱抗生素，广泛用于畜禽及水产养殖业。由于硝基呋喃类药物及其代谢产物对人体有致癌、致畸胎副作用，为此，欧盟早在 1995 年就禁止在食用动物中使用硝基呋喃类抗生素，2002 年美国亦随之制定相应法规。我国也于 2002 年颁布了禁止使用硝基呋喃类抗生素的禁令。

（4）抗寄生虫类　最常用的抗虫类药物为苯并咪唑类，如噻苯咪唑、芬苯达唑、阿苯达唑等。它是一种驱虫剂，被广泛用于动物寄生虫的治疗。食用残留有苯并咪唑类药物的动物性食品，对人类的潜在危害是致畸和致突变。

（5）激素和β-兴奋剂类　在养殖业中常见使用的激素和β-兴奋剂类主要有性激素类、皮质激素类和盐酸克仑特罗等。目前，许多研究已经表明盐酸克仑特罗（瘦肉精）、己烯雌酚等激素类药物在动物源食品中的残留超标可极大危害人类健康。

对食品中药物残留的分析方法包括筛查、检测和确认，筛查方法即就某种基质中一定浓度的某种药物做出阳性或阴性反应的试验方法。常见的分析方法有：薄层色谱法、气相色谱法、高效液相色谱法、气相-质谱联用法和液相-质谱联用法。质谱法具有较高的灵敏性和特异性而作为首推的确认方法，国家标准中以联用法为主要检测方法。

18.3.2　检测举例

18.3.2.1　四环素类兽药残留量检测

参见 GB/T 5009.21317—2007《动物源性食品中四环素类兽药残留量的检测——液相色谱-质谱/质谱法与高效液相色谱法》。

（1）原理　试样中四环素族抗生素残留用 0.1mol/L Na_2EDTA-Mcllvaine 缓冲液（pH4.0±0.05）提取，经过滤和离心后，上清液用 HLB 固相萃取柱净化，高效液相色谱仪或液相色谱电喷雾质谱仪测定，外标峰面积法定量。

（2）方法概述　试验所用试剂及仪器见国标。分析步骤如下所述。

① 提取

a. 动物肌肉、肝脏、肌肉组织和水产品：称取均质试样 5g（精确到 0.01g），置于 50mL 聚丙烯离心管中，分别用约 20mL、20mL、10mL 0.1mol/L Na_2EDTA-Mcllvaine 缓冲溶液冰水浴超声提取三次，每次旋涡混合 1min，超声提取 10min，3000r/min 离心 5min（温度低于 15℃），合并上清液（注意控制总提取液的体积不超过 50mL），并定容至 50mL，混匀，5000r/min 离心 10min（温度低于 15℃），用快速滤纸过滤，待净化。

b. 牛奶：称取混匀试样 5g（精确到 0.01g），置于 50mL 比色管中，用 0.1mol/L Na_2EDTA-Mcllvaine 缓冲溶液溶解并定容至 50mL，旋涡混合 1min，冰水浴超声 10min，转移至 50mL 聚丙烯离心管中冷却至 0～4℃，5000r/min 离心 10min（温度低于 15℃），用快速滤纸过滤，待净化。

② 净化　准确吸取 10mL 提取液（相当于 1g 样品）以 1 滴/s 的速度过 OasisHLB 固相萃取柱，待样液完全流出后，依次用 5mL 水和 5mL 甲醇＋水（1＋19）淋洗，弃去全部流

出液。2.0kPa 以下减压抽干 5min，最后用 10mL 甲醇＋乙酸乙酯（1＋9）洗脱，将洗脱液吹氮浓缩至干（温度低于 40℃），用 1.0mL（液相色谱-质谱/质谱法）或 0.5mL（高效液相色谱法）甲醇＋三氟乙酸水溶液（1＋19）溶解残渣，过 0.45μm 滤膜，待测定。

③ 测定

a. 液相色谱-质谱/质谱法

ⓐ 液相色谱条件

色谱柱：Inertsil C_8-3，5μm，150mm×2.1mm（内径），或相当者。

流动相：甲醇＋10mmol/L 三氟乙酸，梯度洗脱（梯度洗脱时间见表 18-1）。

表 18-1　分离 10 种四环素类药物的液相色谱洗脱梯度

时间/min	甲醇/%	10mmol/L 三氟乙酸/%	时间/min	甲醇/%	10mmol/L 三氟乙酸/%
0	5.0	95.0	17.5	65.0	35.0
5.0	30.0	70.0	18.0	5.0	95.0
10.0	33.5	66.5	25.0	5.0	95.0
12.0	65.0	35.0			

流速：300μL/min。

柱温：30℃。

进样量：30μL。

ⓑ 质谱条件

离子化模式：电喷雾电离正离子模式（ESI^+）；质谱扫描方式：多反应监测（MRM）；分辨率：单位分辨率；喷雾电压：4500V；去溶剂温度：500℃；去溶剂气流：氮气，流速 7.00L/min；碰撞气：氩气，6.00mL/min。

ⓒ 定性测定

保留时间：待测样品中化合物色谱峰的保留时间与标准溶液相比变化范围应在±2.5%之内。

信噪比：待测化合物的定性离子的重构离子色谱峰的信噪比应大于等于 3（S/N≥3），定量离子的重构离子色谱峰的信噪比应大于等于 10（S/N≥10）。

定量离子、定性离子及子离子丰度比：每种化合物的质谱定性离子必须出现，至少应包括一个母离子和两个子离子，而且同一检测批次，对同一化合物，样品中目标化合物的两个子离子的相对丰度比与浓度相当的标准溶液相比，其允许偏差不超过表 18-2 规定的范围。

表 18-2　定性时相对离子丰度的最大允许偏差

相对离子丰度	>50%	>20%～50%	>10%～20%	≤10%
允许的相对偏差	±20%	±25%	±30%	±50%

ⓓ 定量测定　根据样液中被测四环素类兽药残留的含量情况，选定峰高相近的标准工作溶液。标准工作溶液和样液中四环素类兽药残留的响应值均应在仪器的检测线性范围内。对标准工作溶液和样液等体积参插进样测定。各种四环素类药物的参考保留时间如下：二甲胺四环素 9.6min、差向土霉素 11.6min、土霉素 11.8min、差向四环素 10.9min、四环素 11.9min、去甲基金霉素 14.6min、差向金霉素 13.8min、金霉素 15.7min、甲烯土霉素 16.6min、强力霉素 16.7min。标准溶液的色谱图参见 GB/T 5009.21317—2007 图 B.1。

b. 高效液相色谱法

ⓐ 液相色谱条件

色谱柱：Inertsil C_8-3，5μm，250mm×4.6mm（内径），或相当者。

流动相：甲醇＋乙腈＋10mmol/L 三氟乙酸，梯度洗脱见表 18-3。

表 18-3 分离 7 种四环素类药物的液相色谱流动相洗脱梯度

时间/min	甲醇/%	乙腈/%	10mmol/L 三氟乙酸/%
0	1	4	95
5	6	24	70
9	7	28	65
12	0	35	65
15	0	35	65

流速：1.5mL/min。

柱温：30℃。

进样量：100μL。

检测波长：350nm。

ⓑ 高效液相色谱测定 根据样液中被测四环素类兽药残留的含量情况，选定峰高相近的标准工作溶液。标准工作溶液和样液中四环素类兽药残留的响应值均应在仪器的检测线性范围内。对标准工作溶液和样液等体积参插进样测定。标准溶液的色谱图参见 GB/T 5009.21317—2007 图 B.2。

④ 结果计算与表述 采用外标法定量，按下式计算四环素类兽药残留量：

$$X=(A_x \times C_s \times V)/(A_s \times m) \tag{18-3}$$

式中 X——样品中待测组分的含量，μg/kg；

A_x——测定液中待测组分的峰面积；

C_s——标准液中待测组分的质量浓度，μg/L；

V——定容体积，mL；

A_s——标准液中待测组分的峰面积；

m——最终样液所代表的样品质量，g。

(3) 适用范围 本标准适用于动物肌肉、内脏组织、水产品、牛奶等动物源性食品中二甲胺四环素、土霉素、四环素、去甲基金霉素、金霉素、甲烯土霉素、强力霉素 7 种四环素类兽药残留的高效液相色谱法测定和二甲胺四环素、差向土霉素、土霉素、差向四环素、四环素、去甲基金霉素、差向金霉素、金霉素、甲烯土霉素、强力霉素 10 种四环素类药物残留量的液相色谱-质谱/质谱测定。检测限均为 50.0μg/kg。

(4) 说明

① 超声波提取具有温度低、提取率高、提取时间短的优点，超声波在提取溶剂中产生的“空化效应”和机械作用可大大促进溶剂提取目标成分。

② 四环素类易与金属离子形成螯合物，以及与组织中的蛋白质强烈结合，因此需用酸性脱蛋白剂提取。然而在酸性条件下（pH＜2），四环素类降解为脱水物，加热时又可转变为差向异构体，因此，提取时要用含有 EDTA、琥珀酸盐、草酸等螯合剂的弱酸性溶剂。

③ 四环素类药物不易从水相进入有机相，可采用固相萃取柱净化。固相分离有两种实现样品纯化的途径：一种是保留杂质，待测组分不被保留而自然流出或被洗脱；另一种是先使待测物完全保留在柱上，使干扰杂质随样品溶剂或洗脱液洗出，然后以小体积溶剂洗脱待

测物。本法采用第二种途径实现样品的净化。

18.3.2.2 磺胺类药物检测

参见GB/T 5009.21316—2007《动物源性食品中磺胺类药物残留量的测定——液相色谱-质谱/质谱法》。

(1) 原理 试样中加入C_{18}填料后研磨均匀，其中磺胺类药物残留用乙腈-水在微波辐照辅助下进行提取，用乙腈饱和的正己烷液-液分配净化。用液相色谱-质谱/质谱测定，外标法定量。

(2) 方法概述 试验所用试剂及仪器见国标。分析步骤如下所述。

① 试样制备与贮存

a. 肌肉、内脏、鱼和虾：从原始样品中取出有代表性的样品，经高速组织捣碎机均匀捣碎，用四分法缩分出适量试样，均分成两份，分别装入清洁容器内，加封后作出标记，一份作为试样，一份作为留样。将试样于－20℃保存。

b. 肠衣：从原始样品中取出有代表性的样品，用剪刀剪成$4mm^2$的碎片，用四分法缩分出适量试样，均分成两份，分别装入洁净容器内，加封后作出标记，一份作为试样，一份作为留样。将试样于－20℃保存。

c. 牛奶：从原始样品中取出有代表性的样品，用组织捣碎机充分捣碎均匀，均分成两份，分别装入洁净容器内，加封后作出标记，一份作为试样，一份作为留样。将试样于4℃避光保存。

② 提取

a. 肌肉、内脏、鱼、虾和肠衣：称取2g（精确至0.01g）试样置于玻璃研钵内，再称取约6g（精确至0.01g）C_{18}填料加至试样上用玻璃杵轻轻研磨，使样品与填料混合均匀（色泽均一，状态分散），装于50mL具螺旋盖四氟乙烯离心管中，加入25mL乙腈-水溶液（1000＋30），旋涡振荡1min，放入家用微波炉中在光波模式下微波辐照30s，3000r/min离心5min，将乙腈层移入100mL棕色分液漏斗中。离心后的沉淀物再加入25mL乙腈摇匀，微波辅助提取30s，3000r/min离心5min，合并乙腈提取液，待净化。

b. 牛奶：称取2g（精确至0.01g）牛奶，置于玻璃研钵内，加入6g（精确至0.01g）硅藻土，另加入6g（精确至0.01g）C_{18}填料，用玻璃杵轻轻研磨30s，使样品与填料混合均匀（色泽均一，状态分散），装于50mL具螺旋盖四氟乙烯试管中，加入25mL乙腈-水溶液（1000＋30），旋涡振荡1min，放入家用微波炉中在光波模式下微波辐照30s，于3000r/min离心5min，将乙腈层移入100mL棕色分液漏斗中。离心后的沉淀物再加入25mL乙腈摇匀，微波辅助提取30s，于3000r/min离心5min，合并乙腈提取液，待净化。

③ 净化 提取液中加入25mL乙腈饱和正己烷溶液，振摇5min将底层乙腈溶液移入150mL棕色鸡心瓶中，加入10mL正丙醇，用旋转蒸发仪于45℃水浴中减压蒸发至近干，氮气流吹干。准确加入1mL乙腈-水溶液（1＋1），超声30s溶解残渣，将溶解液移入10mL棕色离心管中，加0.5mL乙腈饱和正己烷。涡旋振荡2min，于3000r/min离心5min，弃去正己烷溶液，取底层乙腈-水溶液过0.22μm微孔滤膜，供高效液相色谱-质谱/质谱测定。

④ 测定

a. 标准工作曲线制备 用相应的空白样品基质提取液制备混合标准浓度系列，分别为10ng/mL、20ng/mL、40ng/mL、200ng/mL、1000ng/mL（分别相当于测试样品中含有5μg/kg、10μg/kg、20μg/kg、100μg/kg、500μg/kg的目标化合物），按以下b.和c.规定并制备标准曲线。

b. 液相色谱条件

色谱柱：Inecril ODS-3.5μm，150mm×4.6mm（内径），或相当者。

流动相及洗脱条件：见表18-4。

表18-4 流动相及梯度洗脱条件

时间/min	流动相A（乙腈）/%	流动相B（0.1%甲酸）/%	时间/min	流动相A（乙腈）/%	流动相B（0.1%甲酸）/%
0.0	0.5	99.5	30.0	40	60
5.0	10	90	30.5	0.5	99.5
25.0	50	50	40.0	0.5	99.5

流速：0.8mL/min。

柱温：20℃。

进样量：20μL。

c. 质谱/质谱条件

离子源：电喷雾离子源；喷雾电压：5500V；扫描方式：电离正离子模式；检测方式：多反应监测（MRM）；离子源温度：475℃。

d. 液相色谱/串联质谱测定

ⓐ 定性测定：23种磺胺混合标准工作溶液的液相色谱/串联质谱多反应监测（MRM）色谱图和各磺胺药物相对保留时间参见GB/T 5009.21316—2007图B.1和表B.1。

ⓑ 定量测定：按照外标法进行定量计算。

⑤ 结果计算　试样中每种磺胺药物残留量利用数据处理系统计算或按下式进行计算：

$$X=c\times\frac{V}{m}\times\frac{1000}{1000} \tag{18-4}$$

式中　X——样品中被测组分残留量，μg/kg；

c——从标准工作曲线得到的被测组分溶液质量浓度，ng/mL；

V——试样溶液定容体积，mL；

m——试样溶液所代表的质量，g。

注：计算结果应扣除空白值。

（3）适用范围　本标准适用于肝、肾、肌肉、水产品和牛奶等动物源性食品中23种磺胺药物残留量的定性确证和定量测定。动物肝、肾、肌肉组织和牛奶中23种磺胺药物残留的定量限均为种拌50μg/kg；在水产品中为10μg/kg。

（4）说明

① 微波辅助萃取操作中，要求控制溶剂温度使其不沸腾，且在该温度下待测物不分解。

② 磺胺类药物能与蛋白结合，提取时应尽可能使组织中结合态的残留物溶解。样品提取采用了基质固相分散技术。它依靠机械剪切力、C_{18}键合相的去垢效应和巨大的表面积使样品结构破碎并且在填料表面均匀分散大大提高了提取净化效率，减少了待测物的损失。

③ 磺胺类药物水溶性较低，易溶于极性有机溶剂，难溶于非极性有机溶剂，因此，磺胺类药物的提取可采用极性较强的乙腈-水溶液。利用磺胺类药物在乙腈和正己烷溶液中的分配系数不同进行净化处理。

④ 某些磺胺类药物遇光，颜色会变深，因此提取后要做好避光措施。

18.4 食品中霉菌毒素检测

18.4.1 概述

霉菌毒素是一类化学结构不同的毒素，主要是陆生丝状真菌（一般是霉菌）二次代谢产生的，最终的二次代谢产物包括霉菌毒素将在食品中残留，并高度浓缩。目前人们已经知道的霉菌毒素约为300～400种，下面介绍几种食品中常见的霉菌毒素，它们都具有致癌性。

（1）黄曲霉毒素　黄曲霉毒素（aflatoxin，AFT），是黄曲霉和寄生曲霉的代谢物，具有极强的毒性和致癌性。黄曲霉毒素是结构相似的一类化合物，分为B系及G系两大类。用紫外线照射，黄曲霉毒素能够发出荧光，可利用该特性测定黄曲霉毒素。根据荧光颜色及其结构等，分别命名为黄曲霉毒素B_1、黄曲霉毒素B_2、黄曲霉毒素G_1、黄曲霉毒素G_2、黄曲霉毒素M_1、黄曲霉毒素M_2、黄曲霉毒素P_1及黄曲霉毒素Q_1等。在紫外线照射下，黄曲霉毒素B_1及黄曲霉毒素B_2产生蓝紫色荧光，黄曲霉毒素G_1及黄曲霉毒素G_2产生黄绿色荧光。食品中黄曲霉毒素的测定参见GB/T 5009.23—2006。

（2）杂色曲霉素　杂色曲霉素（sterigmatocystin，ST），主要由杂色曲霉、构巢曲霉和皱褶曲霉、黄褐曲霉等产生ST，可溶解于绝大多数非极性有机溶剂，而微溶于甲醇、乙醇等极性溶剂，不溶于水。ST是具有肝毒性的主要真菌毒素之一。食品中杂色曲霉素的测定可参见GB/T 5009.25—2003。

（3）展青霉素　展青霉素（patulin，Pal）是一种由多种真菌，如扩展青霉、荨麻青霉、棒曲霉和巨大曲霉等产生的有毒代谢物。展青霉素不但污染食品和饲料，而且对水果及其制品污染严重。展青霉素具有致癌性、致畸性，能抑制植物和动物细胞的有丝分裂。有十几个国家制定了水果及水果制品中展青霉素最高限量标准，多数为50μg/kg。

（4）赭曲霉毒素　赭曲霉毒素（ochrotoxin，OCT）是曲霉属和青霉属霉菌产生的代谢物，包括赭曲霉毒素A、赭曲霉毒素B、赭曲霉毒素C和赭曲霉毒素D，是植物性食品中的天然污染物。赭曲霉毒素A毒性最强，是谷物、大豆、咖啡五种可可豆的污染物。赭曲霉毒素具有致畸、致突变和致癌性，能导致肾病。食品中赭曲霉毒素A的测定可参见GB/T 23502—2009。

18.4.2 黄曲霉毒素检测

参见GB/T 5009.23—2006《黄曲霉毒素B_1、黄曲霉毒素B_2、黄曲霉毒素G_1、黄曲霉毒素G_2的测定》。

18.4.2.1 薄层色谱法

（1）原理　试样经提取、浓缩、薄层分离后，在365nm紫外线下，黄曲霉毒素B_1、黄曲霉毒素B_2产生蓝紫色荧光，黄曲霉毒素G_1、黄曲霉毒素G_2产生黄绿色荧光，根据其在薄层板上显示的荧光的最低检出量来定量。

（2）方法概述　试验所用试剂及仪器见国标。分析步骤如下所述。

① 提取

a. 玉米、大米、麦类、面粉、薯干、豆类、花生、花生酱等：称取20.00g粉碎过筛试样（面粉、花生酱不需粉碎），置于250mL具塞锥形瓶中，加30mL正己烷或石油醚和100mL甲醇水溶液，在瓶塞上涂上一层水，盖严防漏。振荡30min，静置片刻，以叠成折叠式的快速定性滤纸过滤于分液漏斗中，待下层甲醇水溶液分清后，放出甲醇水溶液于另一具塞锥形瓶内。取 20.00mL 甲醇水溶液（相当于 4g 试样）置于另一只 125mL 分液漏斗中，加 20mL 三氯甲烷，振摇 2min，静置分层，如出现乳化现象可滴加甲醇促使分层。放出三氯甲烷层，经盛有约 10g 预先用三氯甲烷湿润的无水硫酸钠的定量慢速滤纸过滤于 50mL 蒸发皿中，再加 5mL 三氯甲烷于分液漏斗中，重复振摇提取，三氯甲烷层一并滤于蒸发皿中，最后用少量三氯甲烷洗过滤器，洗液并于蒸发皿中。将蒸发皿放在通风柜于 65℃水浴上通风挥干，然后放在冰盒上冷却 2～3min 后，准确加入 1mL 苯-乙腈混合液（98+2）（或将三氯甲烷用浓缩蒸馏器减压吹气蒸干后，准确加入 1mL 苯-乙腈混合液）。用带橡皮头的滴管的管尖将残渣充分混合，若有苯的结晶析出，将蒸发皿从冰盒上取出，继续溶解、混合，晶体即消失，再用此滴管吸取上清液转移于 2mL 具塞试管中。

b. 花生油、香油、菜油等：称取 4.00g 试样置于小烧杯中，用 20mL 正己烷或石油醚将试样移于 125mL 分液漏斗中。用 20mL 甲醇-水溶液（55+45）分次洗烧杯，洗液一并移入分液漏斗中，振摇 2min，静置分层后，将下层甲醇水溶液移入第二个分液漏斗中，再用 5mL 甲醇-水溶液重复振摇提取一次，提取液一并移入第二个分液漏斗中，在第二个分液漏斗中加入 20mL 三氯甲烷，以下按 a. 自“振摇 2min，静置分层……”起依法操作。

c. 酱油、醋：称取 10.00g 试样于小烧杯中，为防止提取时乳化，加 0.4g 氯化钠，移入分液漏斗中，用 15mL 三氯甲烷分次洗涤烧杯，洗液并入分液漏斗中。以下按 a. 自“振摇 2min，静置分层……”起依法操作。最后加入 2.5mL 苯-乙腈混合液，此溶液每毫升相当于 4g 试样。

d. 干酱类：称取 20.00g 研磨均匀的试样，置于 250mL 具塞锥形瓶中，加入 20mL 正己烷或石油醚与 50mL 甲醇水溶液。振荡 30min，静置片刻，以叠成折叠式快速定性滤纸过滤，滤液静置分层后，取 24mL 甲醇水层（相当于 8g 试样，其中包括 8g 干酱类本身约含有 4mL 水的体积在内）置于分液漏斗中，加入 20mL 三氯甲烷。以下按 a. 自“振摇 2min，静置分层……”起依法操作。最后加入 2mL 苯-乙腈混合液，此溶液每毫升相当于 4g 试样。

② 测定　单向展开法。薄层板的制备→点样→展开与观察→确证试验→稀释定量。

a. 薄层板的制备：见 GB/T 5009.22—2003。

b. 点样

第一点：10μL 黄曲霉毒素混合标准使用液Ⅱ；

第二点：20μL 样液；

第三点：20μL 样液+10μL 黄曲霉毒素混合标准使用液Ⅱ；

第四点：20μL 样液+10μL 黄曲霉毒素混合标准使用液Ⅰ。

c. 展开与观察　在展开槽内加 10mL 无水乙醚，预展 12cm，取出挥干，再于另一展开槽内加 10mL 丙酮-三氯甲烷（8+92），展开 10～12cm，取出。在紫外线下观察结果，方法如下所述。

ⓐ 由于样液点上加滴黄曲霉毒素混合标准使用液Ⅰ或Ⅱ，可使黄曲霉毒素 B_1、黄曲霉毒素 B_2、黄曲霉毒素 G_1、黄曲霉毒素 G_2 分别与样液中的黄曲霉毒素 B_1、黄曲霉毒素 B_2、黄曲霉毒素 G_1、黄曲霉毒素 G_2 荧光点重叠。如样液为阴性，薄层板上的第三点中黄曲霉毒素 B_1、黄曲霉毒素 B_2、黄曲霉毒素 G_1、黄曲霉毒素 G_2 依次为 0.0004μg、0.0002μg、0.0004μg、0.0002μg，可用作检查在样液内黄曲霉毒素的最低检出量是否正常出现。如为阳性，则起定位作用。薄层板上的第四点中黄曲霉毒素 B_1、黄曲霉毒素 B_2、黄曲霉毒素 G_1、黄曲霉毒素 G_2 依次为 0.002μg、0.001μg、0.002μg、0.001μg，主要起定位作用。

ⓑ 若第二点在与黄曲霉毒素 B_1、黄曲霉毒素 B_2 的相应位置上无蓝紫色荧光点；或在与黄曲霉毒素 G_1、黄曲霉毒素 G_2 的相应位置上无黄绿色荧光点，表示试样中黄曲霉毒素 B_1、黄曲霉毒素 G_1 含量在 5μg/kg 以下；黄曲霉毒素 B_2、黄曲霉毒素 G_2 含量在 2.5μg/kg 以下；如在相应位置上有以上荧光点，则需进行确证试验。

d. 确证试验

ⓐ 黄曲霉毒素与三氟乙酸反应产生衍生物，只限于黄曲霉毒素 B_1 和黄曲霉毒素 G_1；黄曲霉毒素 B_2 和黄曲霉毒素 G_2 与三氟乙酸不起反应。黄曲霉毒素 B_1 和黄曲霉毒素 G_1 的衍生物比移值为黄曲霉毒素 B_1＞黄曲霉毒素 G_1。于薄层板左边依次滴加以下两个点。

第一点：10μL 黄曲霉毒素混合标准使用液Ⅱ；

第二点：20μL 样液。

于以上两点各加三氟乙酸一小滴盖于其上，反应 5min 后，用吹风机吹热风 2min，使热风吹到薄层板上的温度不高于 40℃。再于薄层板上滴加以下两个点。

第三点：10μL 黄曲霉毒素混合标准使用液Ⅱ；

第四点：20μL 样液。

再展开，在紫外线下观察样液是否产生与黄曲霉毒素 B_1 或黄曲霉毒素 G_1 标准点相同的衍生物，未加三氟乙酸的三、四两点，可依次作为样液与标准的衍生物空白对照。

ⓑ 黄曲霉毒素 B_2 和黄曲霉毒素 G_2 的确证试验，可用苯-乙醇-水（46＋35＋19）展开，若标准点与样液点出现重叠，即可确定。

ⓒ 在展开的薄层板上喷以硫酸（1＋3），黄曲霉毒素 B_1、黄曲霉毒素 B_2、黄曲霉毒素 G_1、黄曲霉毒素 G_2 都变为黄色荧光。

e. 稀释定量　样液中黄曲霉毒素 B_1、黄曲霉毒素 B_2、黄曲霉毒素 G_1、黄曲霉毒素 G_2 荧光点的荧光强度如各与黄曲霉毒素 B_1、黄曲霉毒素 B_2、黄曲霉毒素 G_1、黄曲霉毒素 G_2 标准点的最低检出量黄曲霉毒素 B_1、黄曲霉毒素 G_1 为 0.0004μg，黄曲霉毒素 B_2、黄曲霉毒素 G_2 为 0.0002μg 的荧光强度一致，则试样中黄曲霉毒素 B_1、黄曲霉毒素 G_1 含量为 5μg/kg；黄曲霉毒素 B_2、黄曲霉毒素 G_2 含量为 2.5μg/kg。如样液中任何一种黄曲霉毒素的荧光强度比其最低检出量强，则需逐一进行定量，直至样液点的荧光强度与最低检出量点的荧光强度一致为止。

f. 结果计算　试样中黄曲霉毒素的含量按下式进行计算：

$$X=\frac{a\times V_1\times D\times 1000}{V_2\times m} \tag{18-5}$$

式中　X——试样中黄曲霉毒素的含量，μg/kg；

V_1——加入苯-乙腈混合液的体积，mL；

V_2——出现最低荧光时滴加样液的体积，mL；

D——样液的总稀释倍数；

m——加入苯-乙腈混合液溶解时相当试样的质量，g；

a——黄曲霉毒素的最低检出量，μg。

(3) 适用范围与特点　本法适用于各种食品中黄曲霉毒素 B_1、黄曲霉毒素 B_2、黄曲霉毒素 G_1、黄曲霉毒素 G_2 的测定。最低检出量：黄曲霉毒素 B_1、黄曲霉毒素 G_1 为 0.004μg，黄曲霉毒素 B_2、黄曲霉毒素 G_2 为 0.002μg；最低检出浓度：黄曲霉毒素 B_1、黄曲霉毒素 G_1 为 5μg/kg，黄曲霉毒素 B_2、黄曲霉毒素 G_2 为 2.5μg/kg。

本法既可用于定性分析，也可用于定量测定；既可目测，也可用紫外分光光度计、荧光光度计定量。主要缺点在于样品提取时间比较长，而且受样品中荧光物质干扰。

（4）注意事项

① 检测样品必须具有代表性，每份平均采样 1kg 左右。对局部发霉的样品，要单独取样。

② 所用玻璃器皿如受污染，要用 5%次氯酸钠浸泡 5min 消毒，然后用水冲洗干净。不要浸泡时间太长，以免玻璃变成不透明。

③ 展开剂丙酮与三氯甲烷的比例可随 R_f 值大小与分离情况而调节，如 R_f 值太大，可减少丙酮用量。

④ 阳光可使荧光消失，故整个操作要避免阳光直射。

⑤ 在气候潮湿的条件下，薄层板的活性易降低，影响灵敏度，因此使用薄层板需当天活化，点样时在盛有硅胶干燥剂的层析槽内操作。

18.4.2.2 高效液相色谱法

（1）原理 试样经乙腈-水提取，提取液过滤后，经装有反相离子交换吸附剂的多功能净化柱，去除脂肪、蛋白质、色素及碳水化合物等干扰物质。净化液中的黄曲霉毒素以三氟乙酸衍生，用带有荧光检测器的液相色谱系统分析，外标法定量。

（2）方法概述 试验所用试剂及仪器见国标。分析步骤如下所述。

① 试样提取 称取 20g 经充分粉碎过的试样至 250mL 的三角瓶中，加入 80mL 乙腈-水（84＋16）提取液，在电动振荡器上振荡 30min 后，定性滤纸过滤，收集滤液。

② 试样净化 移取约 8mL 提取液至多功能净化柱的玻璃管内，将多功能净化柱的填料管插入玻璃管中并缓慢推动填料管，净化液就被收集到多功能净化柱的收集池中。

③ 试样衍生化 从多功能净化柱的收集池内转移 2mL 净化液到棕色具塞小瓶中，在真空吹干机下 60℃±1℃吹干（或在 60℃水浴下氮气吹干，注意不要使液体鼓泡、飞溅）。加入 200μL 正己烷和 100μL 三氟乙酸，密闭混匀 30s 后，在 40℃±1℃烘干箱中衍生 15min。室温真空吹干机吹干（或室温水浴下氮气吹干），以 200μL 水-乙腈（85＋15）溶解，混匀 30s，1000r/min 离心 15min，取上清液至液相色谱仪的样品瓶中，供测定用。

④ 标准系列溶液的制备 吸取标准系列溶液各 200μL，在真空吹干机下 60℃吹干（或在 60℃水浴下氮气吹干，注意不要使液体鼓泡、飞溅），衍生化方法同上。

⑤ 测定

a. 色谱条件

色谱柱：12.5cm×2.1mm，5μm，C_{18}；柱温：30℃。

流动相：乙腈（色谱纯），水，梯度洗脱的变化可参考表 18-5。调整洗脱梯度，使 4 种黄曲霉毒素的保留时间在 4～25min。

表 18-5 流动相的梯度变化

时间/min	乙腈/%	水/%	时间/min	乙腈/%	水/%
0	15	85	8.00	25	75
6.00	17	83	14.00	15	85

流速：0.5mL/min。

进样量：25μL。

荧光检测器：激发波长 360nm，发射波长 440nm。

b. 测定　黄曲霉毒素按照黄曲霉毒素 G_1、黄曲霉毒素 B_1、黄曲霉毒素 G_2、黄曲霉毒素 B_2 的顺序出峰，以标准系列的峰面积对浓度分别绘制每种黄曲霉毒素的标准曲线。试样通过与标准色谱图保留时间比较确定每一种黄曲霉毒素的峰，根据每种黄曲霉毒素的标准曲线及试样中的峰面积计算试样中各种黄曲霉毒素含量。

⑥ 结果计算　按下式计算样品中每种黄曲霉毒素的浓度：

$$c=\frac{A\times V}{m\times f} \tag{18-6}$$

式中　c——试样中每种黄曲霉毒素的浓度，μg/kg；

A——试样按外标法在标准曲线中对应的质量浓度，μg/L；

V——试样提取过程中提取液的体积，mL；

m——试样的取样量，g；

f——试样溶液衍生后较衍生前的浓缩倍数。

计算结果表示到三位有效数字。

(3) 适用范围与特点　本法适用于大米、玉米、花生、杏仁、核桃、松子等食品中黄曲霉毒素 B_1、黄曲霉毒素 B_2、黄曲霉毒素 G_1、黄曲霉毒素 G_2 的测定。黄曲霉毒素最低检出浓度：黄曲霉毒素 B_1、黄曲霉毒素 G_1 为 0.50μg/L，黄曲霉毒素 B_2、黄曲霉毒素 G_2 为 0.125μg/L，相当于样品中的浓度：黄曲霉毒素 B_1、黄曲霉毒素 G_1 为 0.20μg/kg，黄曲霉毒素 B_2、黄曲霉毒素 G_2 为 0.05μg/kg。

HPLC 具有分析自动化的潜力和灵敏度高的特点，但是该方法操作技术水平要求高，仪器设备要求先进，主要适合专业实验室操作，不适合普遍推广。

(4) 说明

① 对样品进行衍生化的目的主要是增强黄曲霉毒素的荧光性，提高检测灵敏度。HPLC 测定黄曲霉毒素有两种衍生方法，即柱前衍生法和柱后衍生法，柱前衍生法主要有三氟乙酸法和稀盐酸法，柱后衍生法主要有电化学衍生、溴法和碘法及光化学衍生法。

② 多功能净化柱可有选择地吸附样液中的脂肪、蛋白类、色素等杂质，黄曲霉毒素不被吸附而样液得到净化。

③ 衍生化前样品液必须彻底干燥，否则，杂质较多，影响样品峰的分离，产生的杂峰较多。

④ 在氮气吹干过程中，如果干燥时间过长，会造成样品中黄曲霉毒素损失，从而影响检测结果。

⑤ 本法对应于国际分析家协会（AOAC）AOAC Official Method 994.08 方法。本标准与 AOAC Official Method 994.08 的一致性程度为非等效。

18.5　食品中天然毒素检测

18.5.1　概述

18.5.1.1　动物性天然毒素

动物性食品中的天然有害物质几乎都属于鱼及贝类的毒素，常见的有河豚毒素和贝类毒素。

(1) 河豚毒素　河豚毒素（tetrodotoxin，TTX）对热不稳定，难溶于水，可溶于弱酸的水溶液，在碱性溶液中易分解。河豚毒素是强烈的神经毒素，很低浓度的河豚毒素就能选择性地抑制钠离子通过神经细胞膜。河豚毒素检测方法有生物检测法、化学检测法、免疫学检测法、组织培养法等。

(2) 贝类毒素 海洋中有4000余种浮游藻类，其中至少约有300种是可以引起海水变色的赤潮种，这其中有70种能产生毒素。由毒藻产生的毒素往往经贝类、鱼类等传播媒介造成人类中毒，因而这类毒素通常被称为贝毒、鱼毒，而不是赤潮毒素或藻类毒素。贝类中毒的类型有：麻痹性贝类中毒（PSP）、腹泻性贝类中毒（DSP）、神经毒性贝类中毒（NSP）、失忆性贝类中毒（ASP）。

18.5.1.2 植物性天然毒素

植物性食物中的天然毒素种类较多，本书列举了几种常见的天然毒素，如下所述。

(1) 氰苷 氰苷可水解生成高毒性的氢氰酸，从而对人体造成危害。与食物中毒有关的化合物主要有苦杏仁苷和亚麻仁苦苷。苦杏仁苷主要存在于果仁中；亚麻仁苦苷主要存在于木薯和亚麻籽。氰苷毒性很强，对人的致死剂量为18mg/kg体重。氰苷在酸性条件下产生HCN气体，据HCN气体可对其检测。

(2) 凝集素 在豆类及一些豆状种子（如蓖麻）中，含有一种能使红细胞凝集的蛋白质，称为植物血凝素（phytohaemagglutinin），简称凝集素（agglutinin）。植物血凝素是一种糖蛋白，存在于大豆、豌豆、绿豆、扁豆、刀豆、蚕豆等食物中。由于植物凝集素具有凝集动物红细胞的能力，因此可以利用凝血反应测定血凝活力。

(3) 秋水仙素 秋水仙素（colchicine），一种生物碱，因最初从百合科植物秋水仙中提取出来，故名，也称秋水仙碱。秋水仙碱的毒性较大，常见恶心、呕吐、胃肠反应是严重中毒的前驱症状，对骨髓有直接抑制作用，引起粒细胞缺乏、再生障碍性贫血。秋水仙素的检测方法有三氯化铁化学反应法、硝酸-氧化钠化学反应法和硫酸-硝酸化学反应法。

(4) 棉酚 棉酚（gossypol）是棉子中的一种芳香酚，存在于棉花的叶、茎和种子等中。它能损害人体肝、肾、心等脏器及中枢神经，并影响生殖系统的功能。检测方法有定性化学反应法、紫外分光光度法、苯胺显色分光光度法、三氯化锑显色分光光度法和高效液相色谱法。

(5) 皂苷 皂苷（saponin）又称碱皂体、皂素、皂甙、苷类的一种，代表物质为大豆皂苷。皂苷是能形成水溶液或胶体溶液并能形成肥皂状泡沫的植物糖苷统称。皂苷具有破坏红细胞的溶血作用，充当分散剂，使肠道增加对单宁、酶抑制剂、肌醇六磷酸等毒物渗透。皂苷的检测方法可用分光光度法、薄层色谱法、高效液相色谱法等。

(6) 毒蘑菇毒素 毒蘑菇毒素所含有的有毒成分可分为生物碱类、肽类及其他化合物。蘑菇毒素检测方法有结晶析出鉴别法、纸色谱法和薄层色谱法等。

18.5.2 检测举例：鲜河豚鱼中河豚毒素的测定

可采用酶联免疫法，见GB/T 5009.206—2007《鲜河豚鱼中河豚毒素的测定》。

(1) 原理 样品中的河豚毒素经提取、脱脂后与定量的特异性酶标抗体反应，多余的游离酶标抗体则与酶标板内的包被抗原结合，加入底物后显色，与标准曲线比较来测定TTX含量。

(2) 方法概述 试验所用试剂及仪器见国标。分析步骤如下所述。

① 取样 对冷藏样品或冷冻后解冻的样品，用蒸馏水清洗鱼体表面的污物，滤纸吸干鱼体表面的水分后用剪刀将鱼体分解成肌肉、肝脏、肠道、皮肤、卵巢（雄性为精囊）等部分，各部分组织分别用蒸馏水洗去血污，滤纸吸干表面的水分后称重。

② 样品提取

a. 将待测河豚组织用剪刀剪碎，加入5倍体积0.1%的乙酸溶液（即1g组织中加入

0.1%乙酸5mL)，用组织匀浆器磨成糊状。

b. 取相当于5g河豚组织的匀浆糊（25mL）于烧杯中，置温控磁力搅拌器上边加热边搅拌，达100℃时持续10min后取下，冷却至室温后，8000r/min离心15min，快速过滤于125mL分液漏斗中。

c. 滤纸残渣用20mL 0.1%乙酸分次洗净，洗液合并于原烧杯中，置温控磁力搅拌器上边加热边搅拌，达100℃时持续3min后取下，8000r/min离心15min过滤，滤液合并于b. 分液漏斗中。

d. 在b. 分液漏斗的清液中加入等体积乙醚振摇脱脂，静置分层后，放出水层至另一分液漏斗中并以等体积乙醚再重复脱脂一次，将水层放入100mL锥形瓶中，减压浓缩去除其中残存的乙醚后，将提取液移入50mL容量瓶中。

e. 将d. 的提取液用1mol/L NaOH溶液调pH至6.5～7.0，并用PBS定容至50mL，立即用于检测（每毫升提取液相当于0.1g河豚组织样品)。

f. 当天不能检测的提取液经减压浓缩去除其中残存的乙醚后不用NaOH调pH，密封后于−20℃以下冷冻保存，在检测前调节pH并定容至50mL立即检测。

③ 测定

a. 包被酶标微孔板　用BSA-HCHO-TTX人工抗原包被酶标板，120μL/孔，4℃静置12h。

b. 抗体-抗原反应　将辣根过氧化物酶标记的纯化TTX单克隆抗体稀释后分别：

ⓐ 与等体积不同浓度的河豚毒素标准溶液在2mL试管内混合后，4℃静置12h或37℃温育2h备用。此液用于制作TTX标准抑制曲线。

ⓑ 与等体积样品提取液在2mL试管内混合后，4℃静置12h或37℃温育2h备用。此液用于测定样品中TTX含量。

c. 封闭　已包被的酶标板用PBS-T洗3次（每次浸泡3min）后，加封闭液封闭，200μL/孔，置37℃温育2h。

d. 测定　封闭后的酶标板用PBS-T洗3×3min后，加抗原-抗体反应液（在酶标板的适当孔位加抗体稀释液作为阴性对照)，100μL/孔，37℃温育2h，酶标板洗5×3min后，加新配制的底物溶液，100μL/孔，37℃温育10min后，每孔加入50μL 2mol/L的H_2SO_4终止显色反应，于波长450nm处测定吸光度值。

④ 结果计算　样品中TTX的含量按下式计算：

$$X = m_1 VD / V_1 m \tag{18-7}$$

式中　X——样品中TTX的含量，μg/kg；

m_1——酶标板上测得的TTX的质量，ng，根据标准曲线按数值插入法求得；

V——样品提取液的体积，mL；

D——样品提取液的稀释倍数；

V_1——酶标板上每孔加入的样液体积，mL；

m——样品质量，g。

(3) 适用范围与特点　本标准适用于鲜河豚鱼中TTX的测定。TTX的检出限为0.1μg/L，相当于样品中μg/kg的TTX。标准曲线线性范围为5～500μg/L。此法灵敏度高，特异性好，方便快速。

(4) 说明

① TTX较易溶于水和稀乙酸，不溶于有机溶剂。据此性质，采用稀乙酸作溶剂，以缓

慢加热的形式，直接提取毒素。在现实生活中，河豚毒素大多以直接加热后的形式进入生物体，所以此法测定的毒力比较接近其真实。

② 彻底洗下未与固相抗原结合的酶标抗体，否则影响实验结果。

③ 本实验显色后，颜色越浅，表示样品液中 TTX 含量越多。

18.6 食品中其他有害物质检测

18.6.1 包装材料引起的有害物质检测

18.6.1.1 概述

食品容器、包装材料种类很多，原材料复杂，且直接接触食品，很多材料成分可迁移到食品中，给人体健康带来危害。有关包装材料及其制品的卫生检验方法我国已制定了一系列的标准。本书列举了几种主要包装材料中可能存在的并可能迁移到食品中的有害成分及相关国标，见表 18-6。食品包装溶出物检测项目，包括蒸发残渣、干燥失重、油脂浸出情况及一些有毒有害物质等。

表 18-6 食品包装材料及其有害物质种类

<table>
<tr><th>包装材料类别</th><th>包装材质</th><th>可能污染物</th><th>相关国标</th></tr>
<tr><td rowspan="4">热塑性塑料</td><td>聚乙烯</td><td>单体乙烯、低聚乙烯、增塑剂、稳定剂</td><td rowspan="4">GB/T 009.59—2003 食品包装用聚苯乙烯树脂卫生标准的分析方法
GB/T5009.60—2003 食品包装用聚乙烯、聚苯乙烯、聚丙烯成型品卫生标准的分析
GB/T 009.67—2003 食品包装用聚氯乙烯成型品卫生标准的分析方法
GB/T5009.71—2003 食品包装用聚丙烯树脂卫生标准的分析方法等</td></tr>
<tr><td>聚丙烯</td><td>增塑剂、稳定剂</td></tr>
<tr><td>聚苯乙烯</td><td>常残留有苯乙烯、乙苯、甲苯、异丙苯等挥发性物质</td></tr>
<tr><td>聚氯乙烯</td><td>单体氯乙烯、增塑剂、稳定剂</td></tr>
<tr><td rowspan="3">热固性塑料</td><td>三聚氰胺</td><td>甲醛</td><td rowspan="3">GB/T 009.178—2003 食品包装材料中甲醛的测定
GB/T 5009.69—2008 食品罐头内壁环氧酚醛涂料卫生标准的分析方法等</td></tr>
<tr><td>脲醛树脂</td><td>甲醛</td></tr>
<tr><td>酚醛树脂</td><td>甲醛、苯酚</td></tr>
<tr><td rowspan="2">丙烯腈
共聚塑料</td><td>聚丙烯腈-丁乙烯</td><td>丙烯腈</td><td rowspan="2">GB/T 3296.8—2009 食品接触材料高分子材料食品模拟物中丙烯腈的测定
GB/T 5009.70—2003 食品容器内壁聚酰胺环氧树脂涂料卫生标准的分析方法等</td></tr>
<tr><td>聚丙烯腈-苯乙烯</td><td>丙烯腈</td></tr>
<tr><td>橡胶</td><td>天然橡胶/
合成橡胶</td><td>单体/促进剂、抗老化剂、填充剂</td><td>GB/T 5009.66—2003 橡胶奶嘴卫生标准的分析方法
GB/T 5009.64—2003 食品用橡胶垫片(圈)卫生标准的分析方法等</td></tr>
<tr><td>纸类</td><td>食品包装纸、玻璃纸</td><td>造纸原料中的农残，回收纸中的油墨，荧光增白剂，石蜡</td><td>GB/T 0342—2002 纸张的包装和标志
GB/T 22873—2008 瓦楞纸板胶粘抗水性的测定
GB 19341—2003 育果袋纸等</td></tr>
<tr><td rowspan="2">无机包
装材料</td><td>铁、铝、不锈钢玻璃</td><td>铅、镍、铬、铝、锡</td><td rowspan="2">GB/T 5009.62—2003 陶瓷制食具容器卫生标准的分析方法
GB/T 5009.63—2003 搪瓷制食具容器卫生标准的分析方法
GB/T 5009.72—2003 铝制食具容器卫生标准的分析方法等</td></tr>
<tr><td>搪瓷、陶瓷</td><td>铅、钠、钴、铜瓷釉或陶釉中含有的铅、铬、锑等</td></tr>
</table>

18.6.1.2 检测举例：食品包装用聚乙烯树脂的分析

参见 GB/T 5009.58—2003。

(1) 取样方法 每批按包数的 10%取样，小批时不得少于 3 包。从选出的包数中，用取样针等取样工具伸入每包深度的 3/4 处取样，取出试样的总量不少于 2kg，将此试样迅速混匀，用四分法缩分为每份 500g，装于两个清洁、干燥的 250mL 玻塞磨口广口瓶中，瓶上粘贴标签，注明生产厂名称、产品名称、批号及取样日期，一瓶送化验室分析，一瓶密封保存两个月，以备作仲裁分析用。

(2) 干燥失重

① 原理 试样于 90～95℃干燥失去的质量即为干燥失重，表示挥发性物质的存在情况。

② 分析步骤 称取 5.00～10.00g 试样，放于已恒量的扁形称量瓶中，样层厚度不超过 5mm，然后于 90～95℃干燥 2h，在干燥器中放置 30min 后称量，干燥失重不得超过 0.15g/100g。

③ 结果计算

$$X=\frac{m_1-m_2}{m_3}\times 100 \tag{18-8}$$

式中 X——试样的干燥失重，g/100g；

m_1——试样加称量瓶的质量，g；

m_2——试样加称量瓶恒量后的质量，g；

m_3——试样质量，g。

(3) 灼烧残渣

① 原理 试样经 800℃灼烧后的残渣，表示无机物污染情况。

② 分析步骤 称取 5.00～10.00g 试样，放于已在 800℃灼烧至恒量的坩埚中，先小心炭化，再放于 800℃高温炉内灼烧 2h，冷后取出，放干燥器内冷却 30min，称量，再放进马弗炉内，于 80℃灼烧 30min，冷却称量，直至两次称量之差不超过 2.0mg，为恒重。

③ 结果计算

$$X=\frac{m_1-m_2}{m_3}\times 100 \tag{18-9}$$

式中 X——试样的灼烧残渣，g/100g；

m_1——坩埚加残渣的质量，g；

m_2——空坩埚的质量，g；

m_3——试样质量，g。

(4) 正己烷提取物

① 原理 试样经正己烷提取的物质，表示能被油脂浸出的物质。

② 分析步骤 称取 1.00～2.00g 试样（50～100 粒）于 250mL 回流冷凝器的烧瓶中，加 100mL 正己烷，接好冷凝管，于水浴中加热回流 2h，立即用快速定性滤纸过滤，用少量正己烷洗涤滤器及试样，洗液与滤液合并。将正己烷放入已恒量的浓缩器的小瓶中，浓缩并回收正己烷，残渣于 100～105℃干燥 2h，在干燥器中冷却 30min，称量。正己烷提取物不得超过 2%。

③ 结果计算

$$X=\frac{m_1-m_2}{m_3}\times 100 \tag{18-10}$$

式中 X——试样中正己烷的提取物，g/100g；

m_1——残渣加浓缩器小瓶的质量，g；

m_2——浓缩器小瓶的质量，g；

m_3——试样质量，g。

（5）适用范围 本标准适用于制作食具、容器及食品用包装薄膜或其他食品用工具的聚乙烯树脂原料的各项卫生指标的测定。

18.6.2 二噁英

18.6.2.1 二噁英种类、特性与毒性

二噁英（polychlorodibenzodioxins，PCDD），全名为多氯代二噁英、多氯二苯并对二噁英，或多氯二苯二氧，是一类三环芳香族化合物。由于每个氯原子可以占据其化学结构中八个取代位置中的任何一个，因此含有一定数目氯原子的PCDD和PCDF可以有若干个异构体。理论上讲PCDD总计可以有75个异构体，PCDF共有135个异构体。研究已经证实，二噁英（dioxin）是多氯二苯并二噁英（polychlorinated dibenzo-*p*-dioxin，PCDD）和多氯二苯并呋喃（polychlorinated dibenzofuran，PCDF）的统称。PCDD由2个氧原子联结2个被氯原子取代的苯环；PCDF由1个氧原子联结2个被氯原子取代的苯环。每个苯环上都可以取代1～4个氯原子，从而形成众多的异构体，其中PCDD有75种异构体、PCDF有135种异构体。两类化合物的毒性明显地依赖于氯原子的取代数目和取代位置，其2、3、7、8取代位置的异构体毒性最高。

二噁英毒性极强，可以使动物中毒死亡，其中2,3,7,8-TCDD对豚鼠的经口LD_{50}仅为1μg/kg，是迄今毒性最高的化合物，毒性是氰化钠的130倍、砒霜的900倍，被称为“毒中之毒”。TCDD容易被胃肠道吸收，分布于动物体内各个部位，由于二噁英同脂肪具有较强的亲和力，二噁英进入动物体后一般在肝、脂肪、皮肤或肌肉中蓄积，或是进入富含脂肪的禽畜产品，如牛奶及蛋黄。二噁英有强烈的致癌和致畸作用，国际癌症研究中心将二噁英列为人类一级致癌物。二噁英除了具有致癌毒性以外，还具有生殖毒性和遗传毒性，直接危害子孙后代的健康和生活。

18.6.2.2 二噁英的分析

节录自GB/T 5009.205—2007《食品中二噁英及其类似物毒性当量的测定》。

（1）原理 应用高分辨气相色谱-高分辨质谱联用技术，在质谱分辨率大于10000的条件下，通过精确质量测量监测目标化合物的两个离子，获得目标化合物的特异性响应。以目标化合物的同位素标记化合物为定量内标，采用稳定性同位素稀释法准确测定食品中2,3,7,8位氯取代PCDD/F和DL-PCB的含量；并以各目标化合物的毒性当量因子（TEF）与所测得的含量相乘后累加，得到样品中二噁英及其类似物的毒性当量（TEQ）。

（2）提取 由于PCDD是脂溶性的，因此，通常可采取提取脂肪的方法。

（3）试样净化 为了将PCDD/F和DL-PCB从基质材料中充分地分离出来，可根据基质材料或干扰组分的具体情况选用不同的吸附剂进行净化。制备酸化硅胶或者分离柱以除去组织样品中的脂肪。凝胶渗透色谱可用来除去那些能降低气相色谱柱柱效的大相对分子质量干扰物（如蜂蜡等酸碱不能破坏的大分子），必要时可作为手动色谱柱对提取液进行初步净化。酸性、中性和碱性硅胶、氧化铝和弗罗里土可用于消除非极性和极性的干扰物质。活性炭柱能将PCDD/F以及非邻位氯取代的PCB77、PCB126和PCB169与其他同类物质和干扰物质分离，可在必要时使用。除了非邻位氯取代的PCB77、PCB126和PCB169外，其他DL-PCB一般不需要活性炭柱净化。HPLC可以特异性地分离某些类似物和同系物。

通常在酸化硅胶或凝胶渗透色谱除去组织样品中的类脂后，使用3根色谱柱净化，即一根混合型硅胶柱和两根不同的氧化铝柱，也可以采取其他备选净化方法，组合使用。

(4) 测定　HRGC/HRMS分析法。

18.6.3　氯丙醇

18.6.3.1　氯丙醇的种类、毒性与来源

氯丙醇是甘油结构上的羟基被氯原子取代的一类化合物，包括3-氯-1,2-丙二醇（3-MCPD）、2-氯-1,3-丙二醇（2-MCPD）、1,3-二氯-2-丙醇（1,3-DCP）和2,3-二氯-1-丙醇（2,3-DCP）。氯丙醇微溶于水，易溶于有机溶剂。不同氯丙醇毒性不一样。3-MCPD会引起癌症，影响肾脏及生育；1,3-DCP会引起肝、肾、甲状腺等的癌变；2,3-DCP对肾脏、肝脏和精子具有毒性。

食品中的氯丙醇主要来源于酸水解动植物蛋白（HVP）。酸水解植物蛋白是以含有食用植物蛋白的脱脂大豆、花生粕、小麦蛋白或玉米蛋白为原料，经盐酸水解，碱中和制成的液体鲜味调味品，常被用作调味食品如配制酱油、鸡精、汤料的重要成分而引起这些食品的污染。

鉴于氯丙醇的危害性，许多国家制定了限量标准来控制食品中氯丙醇的污染。欧盟EC 466/2001指令规定酱油、HVP中3-MCPD不得超过20μg/kg。德国和澳大利亚规定1,3-DCP应低于50μg/kg。我国SB 10338—2000《酸水解植物蛋白调味液》规定HVP中3-MCPD的最大允许限量为1000μg/kg。

18.6.3.2　氯丙醇多组分含量的测定：基质固相分散萃取的气相色谱-质谱法

本法摘自GB/T 5009.191—2006《食品中氯丙醇含量的测定》第二法。本法采用美国分析家学会（AOAC）的AOAC 2000.01，与其不同之处在于：除了3-MCPD外增加了另三种氯丙醇的检测；除d_5-3-MCPD作内标外，增加了d_5-1,3-MCPD作内标，即双同位素内标的稳定性同位素稀释技术；修改了基质固相分散萃取中洗脱溶剂正己烷与乙醚的比例；增加了离子阱质谱方法的测定条件。

(1) 原理　本标准采用同位素稀释技术，以五氘代-3-氯-1,2-丙二醇（d_5-3-MCPD）和五氘代-3-氯-1,2-丙二醇（d_5-1,3-MCPD）为内标定量。试样中加入内标溶液，以硅藻土（Extrelut™ 20）为吸附剂，采用柱色谱分离，用正己烷-乙醚（9+1）洗脱样品中非极性的脂质组分，用乙醚洗脱样品中的3-MCPD，用七氟丁酰基咪唑（HFBI）溶液为衍生化试剂。采用选择离子监测（SIM）的质谱扫描模式进行定量分析，内标法定量。

(2) 适用范围　本法适用于酱油、食醋、鸡精、蚝油等调味品，水解植物蛋白液，香肠，方便面调味包等食品中单氯取代的3-氯-1,2-丙二醇（3-MCPD）和2-氯-1,3-丙二醇（2-MCPD）以及双氯取代的1,3-二氯-2-丙醇（1,3-DCP）和2,3-二氯-1-丙醇（2,3-DCP）含量的测定。

小结

人们越来越关注食品中有害物质残留问题，因此，需选择更快速或更灵敏的方法监测。近年来，有害物质残留的分析方法有两种发展趋势：一是防止被污染的食品进入市场，必须加强现场监测，因此需要快速和高效的分析方法，如利用免疫技术、生物传感器、手提式色谱仪等进行现场监测；二是实验室检测，仍以色谱分离为主，但将更多地使用选择性检测器，如GC-MS、LC-MS等。

参 考 文 献

[1] 张水华. 食品分析 [M]. 北京：中国轻工业出版社，2007.
[2] 朱坚，汪国权等. 食品中危害残留物的现代分析技术 [M]. 上海：同济大学出版社，2003.
[3] 方晓明，丁卓平. 动物源食品兽药残留分析 [M]. 北京：化学工业出版社，2009.
[4] 谢音，屈小英. 食品分析 [M]. 上海：科学技术文献出版社，2006.
[5] 钱建亚，熊强. 食品安全概论 [M]. 南京：东南大学出版社，2006.
[6] 赵新淮. 食品安全检测技术 [M]. 北京：中国农业出版社，2007.
[7] 李云. 食品安全与毒理学基础 [M]. 成都：四川大学出版社，2008.
[8] 张烨，丁晓婴. 食品中氯丙醇污染及其毒性 [J]. 粮食与油脂，2005，(7)：44-46.
[9] 仲维科，樊耀波，王敏健等. 食品农药残留分析进展 [J]. 分析化学评述与进展，2000，(7)：904-910.

附 录

GB/T 5009.19—2008《食品中有机氯农药多组分残留量的测定》。
GB/T 5009.20—2003《食品中有机磷农药残留量的测定》。
GB/T 5009.21317—2007《动物源性食品中四环素类兽药残留量的检测——液相色谱-质谱/质谱法与高效液相色谱法》。
GB/T 5009.21316—2007《动物源性食品中磺胺类药物残留量的测定——液相色谱-质谱/质谱法》。
GB/T5009.23—2006《黄曲霉毒素 B_1、B_2、G_1、G_2 的测定》。
GB/T 5009.206—2007《鲜河豚鱼中河豚毒素的测定》。
GB/T 5009.205—2007《食品中二噁英及其类似物毒性当量的测定》。
GB/T 5009.191—2006《食品中氯丙醇含量的测定》。

第 19 章　转基因食品的分析

19.1　概论

基因工程技术是一门高新技术，目前在食品领域应用于对动植物性食品的品质改良，运用转基因技术将特定的遗传物质转移到传统食品中，从而生产出具有有利特性的食品——转基因食品，也称基因改造食品或基因修饰食品（简称 GM food）。DNA 重组技术先将所需要的某种生物体（植物、动物和微生物等）细胞中某种基因从 DNA 链中分离，将它与运载体结合并降解成最小的功能单位，再植入宿主（传统食品）细胞的染色体中，这时外源基因就能随着细胞的分裂而增殖，宿主表现导入基因所表达的特性，并能稳定地遗传给后代。这样的生物体能有效地表达出相应的产物（多肽或蛋白质），可以直接将其作为食品或以其为原料加工生产食品。到目前为止，全世界范围内已进入商品化生产的转基因农作物约有三十多种，转基因动物如转基因鱼、转基因兔、转基因鸡、转基因羊等多种动物新品种已被培育成功，以转基因生物为原料生产的食品种类则更多。转基因食品发展非常迅速，正进入千家万户的餐桌，同时其安全性也引起人们的极大关注。

19.2　分析方法

转基因过程的每一个环节都有可能对食品的安全性产生影响：①基因从原有机体转入宿主有机体中，两者的安全性都将对终产物产生影响。②外源基因结构的稳定性，必须确保这些基因结构为要表达的良性性状所需的最小遗传基因片段，否则可能产生不需要的性状或有害产物，或终产物不稳定。③插入基因后不表达，或部分表达导致的“转基因沉默”。④外源基因插入信息的多效性，如果在其位点上造成多效性，导致表达所需产物的同时还产生其他基因产物，造成基因性质不稳定。⑤载体的选择。目前，很多抗生素抗性基因载体被大量应用在遗传工程的转化、修饰过程中，如果其转移到致病微生物中，则会影响抗生素治疗的有效性。这里主要介绍目前相对已经成熟并已广泛应用于转基因食品的检测方法。根据所检测的生物大分子的不同，这些方法可分为对外源基因的检测和对外源蛋白的检测两大类。

转基因食品的检测方法：
1. 对外源基因的检测：定性 PCR，定量 PCR，基因芯片等
2. 对外源蛋白的检测：酶联免疫吸附测定，“侧流型”免疫测定，蛋白质芯片等
3. 其他：近红外波谱技术，化学指纹图谱等

19.2.1　外源基因的检测

19.2.1.1　外源基因的定性检测

目前对于外源基因的检测主要是通过对转入的外源基因进行 PCR 扩增，然后进行紫外或荧光检测。

（1）聚合酶链式反应　PCR（polymerase chain reaction，PCR）技术全称“聚合酶链反

应技术”，又称“基因扩增技术”，是一种在体外由引物介导的DNA聚合酶催化的聚合反应，能够在短时间内快速准确地将任何一个目的序列大量复制。其过程为：首先在92～95℃的高温条件下使模板DNA变性。双链解开，然后降低温度至40～60℃，两引物分别与单链模板中的目的片段3′端互补区退火，形成局部双链区，这种结构的形成为聚合酶的催化作用打下了基础，于是，聚合酶将单核苷酸从引物的3′端开始掺入，催化磷酸二酯键生成，温度升至72℃，多核苷酸链根据模板的顺序按5′，3′的方向不断延伸，形成互补双链。由于两引物3′端相对，所以双引物扩增的结果是形成目的片段的复制品。变性、退火、延伸，三步构成一个循环。一个循环之后，目的基因扩增一倍。由于每次循环的产物都能成为下一循环的模板，因而PCR的产物量以指数方式增长，经20个循环目的片段可被扩增10^6倍。

(2) 生物芯片技术　生物芯片（biochips）能同时检测成百上千种生物大分子。首先，按一定次序在一个玻璃片上依次涂上能与目标生物大分子进行结合的分子，然后使样品与该芯片进行反应，二者的结合通过荧光探针来进行检测。该法的优点是经济、快速，不足之处是灵敏度不够高。

19.2.1.2　外源基因的定量检测

食品中外源DNA的定量方法有两种，即竞争性PCR和实时PCR，竞争性PCR是通过比较要扩增的样品中目标DNA和在同一体系中进行扩增的已知量的竞争性DNA而得到的。实时PCR的原理是在PCR反应的起始阶段，模板DNA的量与PCR产物的量之间存在着线性关系，实时PCR实验要有能与目标DNA进行专一性结合的荧光探针，以便对反应管中的荧光度进行实时检测，确定反应出的DNA的量，然后通过计算机程序对获得的数据进行处理来给出样品中DNA的量。

19.2.2　外源蛋白的测定

有许多方法能对转基因食品中的特异外源蛋白进行检测，但最常用的方法是免疫化学法。免疫实验的第一步是制备高纯蛋白，这种蛋白通常是目标基因所表达的一种特定的蛋白。获得一定量的高纯蛋白后，再制备抗体，对外源蛋白抗体的制备要保证极严格的专一性，因为外源蛋白通常只是内源蛋白的一种变体，外源蛋白与内源蛋白在氨基酸次序上具有高度的同源性，为了避免交叉反应而导致的假阳性结果，对转基因蛋白的免疫实验一般要花费相当长的时间来制备单克隆抗体。目前对于这种应用的大部分免疫学实验都是夹心式免疫实验（sandwich immunoassay）。

19.2.2.1　酶联免疫吸附测定

酶联免疫吸附测定（enzyme linked immuno sorbent assay，ELISA）是将抗原与抗体反应的特异性与酶对底物的高效催化作用结合起来，根据酶作用于底物后的显色反应，当抗原与抗体结合时，借助于比色或荧光反应鉴定转基因成分，酶与底物反应的颜色与样品中抗原的含量成正比。ELISA检测目前已有商品化的转基因食品ELISA检测试剂盒，但只能检测少数几种转基因食品，且一种试剂盒只针对一特定转基因产物，无法高通量、快速地检测具有多种混合成分的食品样品，蛋白质芯片技术将是未来快速筛选食品中多种转基因成分的最佳方法。

19.2.2.2　“侧流”型免疫测定

“侧流”型（lateral flow）免疫测定是在最近15年发展起来的，该方法之前主要用于医学领域。与ELISA相似，这种测定方法也是基于三明治夹心式技术原理，但该法是在一种膜支持物上，而不是在管子里进行的，标识的抗原-抗体复合物侧向迁移，直至遇到在一种固定表面上的抗体。目前市场上出现了用于侧流分析并能用于野外测试的试剂盒。这种测定具有如下优点：分析迅速，可用于野外操作，且易于避免由于样品的制备不适当而产生的错误结果。免疫蛋白实验通常仅限于对植物叶、种子的分析，因为抗体只识别没有变性的蛋白，但也有报道，目前已能制备热变性后的蛋白抗体。而在一些情况下，则无法对转基因食品进行免疫学蛋白测定，因为在一些情况下外源基因并不表达蛋白。在此情况下，只能采用转基因 DNA 的测定。

19.3　转基因产品的检测

19.3.1　基本流程

如图 19-1 所示。

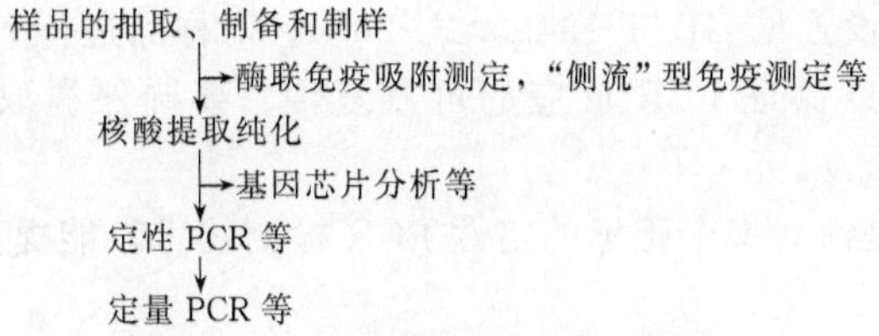

样品的抽取、制备和制样
↓→酶联免疫吸附测定，“侧流”型免疫测定等
核酸提取纯化
↓→基因芯片分析等
定性 PCR 等
↓
定量 PCR 等

图 19-1　转基因产品检测基本流程

19.3.2　样品的抽取、制备与制样

样品的抽取与制备是转基因产品检测的第一步，决定了转基因产品检测结果判定的合理性与有效性，一般需遵守以下几个原则：①抽取及制备的样品应具有代表性。②应确保抽样器具清洁、干燥、无异味，抽样、制样器具及样品容器所用材质不应对抽取样品造成污染。③为避免交叉污染，尽可能使用不同的抽样和制样器具或设备抽取和制备不同批次的样品，盛装样品的容器或包装应尽可能一次性使用。④抽样时应注意保护样品，抽样器具和样品容器应存放于清洁的环境中，避免雨水和灰尘等外来物引起的污染。⑤所有抽样操作应尽可能在短时间内完成，避免样品的组成发生变化。如果某一抽样步骤需要很长时间，则样品应存放于密闭容器中。

19.3.3　核酸提取纯化方法

按不同的提取原理，从不同的食品中提取 DNA 有多种不同的方法，分别如下：①用热变性和离心的方法分离除去蛋白的方法。②用热变性除去蛋白，用离子交换树脂除去其他污染物的方法。③蛋白用有机溶剂进行变性，然后用乙醇或异丙醇沉淀得到 DNA。④“CTAB”（十六烷三甲基溴化铵）法，该法是从植物组织提取 DNA 的经典方法，食品样品浸在有 CTAB 存在的缓冲液中，而后用氯仿提取，用异丙醇沉淀 DNA。⑤用 DNA 结合硅树脂进行 DNA 的分离纯化，食品用酶法或化学法处理后，直接用 DNA 结合硅树脂对 DNA 进行纯化。

19.3.4　核酸定性 PCR 检测方法

（1）一般原理　定性分析包括对测试样品目标核酸序列的筛选检测和（或）特异性检测。在设置合适的对照和在检测下限的情况下，定性检测结果要清楚判断样品是否为转基因产品。本检测方法包括：目标序列的扩增和检测；扩增片段特异性的确证。

（2）检测步骤　测试样品中 DNA 的提取和含量测定应按照 GB/T 19495.3—2004 中的规定执行。具体的检测方法见 GB/T 19495.4—2004 标准的附录 A 至附录 D。

（3）特点　PCR 是一种在体外快速扩增特定基因或基因序列的方法。通过双链 DNA 片段的热变性、退火和合成的重复循环，从极微量的DNA甚至单个细胞所含有的DNA，扩增出大量的目的基因片段，具有快速、简便、灵敏、易纯化等特点。PCR方法的缺点是要求待分析的基因组（DNA）样品应尽可能得到纯化，否则会干扰反应、降低检测的灵敏度和重现性，此外，用于大批量检测时，费用也较昂贵。

（4）说明

① 该方法和其他基于核酸检测的方法其中一个限速步骤就是样品的提取，过度加热、核酸酶活性和低pH值等因素都会引起DNA的降解，特别是对于一些长货架期的产品。存在于食品中的蛋白质、脂肪、多糖、多元酚、焦糖等物质都能抑制DNA聚合酶的活性。DNA降解和转基因产品组分对DNA酶活性的抑制都是影响PCR检测技术检测限和灵敏度的关键之一。

② 每个实验室样品应制备成2个测试样品提取DNA。测试实验应设立PCR抑制剂对照，PCR抑制剂对照的设置见GB/T 19495.1—2004。对样品进行DNA提取时要保证DNA的质量和浓度的稳定，以保证PCR反应的可重复性。要确保提取的DNA片段大于扩增片段。

③ 多重PCR技术是针对多个靶标的定性PCR检测技术，能提高PCR检测结果的可靠性和准确性。

19.3.5 核酸定量PCR检测方法

（1）一般原理　定量一般是相对含量，是指两个所测目标核酸绝对含量（ng数或拷贝数）的比值（通常采用百分比）。核酸定量检测可以采用实时定量或PCR产物的终点定量，前者如实时荧光PCR，后者如竞争PCR。实时荧光PCR定量检测是在PCR反应体系中，除采用特异性的引物外，还增加了与模板DNA匹配的、两端有荧光基团标记的探针。PCR每进行一次循环，合成的新链数与释放的荧光基团数呈对应关系，荧光信号可被检测出来，此时所经历的PCR循环数称为Ct值。Ct值与模板起始拷贝数的对数呈线性关系。在检测未知含量的样品时，以Ct值为纵坐标、以阳性标准物质（含量）或阳性标准分子（拷贝数）的对数为横坐标绘制成标准曲线，只要获得测试样品的t值，利用标准曲线计算出该样品中目标核酸的绝对含量。

（2）检测步骤　具体检测方法见GB/T 19495.5—2004标准的附录A至附录G。

（3）特点　可以对转基因产品中转基因成分含量进行定量。

（4）说明

① 根据测试样品的类型和（或）分析检测的要求，转基因产品的定量PCR检测分为：物种特异性内源性基因检测、筛选检测、结构特异性基因检测和品系特异性基因检测。物种特异性内源性参照基因检测可判定是否有足够的DNA用于转基因定量分析检测，尤其适合测试样品为几种物种的混合物和深加工的食品。

② 单一组分样品中转基因成分含量的计算分别见GB/T 19495.5—2004的附录A至附录G。

③ 含有多组分样品中转基因成分含量的计算见GB/T 19495.5—2004的附录A至附录G。

④ 对转基因产品进行定量检测，主要是基于核酸水平的检测，由于目前转基因技术中使用的基因构件主要来源于花椰菜花叶病毒（CaMV）的35S启动子和农杆菌的NOS终止子，绝大部分转基因产品含有这两个基因片段，所以检测35S启动子和NOS终止子基本可达到检测转基因产品的目的。但由于35S来源于花椰菜花叶病毒，十字花科的植物（如油

菜）易自然感染 CaMV，如果对进口转基因油菜针对 35S 设计引物进行检测，则可能将感染 CaMV 的非转基因油菜判定为转基因产品，从而引起贸易纠纷。鉴于此，对这类产品应进行目的基因检测，即检测品种特异基因序列。同时还应选择合适的植物内源基因作为阳性扩增对照，检查核酸抽提质量。要选择合适的引物、荧光探针及适宜的 PCR 反应体系来进行转基因定量检测。转基因产品定量检测，关键是要有定量标准物质，目前已有的商品化的标准物质种类较少，影响了多种转基因产品的定量检测工作的开展。

19.3.6　蛋白质检测方法

（1）原理　酶联免疫吸附测定（enzyme-linked immunosorbent assay，ELISA）是在免疫酶技术（immunoenzymatic technique）上发展起来的一种新型免疫测定技术，ELISA 过程包括：抗原吸附在固相载体上，这个过程称为包被，加待测抗体，再加相应酶标记抗体，生成抗原-待测抗体-酶标记抗体的复合物，再与该酶的底物反应生成有色产物。借助分光光度计的光吸收计算抗体的量。待测抗体的量与有色产物成正比。同理也可包被抗体，测定抗原含量。ELISA 最常用的四种方法为：直接法测定抗原，间接法测定抗体，双抗体夹心法测定抗原，竞争法测定抗原。

（2）操作步骤　①样品的预处理。②样品抽提。③ELISA 操作步骤

a. 孵育：在室温下，取出酶标板，加 100μL 稀释的样品溶液及对照到酶标孔中，轻轻混匀。37℃孵育 1h。

b. 洗涤：把 10 倍浓缩的洗涤液用水稀释 10 倍，用洗涤工作液洗涤酶标板 3 次。在此过程中，不要让酶标孔干，否则会影响分析结果；不管是人工洗涤还是自动洗涤，应确保每一孔用相同体积的洗液洗涤，以免出现错误的结果。

c. 加入偶联抗体：根据使用说明，用偶联抗体结合稀释剂溶解抗体粉末得到抗体储存液，于 2～8℃贮存。取 240μL 偶联抗体贮存液，加入 21mL 偶联抗体稀释剂中得到偶联抗体工作液，于 2～8℃贮存。在每孔中加 100μL 偶联抗体工作液，封闭酶标板，轻轻摇晃混匀，37℃孵育 1h。

d. 洗涤：洗涤方法同 b.。

e. 显色：每孔中加入 100μL 显色底物，轻轻摇动酶标板，室温孵育 10min（加显色底物时应连续一次完成，不得中断，并保持相同次序和时间间隔）。

f. 终止反应和吸光值的测定：按照加入显色底物同样的顺序向酶标孔中加入 100μL 终止液在孔中均匀分布（在加入终止液时应连续一次完成，不得中断，酶标板应注意避光，防止颜色深浅因受到光的影响而发生变化）。在加入终止液 30min 内用酶标仪在 450nm 波长处测量每孔的吸光值（OD）。

（3）说明

① 正式试验时，应分别以阳性对照与阴性对照控制试验条件，待检样品应做一式两份，以保证实验结果的准确性。有时本底较高，说明有非特异性反应，可采用羊血清、兔血清或 BSA 等封闭。

② 在 ELISA 中，进行各项实验条件的选择是很重要的，其中包括：

a. 固相载体的选择：许多物质可作为固相载体，如聚氯乙烯、聚苯乙烯、聚丙酰胺和纤维素等。目前常用的是 40 孔或 96 孔聚苯乙烯凹孔板。

b. 包被抗体（或抗原）的选择：将抗体（或抗原）吸附在固相载体表面时，要求纯度要好，吸附时一般要求 pH 在 9.0～9.6 之间。吸附温度、时间及其蛋白量也有一定影响，一般多采用 4℃ 19～24h。蛋白质包被的最适浓度需进行滴定。

c. 酶标记抗体工作浓度的选择：首先用直接 ELISA 法进行初步效价的滴定。然后再固定其他条件或采取“方阵法”（包被物、待检样品的参考品及酶标记抗体分别为不同的稀释度）在正式实验系统里准确地滴定其工作浓度。

d. 酶的底物及供氢体的选择：对供氢体的选择要求是价廉、安全、有明显的显色反应，而本身无色。有些供氢体（如 OPD 等）有潜在的致癌作用，应注意防护。有条件者应使用不致癌、灵敏度高的供氢体，如 TMB 和 ABTS 是目前较为满意的供氢体。

③ 血清学检测方法快速，具有一定的灵敏度，也能进行半定量，尤其是试纸条法，不需特殊的仪器设备，适用于现场检验或初筛。但血清学方法具有三方面的局限性：a. 由于抗原-抗体反应的专一性，每种转基因产品都需要开发和建立专门的检测试剂盒方法，而转基因产品种类众多，要建立全部转基因产品血清学检测方法工作量大；b. 由于血清学方法检测的对象是蛋白质，对于加工过的转基因食品中的蛋白质抗原性很容易破坏，从而影响检测结果的准确性；c. 有些转基因产品外来插入基因基本不表达蛋白质，或者表达量很低，或者表达量变化很大，从而无法用此法检测。

19.3.7 基因芯片检测方法

（1）概述 血清学和 PCR 技术，大部分情况下一次实验只能检测一种目标分子，在少数情况下能同时检测 2～3 种目标分子。正在研究的转基因产品所涉及的基因数量有上万种，今后都有可能进入商品化生产，显而易见，对进出口产品的检测，用以上检测方法不可能解决这样大数量基因监测问题，需要有更有效的、快速，特别是高通量的检测方法，最近几年出现的基因芯片技术能较好地解决这一问题。

（2）原理 基因芯片又称 DNA 芯片（DNA chip），属于生物芯片的一种，是综合微电子学、物理学、化学及生物学等高新技术，把大量基因探针或基因片段按特定的排列方式固定在硅片、玻璃、塑料或尼龙膜等载体上，形成致密有序的 DNA 分子点阵，按碱基配对的特性与样品 DNA 杂交，利用激光共聚焦扫描和电耦合器件（CCD）成像等方法对杂交结果进行检测，从而实现对生物样品快速、并行、高效的检测和诊断。

（3）检测步骤

基因芯片技术的操作原理分为两部分：芯片的制备，样本的检测。

基因芯片的制备：根据需要检测的外源目标基因设计寡核苷酸探针，用于制备基因芯片。

样本的检测：包括目的 DNA 的标记，杂交和结果判断等部分。

（4）说明

① GB/T 19495.6—2004 附录 A 至附录 C 规定了转基因产品筛选检测、物种结构特异性检测和品系鉴定检测的基因芯片检测方法以及各自的适用范围。

② 根据测试样品的类型和（或）分析测试的要求，转基因产品的基因芯片检测分为筛选检测、物种结构特异性基因检测和品系特异性基因检测等。

③ 基因芯片技术应用于转基因检测还仅仅处于探索阶段，并没有转化成商品进行大量的使用。筛选型芯片、基因特异性检测芯片和构建特异性检测芯片由于各自存在不同的假阳性或假阴性的原因，在检测转基因植物时很少单独应用。许小丹等通过对 Roundup Ready 转基因大豆的基因盒结构分析，筛选了筛选基因（NOS 和 NPT-Ⅱ）、目的基因（CP4-EPSPS、BAR、CRYlA6）、种属相关基因（LECTIN、NAPIN、PG、INVERTASE）、阳性质控基因（19SrRNA）、交联结构基因（35S-CTP、CP4-CTP 和 NOS-CP4）和转化事件特异结构基因，并设计了相应的检测探针，制备了检测及鉴定 Roundup Ready 转基因大豆的寡

核苷酸芯片，完成了对 RRS 的结构鉴定。

④ 基因芯片最主要的问题是成本过高，其次是芯片的标准化问题，即如何将不同实验室、不同操作人员做出的结果进行统一化、标准化的问题。同时，如何提高芯片的特异性，简化样品制备和标记操作程序，增加信号检测的灵敏度和消除芯片背景对于结果分析的影响等都是亟待解决的问题。

小结

为了满足转基因产品检测的要求，需要使用多方位、多层次的检测方法。可以首先使用定性 PCR 用于转基因产品的检测。如果用可靠的定性 PCR 方法无法检出转基因产品，可以使用蛋白质检测方法。如果仍无目的蛋白检测到，可以认为无该转基因成分。当定性 PCR 检测结果是阳性时，则可采用定量 PCR 对转基因产品中的转基因成分进行定量。定量 PCR 的高灵敏度和高特异性使其适用于各种转基因产品中转基因成分的检测。PCR-低密度 DNA 芯片基于 DNA 检测的方法最大的不确定性就是不是所有的转基因产品（如精炼油）包含足够的 DNA，所以定量 PCR 最好是用于食物产业链的早期阶段。多重 PCR-低密度 DNA 芯片集成技术能同时检测多个靶基因，提高检测的特异性与可靠性。PCR-ELISA 法是一种将 PCR 的高效性、高灵敏度和 ELISA 的高准确度相结合的方法，它是以地高辛标记的特异性探针诱捕 PCR 产物在合适条件下杂交，再用碱性磷酸酶标记的链霉亲和素进行 ELISA 反应，既适合于快速的定性筛选，又可进行准确的定量分析。

参 考 文 献

[1] 姚文国，朱水芳. 转基因食品检验分析技术概述 [J]. 粮油食品科技，2003，11 (1)：26-28.

[2] 施向东，林新勤，梁惠宁，龙兮. 转基因食品检测技术探讨 [J]. 中国公共卫生管理，2008，24 (1)：49-50.

[3] Farid E Ahmed. Detection of genetically modified organisms in foods [J]. TRENDS in Biotechnology，2002，20 (5)：215-223.

[4] 庄云，肖振晶. 转基因产品检测技术应用与发展 [J]. 吉林农业科技学院学报，2009，19 (3)：22-24.

[5] 郑志慧，孙国鹏，李景鹏. 转基因大豆及其深加工产品的 PCR 检测 [J]. 东北农业大学学报，2007，38 (3)：308-312.

[6] Hari K Shrestha，Kae-Kang Hwu，Shu-Jen Wang，Li-Fei Liu，Men-Chi Chang. Simultaneous Detection of Eight Genetically Modified Maize Lines Using a Combination of Event-and Construct-Specific Multiplex-PCR Technique [J]. Journal of Agricultural and Food Chemistry，2008，56：8926-8968.

[7] Delano James，Anna-mary Schmidt，Erika Wall，Margaret Green，Saad Masri. Reliable Detection and Identification of Genetically Modified Maize，Soybean，and Canola by Multiplex PCR Analysis [J] . Journal of Agricultural and Food Chemistry，2003，51 (20)：5829-5834.

[8] 王广印，范文秀，陈碧华，张建伟，韩世栋. 转基因食品检测技术的应用与发展Ⅰ. 主要检测技术及其特点 [J]. 食品科学，2008，29 (10)：698-705.

[9] 陈碧华，张建伟，王广印，韩世栋. 转基因食品检测技术的应用与发展Ⅱ. 检测技术的分类、比较、应用及检测步骤 [J]. 食品科学，2008，29 (11)：705-711.

[10] 张建伟，王广印，陈碧华，韩世栋. 转基因食品检测技术的应用与发展Ⅲ. 检测技术的影响因素和发展方向分析. 食品科学，2008，29 (11)：739-743.

[11] 谢丽娟，应义斌，应铁进，田海清，牛晓颖，傅霞萍. 可见/近红外光谱分析技术鉴别转基因番茄叶 [J]. 光谱学与光谱分析，2008，28 (5)：1062-1066.

[12] 许小丹，文思远，王升启，黄昆仑，罗云波. 检测及鉴定 Roundup Ready 转基因大豆寡核苷酸芯片的制备 [J]. 农业生物技术学报，2005，13 (4)：429-434.

[13] Leimanis S，Hernandez M，Fernandez S，Boyer F，Burns M，Bruderer S，Glouden T，Harris N，Kaeppeli O，Philipp P. A microarray-based detection system for genetically modified (GM) food ingredients [J]. Plant Molecular Biology，2006，61：123-139.

[14] Jia Xu，Shuifang Zhu，Haizhen Miao，Wensheng Huang，Minyan Qiu，Yan Huang，Xuping Fu，Yao Li. Event-Specific Detection of Seven Genetically Modified Soybean and Maizes Using Multiplex-PCR Coupled with Oligonucleotide Microarray [J]. Journal of Agricultural and Food Chemistry，2007，55 (14)：5575-5579.

[15] Markoulatos P, Siafakas N, Papathoma A, Nerantzis E, Betzios B, Dourtoglou B, Moncany M. Qualitative and Quantitative Detection of Protein and Genetic Traits in Genetically Modified Food [J]. Food Reviews International, 2004, 20 (3): 275-296.
[16] Shehata Maher M. Genetically modified organisms (GMOs), food and feed: Current status and detection [J]. International Journal of Food, Agriculture and Environment, 2005, 3 (2): 43-55.

附　　录

GB/T 19495.1—2004　转基因产品检测通用要求和定义
GB/T 19495.2—2004　转基因产品检测实验室技术要求
GB/T 19495.3—2004　转基因产品检测核酸提取纯化方法
GB/T 19495.4—2004　转基因产品检测核酸定性 PCR 检测方法
GB/T 19495.5—2004　转基因产品检测核酸定量 PCR 检测方法
GB/T 19495.6—2004　转基因产品检测基因芯片检测方法
GB/T 19495.7—2004　转基因产品检测抽样和制样方法
GB/T 19495.8—2004　转基因产品检测蛋白质检测方法